Densità informativa

 *Etudes Romanes 52*

Collection dirigée par
Hans Peter Lund

Dans la rédaction :
Anita Berit Hansen
Hanne Jansen
Lene Waage Petersen

INSTITUT D'ETUDES ROMANES
UNIVERSITÉ DE COPENHAGUE

Hanne Jansen

DENSITÀ INFORMATIVA

Tre parametri linguistico-testuali
Uno studio contrastivo
inter- ed intralinguistico

MUSEUM TUSCULANUM PRESS
UNIVERSITÉ DE COPENHAGUE 2003

Hanne Jansen: Densità informativa – Tre parametri linguistico-testuali
Uno studio contrastivo inter- ed intralinguistico

© Museum Tusculanum Press et l'auteur 2003
Etudes Romanes, vol. 52
Rédigé par Hanne Jansen
Mise en pages par Ole Klitgaard
Imprimé au Danemark par AKA Print, Aarhus

ISBN 87 7289 697 3
ISSN 1395 9670

Publié avec le soutien financier de
Viggo Brøndals Legat

Museum Tusculanum Press
Njalsgade 92
DK-2300 København S
Danemark
www.mtp.dk

INDICE

0. PREMESSA	7
1. INTRODUZIONE	9
2. IL QUADRO TEORICO GENERALE. UN APPROCCIO TRIADICO	14
3. PRESENTAZIONE DEL MATERIALE EMPIRICO	23
4. LA NOZIONE DI INFORMAZIONE	29
4.0 L'atto, l'oggetto e il risultato dell'informare	29
4.1 Funzioni della lingua e tipi di informazione	33
4.2 *Conceived situation* e *construal*: vari parametri di densità informativa e varie fasi dell'analisi	37
5. LA REPERIBILITÀ DELLE INFORMAZIONI	40
5.0 Esplicito e implicito versus *posé* e *présupposé*	40
5.1 Varie categorie di informazioni virtuali	44
5.2 Dal riassumere al dispiegare	47
5.2.1 *Informazioni esplicite*	48
5.2.2 *Informazioni ripetute*	49
5.2.3 *Informazioni implicite*	53
5.2.4 *Informazioni omesse e quasi-omesse*	62
5.3 Riassumendo: esplicito versus implicito	64
6. L'UNITÀ DI INFORMAZIONE. I CORRELATI CONCRETI	67
6.0 Atomo frasale, proposizione semantica o messa in relazione?	67
6.1 *Foregrounding, backgrounding* e strutturazione sintattica	72
6.2 Dall'integrare allo spartire	75
6.3 Correlati concreti versus messe in relazione	82
6.3.1 *Verbo + argomenti versus processo/azione/evento*	86
6.3.2 *Sostantivo + aggettivo versus qualità, verbo + avverbio versus maniera*	99
6.3.3 *Sintagma preposizionale versus messa in relazione circostanziale*	110
6.3.4 *Congiunzione versus messa in relazione di secondo grado*	121
6.4 Riassumendo: correlazione prototipica e sinonimia sintattica	134
7. LE PARTI DEL TESTO 'NON-INFORMATIVE'	139
7.0 Diluizione vista come intervento verticale nel percorso narrativo	139
7.1 Una categorizzazione degli espedienti di diluizione	142
7.1.1 *Diluizione tramite commenti del locutore*	143
7.1.2 *Diluizione tramite segnali/operatori con funzioni testuali e/o interpersonali*	149

7.2	Frammentazione e ridondanza versus coesione e efficacia. Il testo parlato	157

8. OMOLOGAZIONE E ANNOTAZIONE DELLE UNITÀ INFORMATIVE — 160

- 8.0 Vantaggi e limiti del modello d'analisi — 160
- 8.1 Elaborazione della lista di u.i. virtuali — 161
  - 8.1.1 *Omologazione e vari tipi di sinonimia* — 163
  - 8.1.2 *U.i. alternative e u.i. individuali* — 167
  - 8.1.3 *Variazione cronologica: oscillazione, ripristino e ripetizione* — 169
  - 8.1.4 *Inserimento nella lista virtuale di u.i. di 2. grado* — 172
  - 8.1.5 *Inserimento dei commenti del locutore* — 176
- 8.2 Presentazione concreta dei testi — 178
- 8.3 Criteri di annotazione delle scelte dei locutori — 181
  - 8.3.1 *Esplicitazione o meno delle u.i.* — 182
  - 8.3.2 *Tipo di correlato concreto della u.i.* — 184
  - 8.3.3 *Impiego di espedienti di diluizione* — 187

9. IL CONFRONTO DEI TESTI IN BASE AI RETICOLATI — 188

- 9.0 Il banco di prova — 188
- 9.1 La tendenza alla categorizzazione: superstrutture e *scripts* — 188
- 9.2 Lettura dei reticolati 1 — 191
  - 9.2.1 *Lettura del reticolato 1 P:chiusura* — 193
  - 9.2.2 *Lettura del reticolato 1 Q:scambio* — 194
  - 9.2.3 *Lettura del reticolato 1 R:riconsegna* — 196
  - 9.2.4 *Lettura del reticolato 1 S:tradimento* — 198
  - 9.2.5 *Reticolati 1 in generale* — 199
- 9.3 Lettura dei reticolati 2 — 200
  - 9.3.1 *Lettura del reticolato 2 P:chiusura* — 201
  - 9.3.2 *Lettura del reticolato 2 Q:scambio* — 202
  - 9.3.3 *Lettura del reticolato 2 R:riconsegna* — 203
  - 9.3.4 *Lettura del reticolato 2 S:tradimento* — 204
  - 9.3.5 *Reticolati 2 in generale* — 205
- 9.4 Lettura del computo di materiale 'non-informativo' — 207

10. DENSITÀ INFORMATIVA: SINERGIA DI SCELTE STRATEGICHE — 212

RIFERIMENTI BIBLIOGRAFICI — 219

APPENDICE — 227

Estratti testuali + computo
Schemi complessivi (DMB, IMB, DSA, ISA)
Reticolati 1 (P-S)
Reticolati 2 (P-S)

0.
PREMESSA

Il presente volume propone, in versione leggermente rivista, la mia tesi di dottorato di ricerca in linguistica italiana, il risultato di studi compiuti negli anni 1995-1999 presso l'Istituto di Filologia Romanza dell'Università di Copenaghen.

Alcune delle riflessioni esposte nelle seguenti pagine sono state pubblicate altrove; rimando in particolare a una presentazione preliminare della mia nozione tripartita di densità informativa al IV Convegno della SILFI, Madrid 1996 (Jansen 1998) e a un articolo nella pubblicazione collettiva dei risultati dell'indagine comparativa «Mr. Bean – in danese e in italiano» (Jansen 1999). L'ipotesi portante è sempre la stessa, ma alcune nozioni correlate e alcuni approcci concreti al materiale empirico sono stati elaborati, non ultimo in base a suggerimenti di colleghi danesi e italiani. Le correzioni apportate alla presente pubblicazione riguardano prevalentemente fatti di stile e di leggibilità, così come ho tenuto opportuno aggiungere solo un paio di riferimenti bibliografici a studi in cui ho inseguito alcune delle problematiche esposte nella tesi.

Colgo l'occasione per rivolgere i miei calorosi ringraziamenti a tutti coloro che hanno contribuito alla realizzazione di questo lavoro. La mia gratitudine va in primo luogo a colleghi e studenti dell'Istituto di Filologia Romanza, in particolare la mia relatrice, prof.ssa Gunver Skytte, punto di riferimento inestimabile in tutti questi anni; il mio collega di fiducia, Erling Strudsholm, per la sua inesauribile disponibilità; Ole Jorn e Steen Jansen per i loro commenti pertinenti e costruttivi; Remo Stefano Chiari per la revisione linguistica del primo manoscritto e Claudia Membola che mi ha gentilmente corretto le bozze per la presente pubblicazione. Ringrazio inoltre tutto il gruppo del progetto «Mr. Bean – in danese e in italiano» (che ha compreso, oltre alla sottoscritta, Bente Lihn Jensen, Eva Skafte Jensen, Iørn Korzen, Paola Polito, Gunver Skytte e Erling Strudsholm) per la fruttuosa e stimolante collaborazione. Vorrei ringraziare calorosamente anche i colleghi italiani per il loro gentile interessamento al mio progetto, in particolare i professori Francesco Sabatini, Paolo D'Achille, Raffaele Simone, Emanuela Cresti, Miriam Voghera, nonché i colleghi romanisti Corinne Rossari e Alexandra Kratschmer.

Porgo i miei vivi ringraziamenti ai membri della commissione, i professori Cristina Lavinio, Hanne Leth Andersen e Iørn Korzen, per i loro commenti preziosi e pertinenti, rimanendo tuttavia l'unica responsabile di eventuali errori e imprecisioni.

Sono molto riconoscente a *Viggo Brøndals Legat* che ha finanziato la presente pubblicazione, e al prof. Hans Peter Lund per aver accettato il mio lavoro nella collana *Etudes Romanes*.

Da ultimo, un grazie infinito alla mia famiglia (in particolare a K, Sofie e Simone) e ai miei amici per la pazienza e per il sostegno morale e pratico nelle varie fasi del lavoro.

Valby, juni 2002　　　　　　　　　　Hanne Jansen

1.
INTRODUZIONE

Il presente lavoro si prefigge di individuare e spiegare varie scelte strategiche che si effettuano nella produzione di un testo e che collaborano a determinare la **densità informativa** di tale testo. Con 'testo' intendo qualsiasi sequenza verbale, scritta o parlata, che esprime un contenuto semantico e ha per scopo la realizzazione di un atto linguistico.

Partendo da una definizione intuitiva di densità informativa come il rapporto fra la quantità di informazioni che il locutore intende veicolare con il suo testo e la quantità di materiale linguistico impiegata per veicolarle, l'ipotesi centrale che vorrei avanzare è la seguente: sono individuabili, in qualsiasi testo, tre tipi o **tre parametri di densità informativa**, configurantisi e interrelati fra di loro in una certa maniera a seconda del carattere del testo. I parametri possono essere definiti in base a:

a) la **quantità di informazione**, ossia il rapporto fra le informazioni riportate nel testo in maniera esplicita e quelle riportate invece in maniera implicita;
b) la **qualità dell'informazione**, ossia il grado di compattezza della verbalizzazione concreta dell'informazione esplicitata;
c) la **quantità di non-informazione**, ossia il rapporto fra il materiale linguistico veicolante informazione in senso stretto e il materiale linguistico che non la veicola.

Prima di spiegare perché, secondo me, è pertinente uno studio approfondito di tale ipotesi, vorrei ripercorrere brevemente le tappe di questo lavoro. Esso è partito originariamente da un confronto fra opere originali e rispettive traduzioni in italiano e in danese, prevalentemente testi di saggistica. Divergenze di ordine sintattico sono state studiate rispetto all'organizzazione dello stesso contenuto, con particolare interesse per l'impiego di derivazioni sintattiche (soprattutto sostantivi e aggettivi deverbali), e per le conseguenze di tale impiego rispetto alla minore o maggiore compattezza del tessuto verbale e al minore o maggiore livello di astrazione nella presentazione del contenuto. Una spinta significativa a questo studio sono state le esperienze personali nel campo della traduzione, non ultimo la traduzione in danese del romanzo-saggio *Danubio* di Claudio Magris[1], illustrativa rispetto a divergenze fra lo stile 'derivazionale' e astratto dei testi italiani e lo stile 'non-derivazionale' e concreto dei testi danesi. Il confronto si è svolto non solo a livello del sistema linguistico, ma anche – e soprattutto – a livello dell'uso, includendo osservazioni sulla tipologia testuale, sul registro, e sulle tradizioni retoriche e culturali[2].

---

[1] *Donau. En følsom rejse fra den store flods kilder til Sortehavet* (1989). Copenaghen, Samlerens Forlag.
[2] Vedi Jansen (1993) e Jansen (1991).

Alla prospettiva interlinguistica si è affiancata ad un certo punto anche quella intralinguistica, più precisamente la variazione diamesica, cioè le divergenze legate alla modalità rispettivamente scritta o parlata di un dato testo. Questo ampliamento della prospettiva è dovuto soprattutto alla mia partecipazione a un'indagine empirica contrastiva, intitolata «Mr. Bean – in danese e in italiano», imperniata sull'elicitazione di un corpus di testi paralleli, danesi ed italiani, scritti e parlati (vedi presentazione più dettagliata in cap. 3). I vantaggi di un corpus di testi paralleli (prodotti in circostanze uguali, in base allo stesso input non-linguistico, cioè un filmato della serie Mr. Bean, dotati dello stesso valore illocutorio) sono ovvi: i testi paralleli danno la possibilità di studiare la produzione linguistica spontanea, naturale, autentica all'interno delle rispettive lingue (e anche all'interno dei rispettivi codici scritto e parlato), mentre una traduzione – anche quando il traduttore tenta di avvicinarsi il più possibile alla lingua d'arrivo – rimane contaminato sempre dalla lingua di partenza, condizionato sempre dalle scelte concrete fatte nel testo originale.

L'idea originaria, sia alle prese con i testi paralleli che nel confronto fra opere originali e rispettive traduzioni, è stata di mostrare e spiegare divergenze interlinguistiche nell'organizzazione dello stesso contenuto – coinvolgendo anche la variazione diamesica, e prevedendo quindi una serie di divergenze di ordine sintattico e lessicale, nonché un maggiore impiego di elementi 'riempitivi' nei testi parlati, quali segnali discorsivi, segnali di esitazione, ripetizioni, riformulazioni ecc. Una siffatta analisi si è però mostrata più complicata del previsto, in quanto i testi, nonostante l'identico *input* non-linguistico, non hanno presentato né la stessa quantità di informazione, né gli stessi elementi di informazione: infatti, lo scarto fra l'*input* identico e le informazioni attualmente riportate nei vari testi ha dato luogo a variazioni consistenti nella lunghezza dei testi, da un minimo di 10,5 righe, testo italiano scritto, ad un massimo di 95 righe, testo danese parlato (per un resoconto più approfondito della variazione di lunghezza, vedi 8.2). Già a livello della selezione delle informazioni da immettere nel testo sono state quindi constatate divergenze, e, per di più, divergenze sistematiche, dettate apparentemente non tanto dalle preferenze individuali dei singoli locutori, quanto dalla variazione diamesica e dalla variazione interlinguistica.

Per illustrare questa problematica, riporto qui alcuni esempi del corpus che riprendono tutti la stessa piccola sequenza del filmato su Mr. Bean: la chiusura della biblioteca in cui è ambientato l'intero sceneggiato. È evidente che la presentazione dell'evento varia, non solo rispetto all'allestimento sintattico più o meno compatto, o rispetto alla presenza più o meno accentuata di elementi 'riempitivi', ma anche rispetto alla maggiore o minore economia con cui sono scelte le informazioni che appaiono in superficie del testo.

(a)   Si avvicina l'ora di chiusura. (ISA9)

(b)   Il bibliotecario viene ad avvisare dell'orario di chiusura. (ISA5)

(c) Appare il bibliotecario, che segnala ai lettori la chiusura della biblioteca. (ISA8)

(d) allora, vedendo... che è arrivato il, l'inserviente che gli comunica che il tempo sta scadendo, e lo stesso per il suo vicino. (IMB7)

(e) però, mm dopo che- insomma, il bibliotecario arriva lì per-, per insomma intimare, sia lui che il suo vicino ad andar via, in quanto la biblioteca-, sta per chiudere (IMB9)

(f) e poi arriva il guardiano dicendo che era ora di andare che la consultazione era finita e-, e lui, e anche all'altro signore, il guardiano dice di andare che la consultazione era finita (IMB2)

Le divergenze nella testualizzazione dello stesso contenuto vanno quindi studiate già nella fase 'pre-verbale' del testo, cioè nella scelta di quali informazioni dare in maniera esplicita, quali in maniera implicita e quali omettere del tutto rispetto alla fonte di informazione. Le scelte operate dal locutore in questo campo possono essere confrontate fra di loro in base al parametro che intercorre fra la strategia del **dispiegamento** (dare esplicitamente molte informazioni) e la strategia del **riassunto** (dare esplicitamente poche informazioni).

Nel dare forma concreta alle informazioni esplicitate subentrano altre scelte strategiche riguardanti invece il grado di compattezza sintattica (e anche lessicale). Il parametro pertinente a questo punto dell'analisi è definito dalla strategia della **spartizione** da un polo (distribuire le informazioni su costrutti sintattici più estesi possibile) e dalla strategia dell'**integrazione** dall'altro polo (comprimere invece le informazioni tramite determinati espedienti sintattici).

Non tutto il materiale linguistico nella superficie del testo serve comunque a veicolare contenuto o informazione in senso stretto. Il terzo e ultimo parametro è legato appunto alla scelta di includere nel testo anche elementi linguistici con funzioni riempitive, strutturanti, valutative ed interazionali; parametro teso fra la strategia del **diluire** e quella del **non-diluire**.

÷ densità informativa   + densità informativa

dispiegare   <---------------------------------->   riassumere
spartire   <---------------------------------->   integrare
diluire   <---------------------------------->   non-diluire

La densità informativa di un testo risulta dalla cooperazione di scelte strategiche rispetto a questi tre parametri. Va sottolineato che i tre parametri sono interrelati fra di loro – sia 'verticalmente', nel senso che una scelta rispetto ad uno dei parametri comportante o un calo o un aumento di densità, è spesso (ma non necessariamente) accompagnata da scelte parallele rispetto agli altri parametri; sia 'orizzontalmente', nel senso che i parametri vanno visti come dei *continua* contigui, in cui certe strategie integrative si confondono con strategie riassuntive, e certe strategie spartitive slittano impercettibilmente in strategie di diluizione.

La nozione tripartita di densità informativa costituisce l'ipotesi portante del presente lavoro, la cui meta finale potrebbe essere una tipologia testuale che categorizzi i testi in base alla specifica configurazione dei tre parametri. I propositi più immediati sono:

    a) di chiarire, dal punto di vista sia teorico che operazionale, quali siano i presupposti, i problemi e gli espedienti concreti legati ai tre parametri;
    b) di gettare le basi per un modello d'analisi che sia in grado di cogliere in un testo i tratti pertinenti ai tre parametri, facilitando un confronto più sistematico dei testi;
    c) di individuare, in base al confronto, i criteri in base ai quali i locutori scelgono determinate strategie con un determinato impatto sulla densità informativa.

Perché è pertinente lo studio di questa problematica? Quale può essere l'apporto del presente lavoro rispetto a ricerche già esistenti su temi simili? A quali nuovi sbocchi di ricerca potrebbe portare? E quali potrebbero essere le conseguenze applicative?

Viste le numerose e spesso contrastanti definizioni, la nozione di informazione come anche di densità di informazione meritano in ogni caso di essere discusse. La pertinenza del presente studio deriva comunque principalmente, a mio avviso, dalle due ottiche da cui viene affrontato l'argomento: da una parte, l'ottica sfaccettata e al contempo unificante che vuole cogliere sia fenomeni di carattere prettamente linguistico (sintattico, morfologico e lessicale), sia fenomeni di carattere non-linguistico o non prettamente linguistico (pragmatico, cognitivo, retorico), al fine di individuarne le correlazioni rispetto alla nozione di densità informativa; dall'altra parte, l'ottica contrastiva che, sfruttando i testi paralleli, vuole mettere a nudo divergenze ma certamente anche equivalenze nella gestione dei tre parametri, a livello interlinguistico e intralinguistico.

Appunto per la loro 'trasversalità', queste due ottiche, nonché la combinazione di esse, aprono ad una rivalutazione di una serie di fenomeni linguistici e/o testuali, specifici costrutti sintattici come anche di ampie operazioni testuali. E sono al contempo le due ottiche 'trasversali' ad assicurare risultati sfruttabili concretamente nel campo della traduzione, dell'insegnamento di una seconda lingua, e anche della padronanza della lingua materna.

La tesi consiste di dieci capitoli e di un'appendice in cui sono riportati estratti testuali del corpus, nonché i reticolati che formano la base del confronto concreto dei testi. I dieci capitoli si dispongono in tre parti, una di carattere preliminare, una rivolta alla definizione dei tre parametri, e una centrata sul confronto concreto dei testi.

Dei capitoli preliminari, il presente, cioè **cap. 1**, presenta l'ipotesi portante del lavoro. Il **cap. 2** definisce il quadro teorico generale in cui si iscrive il presente lavoro. Si sottolinea il carattere eclettico dell'approccio – basato su una prospettiva 'triadica', funzionale/cognitiva/testuale – e sono esposti i motivi che hanno spinto a tale eclettismo. Il **cap. 3** presenta il materiale empirico su cui si basa il lavoro, discutendone i vantaggi e i limiti. Il **cap. 4** mira a circoscrivere la nozione di informazione, specificando quale sia l'accezione impiegata in questo lavoro. In base alle funzioni basilari della lingua sono individuati vari tipi di informazione, che a loro volta servono a definire le varie fasi dell'analisi.

Dopo queste osservazione di carattere più generale, si passa alla trattazione specifica dei tre parametri di densità informativa, cercando, con ampio uso di esempi tratti dal corpus, di chiarire presupposti e problemi legati ai parametri in causa. Il **cap. 5**, imperniato sul parametro riassumere/dispiegare, parte dalla discussione del binomio 'esplicito'/'implicito', e illustra in seguito vari gradi di esplicitazione, con particolare interesse rivolto all'attività inferenziale richiesta all'interlocutore. Il **cap. 6** tratta invece il parametro integrare/spartire e si prefigge di circoscrivere, a fini teorici e operazionali, i correlati concreti dell'unità di informazione. In questo capitolo, che occupa una posizione centrale nel lavoro complessivo, sono discussi inoltre il ruolo della strutturazione sintattica come espediente di *foregrounding* o *backgrounding* di informazione, e il grado di prototipicità e/o iconicità di certi costrutti rispetto ad altri. Il **cap. 7** tratta le parti del testo che non veicolano informazione in senso stretto, cioè gli espedienti di diluizione. Si fa una distinzione, all'interno degli elementi di diluizione fra commento e segnale, come anche fra carattere strutturante e valutativo/soggettivo. Il capitolo si conclude con una discussione e una rivalutazione della 'tessitura' particolare del (tipico) testo parlato.

Il **cap. 8** segna il passaggio dalle riflessioni definitorie all'analisi concreta. Prima di procedere a essa – vedi i reticolati riportati in appendice – è necessario render conto dell'omologazione delle unità informative, dell'elaborazione di un *tertium comparationis* operazionale, e dei criteri di annotazione in base ai quali è stato condotto il confronto concreto nei reticolati. L'intento è, come detto sopra, di elaborare un modello d'analisi che permetta un confronto sistematico e complessivo della configurazione dei tre parametri nei vari testi. Nel **cap. 9**, dopo alcune considerazioni sul genere narrativo (fattore situazionale che determina i vari procedimenti scelti rispetto ai tre parametri di densità informativa), si passa infine al confronto dei testi. Per i limiti spaziali e temporali imposti al lavoro, sarò costretta a presentare in maniera assai sommaria le tendenze rilevate dall'analisi. Lo scopo è, da una parte, di mettere in luce le correlazioni più pregnanti fra i vari parametri, e dall'altra parte, di individuare le divergenze più marcate fra i vari sottogruppi (cioè gli scritti italiani, gli scritti danesi, i parlati italiani e i parlati danesi). Il capitolo conclusivo, **cap. 10**, propone delle spiegazioni alle tendenze rilevate dal confronto e allarga la prospettiva, inserendo le riflessioni teoriche e le osservazioni concrete in un quadro più generale, che prende in considerazione la tipologia testuale e le tradizioni retoriche/culturali.

2.
IL QUADRO TEORICO GENERALE: UN APPROCCIO TRIADICO

In questo capitolo si presenta in termini molto generali il quadro teorico all'interno del quale si iscrive il presente lavoro. Vorrei precisare innanzitutto che si tratta di un **approccio eclettico**, basato su una 'triade' costituita da una prospettiva **funzionale** (ispirata in primo luogo a Halliday), da una prospettiva **cognitiva** (rappresentata soprattutto da Langacker) e da una prospettiva **testuale** (che prende lo spunto dai lavori di Van Dijk). Che sia parso opportuno supplire l'una prospettiva con l'altra, non è tanto sorprendente, visto che la problematica ci porta ad affrontare fenomeni di ordine sia sintattico, che semantico, cognitivo, testuale e retorico, inseriti per di più in un contesto comparativo sia inter- che intralinguistico. È ovvio che adottare un approccio eclettico, anziché inserirsi in una specifica e ben definita corrente linguistica, implica il rischio di incorrere in problemi di incompatibilità teorica, metodologica e terminologica. Le prospettive menzionate rientrano però tutte e tre nel grande **paradigma funzionale** – cfr. Langacker (1991:viii), che parla della «cognitive-functional conception of language» – basato su una serie di assiomi comuni riguardo alla stessa natura della lingua e ai fini e metodi degli studi linguistici.

Uno dei punti fondamentali del paradigma funzionale consiste nell'ipotesi della **non-arbitrarietà** e/o **non-autonomia** della lingua – ipotesi formulata in opposizione al paradigma formale, rappresentato dallo strutturalismo di stampo saussuriano, dalla grammatica generativa di Chomsky, e dalle tante teorie sviluppate in base ad essi[1]. Il primo strutturalismo aveva infatti sostenuto il carattere immanente della lingua, la lingua vista cioè come **sistema astratto-formale** costituito o determinato unicamente dalle relazioni interne fra gli elementi del sistema, e avevano sottolineato il bisogno di studiare la lingua nella sua immanenza[2]. In maniera simile la grammatica generativa, nel tentativo di formulare quelle regole formali (la **competenza linguistica**) da cui derivare l'insieme di frasi grammaticali di una determinata lingua, aveva messo da parte qualsiasi considerazione di carattere semantico e pragmatico, relegando queste alla sfera della *performance*, dell'uso concreto della lingua, sfera priva di interesse nell'ottica generativista.

---

[1] Interessantissimi gli articoli di Simone (1994) e Gensini (1994) che inseriscono in una cornice storica ben più ampia la discussione sul carattere rispettivamente 'arbitrario' o 'naturale' della lingua, con riferimenti a Platone, Aristotele, Leibniz e Vico. In questi e altri articoli dello stesso volume, Simone (ed.) (1994), la teoria della non-arbitrarietà della lingua è denominata anche «the 'natural' theory of language», «the naturaless paradigm» e «the paradigm of substance».
[2] Vedi la definizione di Simone (1994:157) delle assunzioni fondamentali nella tradizione strutturalista: «a) language is indifferent vis-à-vis reality, that is, it is structured in a way which is quite independent and irrespective of reality – it is autonomous, and b) it is rightful to consider it in itself, regardless of any user.»

L'ipotesi di arbitrarietà e/o di autonomia, sostenuta dal paradigma formale, è in effetti duplice: riguarda da una parte la relazione fra la lingua in generale come attività umana e la realtà extra-linguistica; dall'altra, la relazione, all'interno dello stesso segno linguistico, fra *signifié* e *signifiant*, fra forma e contenuto, fra espressione e ciò che viene espresso[3].

Nel paradigma funzionale, invece, la relazione della lingua con la realtà extra-linguistica, anziché arbitraria, è **motivata**; si veda la seguente definizione di Halliday (1994:xiii): «Language has evolved to satisfy human needs, and the way it is organized is functional with respect to these needs – it is not arbitrary». La lingua **serve** a qualcosa, adempie a certe funzioni, e l'unica maniera sensata e soddisfacente di descrivere e, forse soprattutto di spiegare come è fatta la lingua, è di partire dalle funzioni che essa deve assolvere[4]; funzioni che sono riportabili – citando sempre Halliday (1994:viii) – a «two very general purposes which underlie all uses of language: (i) **to understand the environment** ('ideational'), and (ii) **to act on others in it** ('interpersonal').»[5]

La dicotomia strutturalista fra *langue* e *parole*, corrispondente grosso modo a quella generativista fra *competence* e *performance*, viene quindi a cadere: lo studio della lingua come sistema è inscindibile dallo studio della lingua come uso, come mezzo per rappresentare e capire il non-linguistico (l'aspetto **cognitivo**) e come mezzo per interagire con un interlocutore (l'aspetto **comunicativo**). La rivalutazione dell'*usus*, della *parole*, della *performance*, introduce nell'analisi linguistica tutti i fattori contestuali, immediati e più generali, che compongono la situazione comunicativa concreta e che lasciano la loro impronta sulla produzione linguistica[6]. Ciò vuol dire un addio all'immagine idealizzante e riduttiva della lingua, cioè come un insieme di elementi e costrutti descrivibili in base all'appartenenza o meno a categorie dai confini ben definiti. Un addio, quindi, alle categorie discrete e al principio binario, e l'avvio ad una accezione ben più flessibile della lingua, con nozioni quali **prototipo**[7], **continuum**, **scalarità**. La natura stessa delle categorie linguistiche è vista in termini di tratti tipici anziché obbligatori, e l'appartenenza o la non-appartenenza ad una determinata categoria è definita in termini relativi e scalari anziché assoluti, il che porta ad una descrizione più

---

[3]Cfr. Gensini (1994:4): «...Saussurean linguistics identifies two kinds of arbitrariness: (i) the conventional one, which consists of the reciprocal indifference of expression and meaning; (ii) the 'radical' one, which considers both faces of the linguistic sign as a system of classification casting its own limits onto the substance.»

[4]Vedi anche Van Dijk & Kintsch (1983:272): «...according to the views of most interesting linguistic theories, language and discourse are not merely seen in terms of forms and their meaning, but primarily in terms of social interaction, upon which syntax and semantics are functionally dependent.»

[5]Torneremo sotto alla terza metafunzione, vedi Halliday (1994:viii): «Combined with these is a third metafunctional component, the 'textual', which breathes relevance into the other two.»

[6]Vedi Falster Jakobsen (1995:23): «Non si può scindere la questione sul come una lingua è costruita, dalla questione sul perché è costruita in tale modo, dato i suoi compiti comunicativi. Ciò implica anche che bisogna includere l'aspetto pragmatico dall'inizio, quindi prendere in considerazione fattori contestuali e situazionali, quando si vuole analizzare qualcosa in maniera funzionale.» (traduzione mia dal danese).

[7]Cfr. Bazzanella (1994:58): «L'approccio alla categorizzazione più adeguata alla prospettiva pragmatica risulta, a questo punto, quello del prototipo, che riconosce spazi categoriali non discreti sia all'interno della categoria che tra categorie.»

adeguata, più consistente di molti fenomeni di variazione linguistica, non più etichettati come imperfezioni, irregolarità, eccezioni, errori rispetto al sistema.

Il paradigma funzionale respinge anche la totale arbitrarietà, all'interno del segno linguistico, fra l'espressione concreta e ciò che viene espresso, rilevando invece (in misura più o meno radicale) la **natura motivata** degli espedienti grammaticali e lessicali; vedi Langacker (1991:vi): «the notional definiability of basic grammatical classes[8]».

È senz'altro difficile, sia in teoria che in pratica, discernere fra il grado di determinazione a questo livello, cioè fra elementi espressivi, formali, di superficie, e categorie semantico-funzionali insite nella lingua, e il grado di determinazione a un livello più generale, cioè fra le categorie semantico-funzionali codificate nella lingua e i vari fattori di carattere cognitivo e interattivo che costituiscono la nostra realtà extra-linguistica (o piuttosto la nostra esperienza della realtà non-linguistica). La seguente citazione da Halliday (1994:xix) circa il passaggio 'naturale' da *experience* a *meaning* a *form*, mi sembra cogliere molto bene la stretta interrelazione fra i due livelli di non-arbitrarietà:

> We shall incorporate into the grammar the **notion of congruence**. Language has evolved in such a way that our interpretation of experience (thinking with language) and our interpersonal exchanges (acting with language) are coded into semantic structures that are plausible; and with these has evolved a lexico-grammatical system that extends the **plausibility principle** one step further, so that even at one remove we can see (or feel; the process is an unconscious one, until linguistics begins to meddle with it) the sense that lies behind the forms. A congruent expression is one in which this **direct line of form to meaning to experience** is maintained intact [...] A metaphorical expression is one in which the line is indirect. (grassetto mio).

L'impiego da parte di Halliday del termine *congruence* corrisponde in larga misura all'impiego più diffuso del termine **iconicità**[9]. Per poter parlare di iconicità, la relazione di determinazione/motivazione deve manifestare una qualche **isomorfia, analogia o similitudine strutturale** all'interno del segno linguistico, cioè fra *signifiant* e *signifié*, e/o fra il segno linguistico globale e la sfera non-linguistica[10]. Alcuni autori riservano il termine 'iconicità' all'uno o all'altro livello di non-

---

[8] Otto Jespersen, precursore di molte delle idee presentate qui, dice (1924/65:55) nel capitolo *Notional Categories*: «We are thus led to recognize that beside, or above, or behind, the syntactic categories which depend on the structure of each language as it is actually found, there are some extralingual categories which are independent of the more or less accidental facts of existing languages; they are universal in so far as they are applicable to all languages, though rarely expressed in them in a clear and unmistakable way.»

[9] Givón (1994:48) collega l'interesse per l'iconicità alla «emergent Functionalism in linguistics of the past twenty years, after five solid decades of the Structuralism. If structure is not arbitrarily wired in, but is there to perform a function, then structure must in some way reflect – or be constrained by – the function it performs.»

[10] Vedi anche Gensini (1994:5) a proposito di Leibniz e Vico: «Leibniz and Vico subordinated the 'iconic' perspective and the closely connected principle of resemblance (*analogia*) between form and meaning to the idea that both the origins and functioning of language are somehow **natural** processes.»

arbitrarietà; nel presente lavoro il termine è impiegato invece in senso largo, ad entrambi i livelli.

Anche se proprio in questi anni si discute vivacemente fino a che punto si estenda il principio di iconicità nella lingua e, di conseguenza, fino a che punto sia legittimo usare la nozione a scopi euristici ed esplicativi nelle investigazioni linguistiche, sembra esserci un consenso generale sul fatto che una serie di fenomeni sia morfosintattici che testuali siano in effetti spiegabili in base a parametri di iconicità. È importante, comunque, sottolineare che l'iconicità non incorre solo, e probabilmente neanche prevalentemente, fra strutture linguistiche e strutture del 'reale' (qui sono spesso rilevati fenomeni quali sistemi di transitività e distribuzione valenziale), ma anche fra strutture linguistiche e strutture di carattere cognitivo/psicologico (qui si possono rilevare espedienti linguistici legati alla deissi, alla prospettiva aspettuale, alla diatesi) e di carattere pragmatico/interazionale (espedienti linguistici legati al mettere in rilievo certe parti del discorso). Si veda per esempio i principi di iconicità di Givón – cioè il principio di quantità, il principio di prossimità, e i principi di ordine sequenziale – formulati in modo da comprendere esplicitamente fenomeni sia semantici (rappresentazionali) che pragmatici. Non è escluso che sia proprio il conflitto fra diversi tipi di iconicità, o diverse 'prospettive' iconiche, a rendere difficile il portare alla luce sia rapporti di iconicità all'interno di una stessa lingua, quanto anche paralleli fra aspetti iconici in lingue diverse, paralleli che potrebbero sostenere l'ipotesi di *universalia* linguistici.

Il postulato che la lingua, nelle sue strutture formali e nelle sue categorie semantico-funzionali, sia determinata da fattori extra-linguistici di carattere cognitivo e interazionale, ha infatti una implicazione basale anche per il confronto interlinguistico. Dice Seiler (1995:303): «Any comparison presupposes a basis of comparison, a *tertium comparationis*»[11], e il *tertium comparationis* che ci consente di paragonare fenomeni linguistici di diverse lingue, a livello di sistema e a livello di uso, è la base non-linguistica da cui nasce la lingua. Vedi il seguente passaggio di Langacker (1991:1), che rileva la «considerevole universalità» delle strutture linguistiche, senza trascurare però le ovvie «peculiarità» presentate da ogni singola lingua:

> ...[language] **emerges organically from the interaction of varied inherent and experiential factors** – physical, biological, behavioral, psychological, social, cultural, and communicative – each the source of constraints and formative pressures. Because many of these factors are the same or very similar for all speakers, language structure evinces **considerable universality** and is quite amenable to prototypic characterisation. At the same time, every language represents a unique and creative adaptation to common constraints and pressures as well as to the **peculiarities of its own circumstances**. (grassetto mio).

---

[11] Vedi Seiler (1995:299): «What we do want to explain is 'equivalence in difference' which manifests itself, among other ways, in the translatability from one language to another, the learnability of any language, language change – which all presuppose that speakers intuitively find their way from diversity to unity.»

Vorrei ora tornare alle funzioni assolte dalla lingua, rilevando alcune differenze fra la prospettiva funzionale (di stampo hallidayiano) e la prospettiva cognitivista (di stampo langackeriano), e introducendo in maniera più esplicita la **prospettiva testuale**.

Ho parlato sopra di due aspetti fondamentali dell'attività linguistica, uno cognitivo e uno comunicativo: ogni enunciato può essere descritto, da una parte, come **rappresentazione o evocazione** di una qualche situazione extra-linguistica (o piuttosto l'immagine mentale di una tale), e dall'altra, quale **istruzione d'uso** di come l'interlocutore deve/dovrebbe porsi e reagire rispetto alla situazione evocata[12].

Rispetto a questi due aspetti, Langacker esplora innanzitutto quello cognitivo o rappresentazionale, cioè la capacità della lingua di costruire ed evocare immagini mentali presso chi la usa. Descrive e spiega la natura di tali immagini mentali in base a **parametri cognitivi generali**, comuni anche a domini cognitivi non-linguistici, in primo luogo la percezione. La 'competenza' linguistica viene iscritta così all'interno di una più generale 'competenza' cognitiva[13], in opposizione all'autonomia del 'modulo linguistico/grammaticale' di Chomsky. Questo dà la possibilità di spiegare fenomeni di variazione formale in termini cognitivi/concettuali (vedi 6.2), anche se Langacker, forse in qualità di ex-generativista, opera prevalentemente a livello della frase (di solito la frase semplice, costruita, e modellata sul canone scritto), prendendo in scarsa considerazione fenomeni sia co-testuali che contestuali.

Co-testo e contesto sono invece messi in primo piano da Halliday, che basa la sua teoria linguistica sulla co-presenza e cooperazione, in qualsiasi enunciato, delle tre seguenti **metafunzioni**: quella **ideazionale** (legata all'evocazione dell' immagine mentale), quella **interpersonale** (legata all'istruzione d'uso) e, infine, quella **testuale** che si ripiega sulla produzione linguistica in sé, e serve a rendere coerenti, consistenti ed efficaci sia evocazione che istruzione all'uso. Vedremo in seguito (in 6.4. e 7.0) come anche a livello ideazionale si possa parlare di 'istruzioni d'uso', non legate al valore illocutorio e attitudinale dell'enunciato o all'organizzazione delle singole parti rispetto all'insieme, ma legate invece alla prospettiva cognitiva/esperienzale dalla quale viene rappresentata la sitazione in questione. Questo tipo di istruzioni d'uso circa la prospettiva rappresentazionale – istruzioni insite per esempio nella scelta fra forma attiva e passiva, fra diversi gradi di finitezza del verbo, fra diversi tipi di aspettualità, fra saturazione o meno delle valenze dei verbi, e anche, a livello lessicale, fra verbi con diversa assegnazione valenziale ecc. – saranno chiamate **istruzioni d'uso di base**.

Con la tripartizione ideazionale/interpersonale/testuale, e soprattutto con le analisi di come le tre funzioni si intreccino in testi autentici, Halliday riesce a spiegare un largo ventaglio di fenomeni linguistici anche a livello interfrasale

---

[12]Cfr. Van Dijk (1977:205): «Not only do we want to represent certain facts and relations between facts, but at the same time to put such a textual representation to use in the transmission of information about these facts and, hence, in the performance of a specific social act.»

[13]Vedi Langacker (1991:1): «Though agnostic on the question of innateness, and the extent to which linguistic structure reflects special evolutionary adaptations, **cognitive grammar does consider language to be indissociable from other facets of human cognition**. Only arbitrarily can language be sharply delimited and distinguished from other kinds of knowledge and ability» (grassetto mio).

Densità informativa

(soprattutto in termini di **coesione** testuale), e di correlare inoltre la scelta di diversi espedienti linguistici alla variazione di componenti della situazione comunicativa[14]. Con il suo interesse per la variazione diamesica, lo studioso ha contribuito inoltre a rivalutare lo statuto del parlato e a spiegare, in base a ben chiari criteri di funzionalità, le divergenze fra modalità scritta e parlata.

Tornando alla distinzione fra evocazione e istruzione d'uso, si può dire che, **a livello testuale**, l'aspetto cognitivo mira a evocare nella mente dell'interlocutore un certo **argomento** consistente di una combinazione o una sequenza di immagini mentali; mentre l'istruzione all'uso equivale alla scelta di un **macroatto linguistico**, cioè un valore illocutorio con portata su tutti gli enunciati di cui consta il testo. Ripeto che, parlando di testo, si intende qualsiasi testualizzazione concreta (scritta o parlata) fornita di una funzione comunicativa, e comprendente di solito, ma non necessariamente, più enunciati diposti sequenzialmente. Il valore illocutorio globale sarà chiamato la **modalità** del testo, ed è determinato in molti casi dal tipo di testo (o genere testuale) in cui è stato immesso l'argomento (vedi sotto la nozione di «superstruttura» di Van Dijk).

La scelta dell'argomento e della modalità del testo si iscrive in una **concreta situazione di comunicazione** (contesto individuale/immediato e contesto generale/culturale), definita da una larga gamma di fattori che possono avere una influenza più o meno decisiva sulla produzione del testo. Sono tante le proposte di classificazione di questi fattori, al fine di distinguere fra variabili pertinenti e variabili meno pertinenti, e di chiarire come e in che misura i vari fattori siano interrelati fra di loro (una proposta significativa è quella di Halliday basata sui tre macro-fattori *field*, *tenor* e *mode*). Le altrettanto numerose proposte di **tipologie testuali** spesso si differenziano appunto perché imperniate su **fattori situazionali diversi**[15]. Nel capitolo seguente, che presenterà il materiale empirico del presente lavoro, torneremo sulle componenti della situazione comunicativa e sul rapporto fra esse e il tipo di testo.

Per molti versi la prospettiva testuale è già integrata nella linguistica funzionale hallidayana. L'interesse di Halliday per il testo è centrato comunque sulla stessa **codificazione linguistica**, sul processo di verbalizzazione concreta; è sembrato perciò necessario completare il quadro teorico e metodologico inserendovi anche studi, quali quelli di Van Dijk, che in chiave cognitiva e/o psicolinguistica affrontano **le fasi non-verbali** della produzione del testo.

Bisogna precisare che il presente lavoro si occuperà soprattutto della **produzione del testo**: interessano le scelte del locutore rispetto alle strategie del riassumere/dispiegare, dell'integrare/spartire e del diluire/non-diluire; interessa come e in che misura tali scelte siano condizionate da diversi fattori situazionali

---

[14]Fenomeni linguistici che erano intenzionalmente trascurati dai formalisti, vedi il famoso detto di Chomsky (1953:3): «Linguistic theory is concerned with an ideal speaker-listener, in a completely homogeneous speech-community, who knows its language perfectly and is unaffected by such grammatically irrelevant conditions as memory limitations, distractions, shifts of attention and interest, and errors (random of characteristic) in applying his knowledge of the language in actual performance.»

[15]Cfr. Piemontese (1996:126): «La varietà delle tipologie testuali si spiega, oltre che con i diversi approcci teorico-metodologici, con l'assunzione, come elemento centrale della classificazione, di uno dei tanti fattori (contenuto, forma, scopi, emittenti e destinatari, canale ecc.) che costituiscono l'atto comunicativo.»

(in primo luogo la variazione di lingua e di *medium*); interessa il grado di interdipendenza ed anche di contiguità fra le varie strategie; e interessano gli espedienti concreti coinvolti nella scelta delle dette strategie.

È ovvio che la produzione di un testo e la comprensione di un testo siano due processi assai diversi. D'altro canto, però – a parte il fatto che una fondamentale differenza fra il processo di produzione e quello di comprensione sembrerebbe anti-economica e poco razionale[16] – è altrettanto ovvio che i due processi si determinino l'un l'altro in maniera radicale e inestricabile. Uno dei fattori più decisivi, sia nella fase di produzione che nella fase di comprensione, è costituito infatti dalle **aspettative che gli interlocutori nutrono l'uno sul conto dell'altro**: la produzione di un testo rispecchia sempre l'immagine che il locutore si è fatta della comprensione dello stesso testo.

In base alla specifica situazione comunicativa la produzione di un testo parte, come detto sopra, dalla scelta di un macroatto linguistico, cioè una **modalità**, e dalla scelta di un **argomento**, e procede poi per una serie di scelte strategiche, imposte dall'argomento, dalla modalità e da altri fattori situazionali, che alla fine risultano in una sequenza (coerente e coesiva) di enunciati concreti. Ad illustrare questo percorso riporto le seguenti citazioni da Van Dijk & Kintsch 1983 (grassetto mio):

> In order to construct a **pragmatic plan** for the execution of a global speech act, a language user must generate at the same time **a macrostructure** which constitutes the content of this global speech act. (ibid:273)
> We now have two closely related macrostructures [...] namely, a pragmatic plan and a semantic plan [...] Together with further cognitive and contextual information about the listener and the ongoing speech situation, this very specific discourse plan will be the **hierarchical schema the controls the local, linear, that is, «lower», levels of discourse production**. (ibid:266)
> With this macroplan, the next main task is to strategically execute, at the local and linear level, **the textbase**, choosing between explicit and implicit information, establishing but also appropriately signaling local coherence, and finally formulating **surface structures** with the various semantic, pragmatic, and contextual data as controlling imput. (ibid:17)[17]

La distinzione fra un **piano pragmatico** e un **piano semantico** sembra parallela, in effetti, alla distinzione rilevata fra modalità e argomento. Prima di discutere i livelli «inferiori», vorrei menzionare un'altra nozione importante nella terminologia di Van Dijk, quella di «**superstruttura**» che collega i due piani e che corrisponde grosso modo alla nozione di tipo testuale inteso come **modello o**

---

[16]Vedi Van Dijk & Kintsch (1983:17) che, come la maggior parte della psicolinguistica, si sono occupati prevalentemente della comprensione dei testi: «At present we know very little about specific production strategies. However, although these operations and their ordering will be different from those used in comprehension, it does not seem plausible that language users have two completely different and independent systems of strategies.»

[17]Vedi anche Dressler & de Beaugrande (1981:26): «An important notion which sets Van Dijk's work apart from studies of sentence sequences is that of MACROSTRUCTURE: a large-scale statement of the content of a text. Van Dijk reasons that the generating of a text must begin with a **main idea** which gradually evolves into the detailed meanings that enter individual sentence-lenght stretches.»

schema a cui adeguare il testo concreto. C'è ovviamente una stretta relazione fra macroatto linguistico e superstruttura, ma mentre quello è situato a livello dell'azione comunicativa, delle intenzioni illocutorie, questa è situata a livello della struttura del testo, dell'organizzazione del contenuto, e si riverbera direttamente nella realizzazione della macrostruttura del testo[18]. Un ulteriore motivo per non considerare (del tutto o sempre) combacianti il macroatto linguistico e la superstruttura, è il fatto che non ad ogni macroatto corrisponde una ben definita superstruttura, e che anche in presenza di una struttura schematica questa è solo una struttura opzionale, non l'unica soluzione obbligatoria. Torneremo a parlare del rapporto fra superstruttura, macrostruttura e *textbase* (in 9.1), in relazione all'analisi concreta dei testi, nel tentativo di spiegare perché certe informazioni vengano esplicitate anche nei testi più riassuntivi, mentre altre informazioni tendano più facilmente ad essere rimosse dalla superficie del testo.

Passiamo ora ai livelli «inferiori», cioè alla linearizzazione del contenuto. Prima a livello pre-verbale: la realizzazione della *textbase* che comprende sia la **scelta di quali informazioni immettere nel testo** che la loro distribuzione nel testo; poi a livello verbale: la realizzazione delle *surface structures* che consiste nelle **concrete scelte lessico-grammaticali**, a livello frasale e interfrasale[19]. Questa distinzione è pertinente nella trattazione dei tre parametri di densità informativa menzionati sopra. Infatti, mentre i parametri correlati allo integrare/spartire l'informazione e al diluire/non-diluire l'informazione coinvolgono in primo luogo scelte di verbalizzazione concreta (e qui sia la discussione teorica che l'analisi concreta saranno influenzate dalle idee e riflessioni di Halliday e Langacker), il parametro correlato al riassumere/dispiegare l'informazione riguarda invece la fase pre-verbale – e qui il lavoro di Van Dijk è utile.

Va aggiunto che le riflessioni sui processi di produzione e di comprensione del testo proposte da psicolinguisti quali Van Dijk & Kintsch, si riallacciano anche a nozioni impiegate dall'analisi letteraria e dalla retorica. Il percorso testuale tracciato sopra assomiglia per molti versi alla **tripartizione della retorica classica** in *inventio*, *dispositio* e *elocutio*: la fase dell'*inventio* ricopre più o meno l'elaborazione della macrostruttura (e presumibilmente anche della superstruttura), la fase della *dispositio* corrisponde all'elaborazione della *textbase*, e la fase dell'*elocutio* è la fase in cui «dopo aver preso preliminarmente una serie di decisioni fondamentali, il testo acquista una forma più concreta, assume espressione verbale, si traduce in parole» (vedi Lavinio 1995:144)[20], cioè l'elaborazione della

---

[18]Vedi Van Dijk & Kintsch (1983:189): «For at least certain discourse types, it is useful to speak also about the **schematic** structure [...] Such schematic structures, which we call **superstructures**, provide the overall form of a discourse and may be made explicit in terms of the specific categories defining a discourse type. Macrostructures, then, are the semantic content for the terminal categories for these superstructural schemata.»

[19]Molto simile al modello di produzione testuale schizzato qui, è quello ispirato alle idee di Coirier, Gaonac'h & Passerault 1996 (vedi il titolo *Psycholinguistique textuelle. Approche cognitive de la compréhension et de le production des textes*), presentato in Jansen, Hanne et alii (1997) e in Skytte (1999a). Da notare, nei due articoli, la distinzione fra 'macrostruttura' e 'microstruttura', dove la 'microstruttura' corrisponde grosso modo al livello delle *surface structures*, mentre la nozione di 'macrostruttura' è ben più ampia di quella di Van Dijk, comprendente sia macroatto linguistico, contestualizzazione e pianificazione, di cui l'ultima equivale più o meno all'elaborazione della *textbase*.

[20]Lavinio (1995:144-146) elabora uno schema per la produzione di un testo narrativo, combinando

struttura di superficie. Lavinio (ibid:146) le definisce «fasi necessarie per la produzione del testo», ma aggiunge subito: «Non si tratta però di fasi rigidamente separabili né in una successione cogente». Va messo in rilievo, infatti, il rapporto di interdipendenza e spesso anche di realizzazione parallela o simultanea di queste fasi[21].

La concezione del testo e della produzione del testo come un insieme di scelte strategiche che si influenzano e determinano a vicenda (sia *top-down* che *bottom-up*), va di pari passo con una visione generale della lingua come un organismo complesso e multilivellare, che vive e fiorisce proprio in base alle relazioni e alle dipendenze fra i vari livelli, che siano essi pragmatici, cognitivi, stilistici, sintattici, semantici, morfologici, prosodici ecc. Si veda il seguente passaggio di Dressler & de Beaugrande (1981:30-31) che rileva «the opposition between **modularity**, where the components of a model are viewed as independent of each other, and **interaction**, where the components are seen to interlock and control each other [...] There can be no doubt that real communicative behaviour can be explained only if language is modelled as an interactive system. The correlation between levels cannot be ignored or reserved for some after-the-fact phase of 'interpretation'.»

---

la tripartizione classica con la quatripartizione in **modello narrativo**, *fabula*, **intreccio** e **discorso** del narratologo e semiologo Segre (1979); pone a livello della *dispositio* «la distribuzione delle informazioni secondo un ordine testuale che può fare registrare scarti notevoli rispetto a quello della *fabula*» e «la selezione di motivi legati da porre esplicitamente in punti precisi del testo; come si è già detto non tutto ciò che è stato deciso a livello di *fabula* deve necessariamente essere esplicitato».
[21] Vedi anche Van Dijk & Kintsch (1983:272): «...our conceptual analysis of the production process in terms of various subcomponents should not be viewed as a representation of the successive phases of production. On the contrary, our strategic approach stresses the fact that interactional, pragmatic, semantic and surface structure information may closely cooperate in the production process.»

3.
PRESENTAZIONE DEL MATERIALE EMPIRICO

Come detto nell'introduzione, il materiale empirico su cui si basa il presente lavoro è costituito da una raccolta di **testi paralleli italiani e danesi, di modalità sia scritta che parlata**. I testi fanno parte di un corpus più largo raccolto nel 1995 da un gruppo di ricercatori e dottorandi dell'Università di Copenaghen e della Copenhagen Business School, tra cui la sottoscritta. L'elicitazione dei testi si è svolta in due fasi, prima all'Università di Copenaghen, poi all'Università di Torino. Studenti rispettivamente danesi ed italiani hanno assistito a due filmati brevi e praticamente muti, con il comico inglese Rowan Atkinson nel ruolo di Mr. Bean, e a loro è stato richiesto, in seguito alla visione, di raccontare «ciò che era successo nel filmato», o per iscritto (preferibilmente su computer), o oralmente (ad un membro del gruppo di ricerca provvisto di un registratore)[1]. Nella presente analisi solo una parte del corpus sarà presa in considerazione: i testi basati sul video dal titolo «La Biblioteca» (*The Library*), che ammontano a 45 in tutto: 13 testi italiani parlati (indicati con la sigla IMB), 14 testi italiani scritti (ISA), 9 testi danesi parlati (DMB), e 9 testi danesi scritti (DSA)[2]. Ho scelto di usare le sigle originali per poter fare riferimento diretto ai testi interi (comprendenti, per i testi parlati, sia trascrizioni che registrazioni su CD), riprodotti in Skytte, Korzen, Polito & Strudsholm (eds.) (1999): *Strutturazione testuale in italiano e in danese. Risultati di una indagine comparativa*. Nell'appendice allegata al presente lavoro è riportata invece solo la sequenza finale dei testi (su tale scelta, vedi 8.1).

Si tratta quindi di testi non spontanei o autentici in senso forte, ma prodotti nell'ambito di un esperimento, con lo scopo preciso di ottenere un certo tipo di materiale linguistico in base al quale confermare, confutare, sviluppare o modificare delle ipotesi (almeno in parte) già fatte – testi influenzati perciò dallo 'zampino' di coloro che hanno allestito l'esperimento.

Il vantaggio della costruzione sperimentale di un corpus è la possibilità di **controllare la situazione comunicativa**, cioè mantenere costanti alcuni fattori situazionali e variare altri, per essere in grado, nell'analisi seguente, di correlare a quella specifica variazione peculiarità e divergenze ritrovate nei testi[3]. Il controllo garantisce una certa **omogeneità** dei testi, uno sfondo di tratti simili, senza il quale

---

[1] Per una descrizione più dettagliata delle circostanze concrete dell'indagine, vedi Jansen, Hanne et alii (1996): *Mr. Bean – på dansk og italiensk. Rapport om en empirisk undersøgelse / Mr. Bean – in danese e in italiano. Rapporto su un'indagine empirica* e Jansen, Hanne et alii (1997): Testi paralleli scritti e orali, in italiano e in danese. Strategie narrative. In *Cuadernos de filología Italiana* 4, pp. 41-63.

[2] **M** è l'abbreviazione di *mundtlig* ('parlato' in danese), **S** l'abbreviazione di *skriftlig* ('scritto' in danese); le lettere **A** e **B** rimandano invece ai due gruppi in cui erano divisi sia i locutori danesi che quelli italiani; ai membri dei gruppi **A** è stato richiesto di raccontare per iscritto «La Biblioteca» e oralmente l'altro video, «Il Presepe», mentre ai membri dei gruppi **B** è stata data l'istruzione opposta.

[3] Cfr. Beaman (1984:51): «What looks like differences between spoken and written discourse may really be differences in the register, purpose, formality, or amount of planning time of each task [...] Clearly, these differences must be controlled if the real influences on spoken and written language are ever to be determined.»

non è possibile né cogliere i tratti divergenti né darne una spiegazione[4]. Ho rilevato sopra le componenti della situazione comunicativa sottoposte a variazione controllata, da una parte lo stesso **codice linguistico danese o italiano**, dall'altra, la **modalità diamesica scritta o parlata**. Le componenti che si è cercato invece di tenere costanti, o almeno di rendere più simili possibile, abbastanza simili in vista dei fini prefissi dall'indagine, sono le seguenti:

- le caratteristiche del locutore: **studenti universitari** del 1. e del 2. anno accademico (il che implica una considerevole omogeneità riguardo all'età e, fino ad un certo punto, anche all'estrazione sociale);

- il ruolo (comunicativo) dell'interlocutore: **ricevente passivo**, come si vede dal carattere fortemente monologico dei testi, carattere naturale per la produzione scritta, meno naturale per quella orale[5];

- la relazione fra locutore e interlocutore: **situazione informale e 'egalitaria'**, al fine di ottenere testi dal registro colloquiale, basati cioè su un canone linguistico dell'»uso medio» (vedi Sabatini 1985); collocando l'indagine in regia universitaria, si è ovviamente corso il rischio di ricadere nella situazione di 'prestazione scolastica', con momenti di inibizione e confusione da parte degli studenti partecipanti;

- la modalità del testo o il macroatto linguistico: **testi narrativi**, sia per il fatto di essere basati su un *input* chiaramente narrativo (il video), sia per l'istruzione esplicita data ai partecipanti di «raccontare» ciò che avevano visto;

- l'argomento da trattare nel testo: **le «vicissitudini» di Mr. Bean** presentate dall'*input* non-linguistico, cioè, dai due filmati comici a cui a tutti gli studenti è stato richiesto di riferirsi[6].

Vale la pena soffermarsi un attimo sia sulla scelta dell'*input* che sulla scelta del genere narrativo. Per quanto riguarda l'*input*, è molto pertinente la seguente citazione di Shridar (1988:3): «The main stumbling block in the experimental study of sentence production has been the problem of controlling the input, that is, of constraining the ideas to be expressed by speakers. Supplying the input by linguistic means introduces the 'contaminating' variable of language comprehension.» Per evitare tale contaminazione, sia nella fase di ricezione

---

[4] Vedi Skytte (1999a) che nella presentazione dell'indagine empirica parla appunto di «**testi paralleli** (con cui intendiamo testi autentici nelle due lingue prodotti in situazioni identiche e con contenuto equivalente, ma in modo indipendente).»

[5] Riguardo al carattere monologico/dialogico e la modalità d'uso scritto/parlato, cfr. anche Eva Skafte Jensen (1999).

[6] In effetti, anche qui è stata inserita nell'indagine una variazione minore, ma non insignificante, in quanto i due video sono assai diversi per quanto riguarda la trama e il suo carattere più o meno dinamico e più o meno imperniato sul protagonista. Variazione, però, non pertinente nel presente contesto, dato che sono presi in considerazione solo i testi sulla «Biblioteca». Per un trattamento più approfondito dei testi del «Presepe», vedi l'analisi comparativa di espedienti di connessione e di demarcazione discorsiva in Skytte (1999b).

dell'input che nella fase di produzione del testo, l'impiego di un *input* non-linguistico è praticamente obbligatorio, tanto più quando la prospettiva è esplicitamente comparativa.

Perché scegliere i **filmati di Mr. Bean?** Oltre al carattere di **film muto** (o quasi), vanno rilevati da una parte la sua **provenienza inglese**, e quindi 'straniera' rispetto ad entrambe le sfere culturali dei partecipanti all'esperimento, e dall'altra parte il suo **carattere fortemente comico**. I primi due fatti – la quasi totale non-verbalità della trama, basata invece sull'espressività, sulla mimica e sui gesti concreti del protagonista, e la quasi-'neutralità' culturale dell'ambiente e degli eventi presentati – sono stati importanti per assicurare che i partecipanti partissero 'pari' nella costruzione di una rappresentazione mentale dell'*input* percettivo. Il carattere comico è stato invece un antidoto significativo all'estraniamento della situazione sperimentale, e in particolare al rischio, menzionato sopra, di ricalcare una situazione scolastica/accademica; il palese divertimento degli studenti, sia nella fase di ricezione del video che nella fase di produzione verbale (si veda, nelle trascrizioni in appendice, le indicazioni delle risate da parte dei locutori), ha contribuito a rendere più naturale e rilassata l'atmosfera dell'indagine empirica.

È importante sottolineare che l'*input* non-linguistico, cioè il filmato, è stato pertinente di per sé solo nella fase sperimentale, come strumento per rendere comparabile il contenuto dei testi. Nella fase dell'analisi concreta dei testi, cioè nel confronto di quante informazioni siano esplicitate nei testi e di quale forma linguistica sia data a loro, il *tertium comparationis* non è costituito dal filmato, ma invece dalla somma complessiva di informazioni ritrovate in tutti i testi (riguardo all'elaborazione di questa **lista di informazioni virtuali**, vedi 8.1). La ricostruzione della fonte di informazioni è quindi basata unicamente sui testi, passo a mio avviso necessario, dato che ogni tentativo di utilizzare il video stesso come pietra di paragone, implicherebbe una trascrizione dal codice visivo a quello verbale, trascrizione che non sarebbe altro che una **mia** lettura e interpretazione del filmato.

Per quanto riguarda invece **la modalità del testo**, è stata scelta la narrazione, essendo la capacità di narrare, produrre e riconoscere testi narrativi, **una delle pietre basilari della competenza testuale**[7] – tanto basilare, infatti, da essere relativamente invariabile e indipendente rispetto a scelte di lingua e di modalità diamesica. Con ciò non dico che la realizzazione concreta del modello narrativo non sia condizionata dalle divergenze culturali (diverse tradizioni retoriche, letterarie, scolastiche) e dalle divergenze fisiche-contingenti (permanenza o meno del testo, simultaneità o meno delle fase di pianificazione, produzione e ricezione, co-presenza o meno degli interlocutori ecc.). Al contrario, è proprio l'impatto di tali divergenze che vogliamo rilevare dalla presente analisi. Intendo semplicemente che il modello narrativo, in quanto tipo testuale 'primordiale', naturale, possiede una sua **costanza di fondo**, nello scritto, nel parlato, in danese e in italiano, che fa presupporre, in tutti i testi, reazioni grosso modo equivalenti all'istruzione

---

[7] Vedi anche Fleischman (1990:94): «The translation of experience – real or imagined – into language can take take a variety of forms, one of which is the story. Notwithstanding cultural differences concerning their well-formedness [...] stories are one of the most basic of our acquired constructs for organizing and making sense of the data of experience.»

semplice data a locutori: «racconta oralmente/per iscritto ciò che è successo nel film» e «fortæl mundtligt/skriftligt hvad der skete i filmen»[8].

È ovvio che la realizzazione concreta del modello narrativo, a livello di «superstruttura» e anche a livello di «macrostruttura» (usando i termini summenzionati di Van Dijk), è determinata anche dalla natura stessa dell'*input*. Il video presenta infatti un percorso narrativo molto chiaro, per quanto riguarda sia il criterio della **sequenzialità** degli eventi, sia quello di una certa **finalità** della sequenza di eventi, sia quello della **deviazione inaspettata** rispetto al normale corso degli eventi (torneremo in seguito, in 9.1, ai requisiti necessari a definire un testo narrativo). Questo facilita ovviamente la 'decodificazione' del video, garantendone un carattere largamente univoco, che a sua volta è il presupposto per poter elaborare un *tertium comparationis* operazionale, cioè la lista di informazioni virtuali (vedi cap. 8).

Questi sono quindi i tratti più pertinenti del corpus e della situazione comunicativa in cui esso è stato prodotto. Bisogna però rendere conto anche dell'uso che sarà fatto del materiale empirico, dei limiti legati ad esso, e degli strumenti descrittivi con sui sarà affrontato.

È ovvio che l'impiego del materiale empirico mira a confermare l'ipotesi da cui è partito il presente lavoro, cioè che la densità informativa di un testo sia fondamentalmente il risultato di scelte strategiche rispetto a tre parametri, diversi ma interrelati. Esempi concreti del corpus serviranno però anche nella definizione dell'unità di informazione (definizione pertinente anche al di fuori di questo contesto), e nell'illustrazione di divergenze significative fra il danese e l'italiano, a livello di sistema e soprattutto a livello di norma. Con la trattazione più sistematica dei testi nei reticolati riportati in appendice, si vuole dare una visione d'insieme delle scelte operate dai locutori rispetto ai tre parametri, per illustrare, ad un 'colpo d'occhio', sia la dipendenza delle strategie dalla lingua e dal *medium*, sia la loro correlazione.

Per quanto riguarda **come** sarà impiegato il materiale empirico, va rilevata di nuovo la prospettiva contrastiva, inter- e intralinguistica. Per l'alto grado di equivalenza rispetto sia all'argomento che alla modalità, l'impiego del corpus consiste in larga misura di un confronto di testualizzazioni parallele, un metodo d'analisi molto stimolante e molto fruttuoso[9]. Rispetto alla **misura in cui** sarà impiegato, va subito detto che non si tratta di uno spoglio sistematico, parallelo e omogeneo di tutti i testi. Saranno usati gli esempi concreti che sono apparsi più illustrativi a quel punto delle riflessioni teoriche o dell'analisi concreta (ma ovviamente sempre tenendo presente la prospettiva contrastiva), e saranno riportati in modo che il fenomeno linguistico/testuale tratto in causa appaia non isolato, ma inserito nel suo co-testo immediato. **Quali** esempi siano illustrativi, **quanti** siano in effetti necessari (è sempre difficile lasciare da parte esempi

---

[8]Si vedrà, comunque, che in certi casi l'istruzione riguardo al macroatto linguistico non è stata evidentemente così univoca; vedi infatti Polito (1999:60-64) che, in un capitolo intitolato «Cosa si intende per /raccontare/», tratta appunto le divergenze a questo proposito fra testi italiani e testi danesi.
[9]Vedi anche Skytte et al. (1999), e Skytte & Korzen (2000).

interessanti), e **quanto** co-testo sia appropriato, sono scelte dettate in larga parte da gusti personali, e come tali aperte a discussione.

Va sottolineato inoltre che non saranno presi in considerazione, se non in maniera molto sporadica, fenomeni prosodici: l'analisi dei testi parlati è basata di fatto quasi unicamente sulle trascrizioni scritte. Questa mancanza d'attenzione per uno dei mezzi espressivi fondamentali del codice parlato mi è sembrata legittima (oltre che necessario per i limiti del lavoro) per il fatto che la prosodia assolve funzioni prevalentemente interpersonali e testuali[10], mentre l'unità d'informazione e la densità d'informazione inseguite in questa sede si definiscono a partire soprattutto dal contenuto ideazionale (vedi infatti la circoscrizione di questo tipo di informazione in 4.1).

Per quanto riguarda la **validità** o **rappresentatività** del materiale empirico, due sono le riserve. La prima, di carattere qualitativo, è legata a quell'omogeneità dei testi (stesso argomento, stessa modalità, stessi fattori situazionali ecc.) che costituisce proprio una delle mire dell'impostazione empirica. La stessa omogeneità che garantisce l'equivalenza semantica e pragmatica dei testi, ci impone contemporaneamente di fare solo **caute generalizzazioni** in base ai risultati dell'analisi: infatti, anche se i vari gruppi di testi del corpus presentano divergenze consistenti e sistematiche fra di loro, non è detto che le stesse divergenze apparirebbero cambiando l'argomento, o la modalità, o un'altra delle componenti della situazione comunicativa. La seconda riserva, di carattere invece quantitativo, è legata al fatto che i testi sono relativamente pochi, specialmente se si prendono i sottogruppi uno ad uno. Dato che parecchi dei tratti da analizzare sono piuttosto 'estesi' in termini di materiale linguistico, o sono necessari più testi perché si manifestino, o sono pertinenti soprattutto in compresenza di altri tratti, è difficile trarre conclusioni decisive rispetto alla loro ricorrenza sistematica o meno, non avendo a disposizione un corpus più grande.

Si tratta quindi di un'**analisi non quantitativa** (come lo è invece l'analisi proposta da Biber (1991) che individua 67 tratti linguistici la cui covariazione viene indagata statisticamente in vari tipi di testo), ma qualitativa, che vuole mettere in luce delle **tendenze** riguardo alla strutturazione testuale in testi rispettivamente danesi e italiani e scritti e parlati, tenendo sempre ben presenti la specificità dei testi e la relativa esiguità numerica di ogni sottogruppo di testi.

Per quanto riguarda infine **l'approccio concreto** ai testi, esso deve essere operazionale e al contempo non riduttivo. Descrivere come è fatto un testo presuppone un momento analitico: cioè lo **scomponimento del testo in parti o unità più piccole**, la cui distribuzione e le cui interrelazioni possono poi essere discusse[11]. Quali siano queste unità, come e in base a quali criteri si individuino nel testo, e perché siano giudicate pertinenti, dipende da una parte dal quadro

---

[10]Vedi Halliday (1994:190): «The textual meaning of the clause is expressed [...] by what is phonologically prominent [...] The interpersonal meanings are expressed by the intonation contour.»

[11]Vedi Chafe (1994:58): «Researchers are always pleased when the phenomena they are studying allow them to identify units. Units can be counted and their distributions analyzed, and they can provide handles on things that would otherwise be obscure. Unless all of us have been deceiving ourselves badly, language does make use of units of various kinds – vowels, consonants, and syllables, for example, or words and sentences, and now intonation units.»

teorico in cui si iscrive l'analisi, dall'altra parte dallo scopo specifico dell'analisi, dai fenomeni che si vogliono studiare e dalle relazioni che si vogliono portare alla luce.

Il presente oggetto di studio è assai complesso e la portata descrittiva quindi ampia. Abbraccia fenomeni sia macrostrutturali (e anche pre-verbali) che microstrutturali, con l'intento di correlarli fra di loro, nonché di correlarli a diverse componenti della situazione comunicativa. Il perno intorno al quale ruotano tutte le mosse descrittive – per quanto complessi e multilivellari siano i fenomeni in questione – è comunque la nozione di 'densità informativa', e ciò richiede sia una messa a punto di che cosa si intenda per 'informazione' sia, come implica il termine stesso di 'densità', la delimitazione di una unità – al contempo **unità descrittiva e unità di misura** – che renda possibile cogliere e mettere a confronto la densità informativa in testi diversi. Gran parte del presente lavoro sarà difatto dedicata alla definizione di queste nozioni, a partire dal capitolo seguente che discute l'uso spesso vago del termine 'informazione'.

Vedremo comunque che, anche se è stato possibile (benché non facile) definire e seguire operazionalmente una serie di criteri per la segmentazione dei testi in unità informative, in vari casi (di segmentazione ed anche di omologazione) è stato necessario procedere non in base ai criteri stabiliti in anticipo, ma ricorrendo invece a **metodi più contingenti**, quale il confronto di soluzioni concrete nei vari testi e la conformizzazione del singolo caso problematico in base alle tendenze generali (vedi la discussione del margine di arbitrarietà ammesso, nella parte conclusiva di 6.4).

4.
LA NOZIONE DI INFORMAZIONE

    4.0 L'atto, l'oggetto e il risultato dell'informare
    4.1 Funzioni della lingua e tipi di informazione
    4.2 *Conceived situation* e *construal*: vari parametri di densità informativa e varie fasi dell'analisi.

4.0 L'atto, l'oggetto e il risultato dell'informare

Il termine 'informazione' è uno di quei termini presi dal vocabolario quotidiano ed impiegati da quasi tutti gli addetti ai lavori, ma di cui pochi si preoccupano di dare una definizione precisa. Tale 'trascuratezza' definitoria deriva sicuramente dalla fiducia in un largo consenso riguardo al significato generico del termine, consenso che, almeno in un primo momento, rende superflua ulteriore precisione. Solo quando si impone il bisogno di delimitare l'uso del termine rispetto a nozioni affini, o quando il termine è integrato in derivati o compositi, nonché affrontato in chiave negativa ('non-informazione' o 'lacune di informazioni'), a volte compaiono definizioni più esplicite, che spesso però non coincidono fra di loro, e spesso non combaciano neanche con l'uso generico impiegato da uno stesso autore.

La confusione sembra dovuta in gran parte al fatto che il termine rimanda ad un fenomeno complesso, ad una vera **costellazione di nozioni**, che può essere presa di mira da vari punti di vista. Con il termine 'informazione' si può infatti voler mettere in rilievo:

    a) l'atto dell'informare
    b) l'oggetto coinvolto in tale atto
    c) il risultato di tale atto.

Partendo dalla prospettiva processuale, cioè l'**atto dell'informare**, si prenda la definizione della radice verbale 'informare' in DISC (1997): «informare = portare qualcuno a conoscenza di qualcosa, fornire notizie, far sapere». Viene messa in evidenza qui la relazione **dinamica** e **causativa** (*portare, fornire, fare*) fra X (o piuttosto un'azione di X) e Y (o piuttosto un'azione di Y); viene sottolineato il ruolo attivo, istigatore di X; l'azione di X è un presupposto affinché Y possa compiere un certo atto, cioè il conoscere o il sapere qualcosa[1].

Una formulazione pressappoco identica si trova in Ducrot (1972:2): «faire savoir, mettre l'interlocuteur en possession de connaissances dont il ne disposait pas auparavant», ma definizione impiegata ora a indicare la «**transmission de l'information**». Viene adoperata una scissione fra l'atto di veicolare (*trasmission*)

---

[1] È importante non perdere di vista il carattere **dinamico** sempre intrinseco alla nozione di informazione, anche quando la prospettiva scelta mette in rilievo non l'atto, ma invece l'oggetto dell'atto. Sulla nozione di **dinamicità** si potrebbe infatti basare una eventuale distinzione fra 'informazione' e il concetto per molti versi equivalente e coincidente di 'contenuto' (e anche di 'conoscenza').

e l'oggetto che viene veicolato, e il termine 'informazione' sembra essere impiegato essenzialmente per indicare **l'oggetto**, corrispondente alle «connaissances dont il [l'interlocuteur] ne disposait pas auparavant».

Imperniata, come la definizione di Ducrot, sul fatto che 'le conoscenze non siano possedute prima' è anche la domanda retorica di Kerbratt-Orecchioni (1986:211): «Mais n'est-ce pas justement en termes de enrichessement des connaissances de A [adressée] que se définit l'information d'un message verbal?». Qui la prospettiva viene però spostata al punto terminale dell'atto di informare, al **risultato** prodotto presso l'interlocutore, cioè all'effettivo accrescimento di conoscenze.

La distinzione di queste tre 'prospettive' insite nel termine 'informazione' appare forse sottile, o addirittura futile, ma serve a chiarire i diversi significati dati al termine e i fraintendimenti che da essi possono scaturire.

Se il termine 'informazione' è inteso a cogliere essenzialmente **l'atto dell' informare**, questo implica puntare sull'intenzionalità intrinseca all'atto. L'atto dell'informare è un atto linguistico eseguito dal locutore per ottenere un certo effetto presso l'interlocutore, un atto illocutorio, che può essere confrontato con altri tipi di atti illocutori. Abbiamo da una parte la concezione, citata e criticata da Ducrot (1972:2), che «amène à prendre l'acte d'informer comme l'acte linguistique fondamental», e, dall'altra parte, la concezione che vede invece l'atto dell'informare come uno fra i tanti atti illocutori, vedi sempre Ducrot (1972:3): «Étudiant des actes de langage comme promettre, ordonner, interroger, conseiller, faire l'éloge de... etc., les philosophes d'Oxford en viennent à les considérer comme aussi intrinsèquement linguistique que celui de faire savoir.» Informare e informazione, in questa prospettiva, sono legati alle **intenzioni del locutore**, e quindi al ruolo che egli sceglie di incaricarsi nella situazione comunicativa e al ruolo che di conseguenza assegna al suo interlocutore[2].

Se si sposta invece la prospettiva dall'atto dell'informare al **risultato di questo atto**, il rilievo passa dal locutore all'**interlocutore**. L'informazione è qui vista in termini di un effettivo incremento o meno delle conoscenze del ricevente. Informazione diventa quindi strettamente legata alla nozione di 'informatività'; vedi Lyons (1977:32): «A signal is **informative** if (regardless of the intentions of the sender) it makes the receiver aware of something of which he was not previously aware.» Informatività può essere vista sia in chiave qualitativa, cioè il grado di imprevedibilità della conoscenza apportata all'interlocutore, che in chiave quantitativa, cioè la quantità di contenuto non già saputo veicolato dal testo (quante risposte può dare il testo alle domande che gli vengono poste?[3]). Adottando questa prospettiva ci si avvicina all'accezione assai astratta del termine

---

[2]Vedi Halliday (1994:68): «In the act of speaking, the speaker adopts for himself a particular speech role, and in so doing assigns to the listener a complementary role which he wishes him to adopt in his turn.»

[3]Vedi Prebensen (1994:145): «It takes at least two somethings to create a piece of information. In our context, these two somethings will be represented by a pair: <*given, new*>. The linguistic tool we use to collect a *new* piece of information in a *given* epistemic state (context) is a *question*.» E sotto (ibid:147): «We use these facts to define an *information-unit* as a pair consisting of a *question* representing the *given* and a *carrier statement* or *response*, containing what is *new*.»

che è propria della teoria dell'informazione[4], vedi Shannon & Weaver (1971:8): «**information** is a measure of one's freedom of choice when one selects a message».

Con questo approccio, però, informazione (o informatività) rischia di ridursi a un calcolo quantitativo di possibili alternative, utile forse per capire come un calcolatore elettronico elabori informazioni (*input* controllati), ma poco utile se vogliamo sapere qualcosa sulla natura della nozione di 'informazione' in una vera situazione comunicativa, composta da testi autentici e locutori e interlocutori autentici.

Di questo fatto, ossia del fatto che il loro uso del termine vada tenuto ben distinto dall'uso comune, Shannon & Weawer sono coscienti; sottolineano in particolare (1971:8) che, nel loro quadro teorico, «information must not be confused with meaning». Nell'uso quotidiano del termine, comunque, anche fra gli addetti ai lavori, non c'è dubbio però che l'informazione di un testo è vista proprio in quest'ottica. Prendiamo per esempio la seguente citazione di Levelt (1989:5[5]): «Planning an utterance involves selecting the **information** one wishes to share with the interlocutor (for whatever purpose) and arranging the **information** in such a way that its topic and focus are clear to the interlocutor, and so that it will attract their attention». Qui siamo passati evidentemente alla prospettiva che mette in rilievo **l'oggetto della trasmissione**, ciò che viene veicolato fra locutore e interlocutore, e in questo passaggio non si può fare a meno di coinvolgere anche nozioni come 'contenuto' e 'significato', cioè elementi di ordine semantico[6]. Ricorrendo alla nota definizione di Bateson (1979:242): «information is a difference which **makes a difference**», si può dire che informazione implica non solo la possibilità di una scelta, ma di una scelta significativa, una scelta che ha delle conseguenze.

Nel presente lavoro il termine 'informazione' sarà impiegato soprattutto in quest'ultima prospettiva, che rileva cioè l'oggetto veicolato, richiedendo che esso sia una **scelta significativa**. Ma anche all'interno di questa prospettiva sussiste un ventaglio di accezioni diverse.

L'elasticità del termine 'informazione', anche quando usato solo per indicare l'**oggetto** della trasmissione, traspare con grande evidenza dalle seguenti citazioni di Coirier, Gaonac'h & Passerault (1996:13-21), che propongono come varianti apparentemente sinonimiche *signification*, *sens*, *information(s)*, *contenu* e *contenu informatif*:

«considérer le texte comme un objet porteur de sens»
«décrire 'les informations apportées par le texte'»
«le description de la signification des textes»
«une description de l'ensemble de la signification du texte»

---

[4]Vedi Lyons (1977:45): «Signal-information content, as measured by the mathematical theory of communication, has frequently been referred to as **surprise-value**...»
[5]Citata dalla voce su *Psycholinguistics* in Malmkjær 1991.
[6]Vedi Lyons (1977:41) «When we say that a signal is informative we imply that it conveys some semantic information to the receiver (it tells him something)» e proseguendo «'Semantic information' [...] is closer to, and, if it is defined as a theoretical term, can be said to explicate the non-technical, or everyday, term 'information'».

«ces deux niveaux de description de l'<u>information</u> du texte»
«pour décrire le <u>contenu</u> d'un texte»
«le <u>contenu informatif</u> d'un texte peut être représenté à differents niveaux»

Bisogna, a mio avviso, fare attenzione soprattutto a non confondere i termini 'informazione' e 'senso/significazione/significati', sia quando con questi ultimi si fa riferimento al **significato globale** del testo, cioè all'interpretazione del testo (o al risultato dell'atto interpretativo), sia quando si fa riferimento invece alla **semantica di singoli termini o singole espressioni**, o, in una accezione ancora più 'elementare', a qualsiasi tratto distintivo del sistema linguistico che si manifesta nel testo concreto. Di solito, con 'senso' ci si riferisce piuttosto alla lettura globale, e con 'significato' alla semantica delle singole parole; nelle citazioni appena riportate, comunque, questa distinzione non è del tutto chiara.

Per quanto riguarda il 'senso globale, è importante sottolineare che **l'informazione precede l'interpretazione**: l'informazione veicolata dal testo funziona da *input* (insieme a tanti altri elementi presenti nella specifica situazione comunicativa, quali le conoscenze enciclopediche, le capacità intellettuali e le attitudini psicologiche ed emozionali dell'interlocutore) rispetto al senso globale che l'interlocutore dà al testo – quel senso globale che, nel caso la comunicazione sia riuscita, si suppone in una qualche misura coincidente a quello da cui è partito il locutore.

Più complicata e sottile si presenta invece la seconda distinzione, altrettanto necessaria e fondamentale, tra 'informazione' da un lato e, dall'altro, 'significato' nel senso di mera individuazione di una nozione, per mezzo di un certo lessema, di una categoria grammaticale, o di un altro tratto distintivo del sistema linguistico o semiotico in questione. Senza la dovuta distinzione tra i significati presenti nel testo e le informazioni veicolate dal testo, si rischia infatti di non cogliere quello che, a mio avviso, è l'aspetto forse più importante della nozione 'informazione' quale oggetto veicolato: una informazione, infatti, è qualcosa di più di un significato, anche se la presenza di significati ne è ovviamente condizione necessaria; vedi anche Van Dijk (1977:122): «Information is propositional [...] We reconstruct knowledge as a set of propositions [...] A simple argument and predicate like 'the book' or 'is open' are not, as such, elements of information, only a proposition like 'the book is open'».

A questo punto è utile ritornare alla citazione di Bateson (1979:242): «a difference which makes a difference». Mentre un significato è «a difference which makes a difference» **all'interno di un sistema linguistico**, o in senso più largo di un sistema semiotico, una informazione è «a difference which makes a difference» **al di fuori del sistema linguistico/semiotico**, nell'insieme di conoscenze (del mittente e) del ricevente.

Essere a conoscenza di qualcosa, sapere qualcosa, non vuol dire semplicemente essere in grado di evocare **un significato**, ma essere in grado di cogliere **una relazione fra due o più entità** (entità prese qui in senso largo di elementi concepibili). Dare un'informazione implica segnalare all'interlocutore la presenza di una certa relazione fra entità del mondo in cui ci muoviamo, sia extra-linguistiche che linguistiche.

Ponendo la relazione come elemento costitutivo di una informazione, bisogna far menzione di nozioni quali 'predicazione', 'proposizione', 'asserzione'. In seguito, nel tentativo di circoscrivere **un'unità di informazione** operazionale nell'analisi concreta dei testi (vedi cap. 6), queste nozioni saranno messe in discussione. Al momento, comunque, è sufficiente sottolineare che una conoscenza, e di conseguenza anche una informazione, concerne sempre una relazione fra due o più entità, non singoli significati.

Passiamo ora ad un altro aspetto cruciale della definizione di una informazione, cioè il suo essere '**nuova**' o meno. In senso stretto una conoscenza veicolata è una 'vera' informazione solo se, da un lato, giunge veramente nuova all'interlocutore, e se, dall'altro lato, il locutore, al momento di trasmetterla, la ritiene in effetti nuova all'interlocutore. Comunque, non avendo di solito accesso (almeno non contemporaneamente) alle menti del locutore e dell'interlocutore, è impossibile stabilire con precisione cosa nel testo sia stato in effetti enunciato con l'intento di veicolare nuove conoscenze, e cosa abbia effettivamente accresciuto le conoscenze dell'interlocutore. È perciò più opportuno avvicinarsi al concetto di 'novità' in maniera relativista, definendo 'informazioni' del testo le informazioni **potenzialmente nuove**, a prescindere dal loro essere nuove o meno allo specifico interlocutore e/o reputate nuove o meno dallo specifico locutore. Questa definizione più elastica sembra di fatto essere di uso corrente, e rende comprensibile un'espressione del tutto comune quale 'informazione vecchia' che – se la novità fosse un requisito obbligatorio – sarebbe priva di senso o addirittura contradditoria. Nell'accezione proposta ora, una informazione vecchia – vecchia perché già data o nello specifico testo o in un altro contesto – rimane pur sempre una informazione, in quanto continua ad evocare nella mente dell'interlocutore l'immagine mentale di una relazione fra due o più entità.

Parlare di informazioni nuove e informazioni vecchie evoca inevitabilmente i numerosi studi sulla **struttura dell'informazione**, sul **flusso dell'informazione** (Chafe, 1992), sulla **sintassi dell'informazione** (Lombardi Vallauri, 1996), imperniati tutti sul rapporto fra nuovo e vecchio. Vorrei far notare subito che qui non interessa, almeno non in primo luogo, la struttura informativa nel senso di **distribuzione di elementi nuovi e vecchi** nell'enunciato e nel testo. Ciò non toglie che ci siano, in questi studi, nozioni e riflessioni (in particolare le nozioni di *foregrounding* e *backgrounding*), che per il procedere del presente lavoro saranno utilissimi.

4.1 Funzioni della lingua e tipi di informazione

Propongo a questo punto di vedere l'informazione come:

> **una conoscenza veicolata dal testo (cioè reperibile nel testo), potenzialmente nuova, e basata sempre sull'evocazione di una relazione fra due o più entità.**

Questa definizione, comunque, comprende ancora vari **tipi di informazione**, a seconda dei tipi di relazioni segnalate e dei tipi di entità o elementi correlati. Per precisare a quale tipo di informazione si farà riferimento parlando in seguito di densità informativa e di **unità di informazione**, e per mettere in evidenza le difficoltà a tenere distinti i vari tipi di informazione, vorrei tornare alle varie funzioni della lingua.

In base alle tre metafunzioni proposte da Halliday – ideazionale, interpersonale e testuale – possiamo distinguere fra tre tipi di informazioni (tenendo sempre fermo il concetto di 'relazione' come elemento costitutivo dell'informazione) che riguardano rispettivamente:

a) **le relazioni interpersonali** (l'impostazione della situazione comunicativa, i rapporti interazionali fra locutore e interlocutore, l'attitudine del locutore riguardo all'argomento del suo testo); informazioni che servono a precisare cosa vuole ottenere il locutore con il suo testo, importanti quindi per il valore illocutorio;

b) **le relazioni testuali** (il valore, il peso o lo statuto che il locutore attribuisce agli elementi del testo l'uno rispetto all'altro); informazioni che servono a rendere coerente e pertinente il testo, cotestualmente e contestualmente;

c) **le relazioni ideazionali** (le rappresentazioni mentali di determinate situazioni della realtà extra-linguistica, evocate dalla combinazione di idee o nozioni denotanti entità o elementi extra-linguistici); informazioni che servono a dare forma a, e a condividere con altri la nostra esperienza del mondo circostante.

Lyons (1977:50) propone una tripartizione simile, ma non identica: «Let us simply assume that these are three more or less distinguishable functions: the **descriptive**, the **social** and the **expressive**. Correlated with these three different functions we can recognize **three different kinds of semantic information** encodable in language-utterances (grassetto mio).» Mentre l'informazione sociale e l'informazione espressiva sembrano rientrare entrambi nell'informazione 'interpersonale' hallidayiana[7] (ma, al contrario, non figura qualcosa di equivalente all'informazione testuale), la prima, quella descrittiva, corrisponde in larga misura all'informazione ideazionale. Informazione descrittiva – specifica però Lyons – è **fattuale** in quanto (1977:50) «it purports to describe some state-of-affairs» e in quanto, come conseguenza della 'fattualità', «it can be explicitly asserted or denied and, in the most favourable instances at least, it can be objectively verified.»

La distinzione operata da Givón (1984:30) parla invece di «three major **functional realms** which receive systematic and distinct coding in human language: (a) Lexical semantics (or **meaning**); (b) Propositional semantics (or **information**); (c) Discourse pragmatics (or **function**).» Di queste, la prima comprende l'insieme di significati come sono organizzati nel lessico. Con specifiche scelte lessicali, il testo ricava il suo «*meaning*», o forse meglio, i suoi «*meanings*». Ma solo immettendo questi significati in uno schema proposizionale possiamo però parlare di «*information*». La proposizione, a sua volta, benché veicolante informazione, non ha nessuna vera «*function*» prima di essere immessa in un contesto comunicativo – che, nel quadro di Givón, abbraccia sia l'aspetto interpersonale (le intenzioni del locutore e l'interazione fra locutore e

---

[7] Vedi Lyons (1977:51): «The distinction between expressive and social meaning is far from clear-cut, and many authors have subsumed both under a single term ('emotive', 'attitudinal', 'interpersonal', 'expressive', etc.).»

interlocutore) che l'aspetto testuale (cioè l'organizzazione e la distribuzione dell'informazione all'interno del discorso)[8].

A prescindere dalle divergenze sia teoriche che terminologiche di queste tre tripartizioni, sembra sussistere però una accezione della lingua in uso fondamentalmente molto simile: il testo è visto come una combinazione di **elementi rappresentazionali o descrittivi**, e di elementi che forniscono invece **istruzioni per l'uso di questi elementi** (vedi anche cap. 2). È utile distinguere inoltre, come fa Halliday, fra istruzioni di carattere interpersonale e istruzioni di carattere testuale, diverse da un punto di vista cognitivo, e codificate per di più da espedienti linguistici diversi; così come mi sembra fondamentale, sulla scia di Givón, tenere ben presente la distinzione fra i significati astratti, denotati dai singoli termini da una parte, e, dall'altra, le informazioni come sono state definite sopra, cioè basate sul fatto che due o più significati vengano messi in relazione fra di loro e diventino così in grado di 'dirci qualcosa su qualcosa'.

Con la restrizione della nozione di 'informazione' a comprendere solo il contenuto ideazionale / descrittivo / proposizionale, si riprende in grandi linee l'uso comune della nozione. Tale uso implica quasi sempre un riferimento a relazioni presenti in una qualche realtà extra-linguistica (fisica o psichica, reale o fittizia, data o ipotizzata), indipendenti quindi dal testo stesso, visto sia come organizzazione di elementi linguistici (il dominio testuale) che come atto comunicativo (il dominio interpersonale). È importante però specificare se con 'riferimento ad una realtà extra-linguistica' si intenda '**descrizione di fatti**' o piuttosto '**interpretazione della realtà**'. Riprendendo le parole di Lyons sulla 'fattualità' dell'informazione descrittiva e su quanto ne consegue in termini di asseribilità, negabilità, ed eventuale verificabilità, la nozione di informazione sembra collegarsi prevalentemente a dati di fatto concreti, pubblicamente accessibili, verificabili sensorialmente. È evidente, però, che buona parte di ciò che definiamo usualmente come informazione descrittiva (o ideazionale o proposizionale), si rapporti a domini della realtà extra-linguistica poco o non affatto concreti, non pubblicamente accessibili, e quindi difficili da valutare in termini di asseribilità, negabilità, e verificabilità. Così come è evidente che l'ideale di verificabilità oggettiva abbia ben poco a che vedere con un normale scambio di informazione e con gli scopi che ci prefiggiamo con tale scambio[9].

---

[8] Vedi Givón (1984:32): «(i) *Speaker's goals*: The speech-act values (information, question, command, etc.) as well as other communicative and pragmatic goals of the speaker; (ii) *Interaction*: The social relation between speaker and hearer, what they owe each other, what they know of each other's knowledge, goals, and predispositions; (iii) *Discourse context*: What information was processed in the preceding discourse, what can be taken for granted, what is likely to be challenged, what is important vs. ancillary information, what is the foreground of new information as against what is background.»

[9] Vedi anche Ducrot (1977:41): «Un énoncé – même assertif – peut avoir bien d'autres fonctions que de soumettre une affirmation à une évaluation logique en faisant d'elle un candidat à la vérité ou à la fausseté».

Se si confronta l'accezione di Lyons[10] con le seguenti citazioni di Halliday sulla funzione ideazionale, saltano agli occhi nozioni quali 'mentale', 'costruzione', 'rappresentazione', 'esperienza'. Gli elementi ideazionali di un testo servono infatti (1994:106) «to build a **mental picture of reality**, to make sense of what goes on around them and inside them», o, in altre parole, a costruire «a **model of experience**»[11]. Adottando questo punto di vista, le informazioni ideazionali, anziché essere descrizioni di fatti verificabili, sono **proposte di interpretazione della realtà** – proposte da accettare, respingere, sfidare, dubitare, valutare, modificare, realizzare, usare come punto di partenza per altre proposte interpretative, a seconda dell'istruzione specifica data nel testo, cioè del valore illocutorio.

Ovviamente, ogni discorso sull'esistenza e sulla natura delle rappresentazioni mentali pre-linguistiche o non-linguistiche – discorso che comprende quesiti difficili non solo sulla relazione fra la mente e la lingua, ma anche fra la mente e quello che viene chiamato persistentemente 'la realtà oggettiva'[12] – non può che basarsi in larga misura su postulati, non ultimo per la difficoltà di pronunciarsi su di esse senza ricorrere a mezzi linguistici. La scelta di porre le rappresentazioni mentali e non i fatti come punto di riferimento delle informazioni di un testo, non porta però a un totale relativismo o una totale arbitrarietà riguardo alla determinazione del significato, come sostiene spesso la critica lanciata a questo punto di vista.

Come accennato in cap. 2, le immagini mentali a cui fanno riferimento i nostri enunciati hanno da un lato una matrice universale dettata dalle condizioni e costrizioni fisiologiche, fisiche, biologiche e psicologiche della nostra esperienza comune quali esseri umani, e dall'altro una matrice, non universale, ma condivisa comunque da una certa cerchia di esseri umani che hanno in comune una larga gamma di esperienze. Le predisposizioni e le capacità cognitive, proprie dell'essere umano in quanto specie biologica, e le concrete condizioni di vita in cui l'essere umano è immerso, determinano in concomitanza la strutturazione concettuale della realtà a noi circostante, la *Gestaltung* mentale della miriade di *input* sensoriali che ci bombarda in ogni istante della nostra esistenza. Il punto cruciale – vedi qui la teoria cognitivista di Langacker – è che tali strutture concettuali esistano (almeno in parte) apriori e a prescindere dalle strutture verbali[13], e che le strutture

---

[10]Il riferimento fatto a Lyons in questo contesto, come rappresentante di un certo punto di vista, è sommario e sicuramente troppo categorico rispetto alla trattazione soppesata e critica a cui lo studioso sottopone i temi in questione. Mi sembra però legittimo fare riferimento a Lyons come propugnatore di un (qualche) criterio di verità a base della definizione di 'informazione descrittiva', anche se in studi più recenti introduce il concetto di 'mondi possibili'.

[11]Dal punto di vista ideazionale, *the clause* (la clausola) è vista da Halliday come (1994:36) «a representation, a construal of some process in ongoing human experience», e (ibid:106): «a mode of reflection, of imposing order on the endless variation and flow of events».

[12]Simone propone (1994:160) una soluzione 'pragmatica': «I shall take no position as regards the nature of 'facts' and 'reality' vis-à-vis language... It will be irrelevant to distinguish between 'external' and 'internal' (i.e. mental) world, between facts and their representation... I shall use throughout the more general and non-committal term 'extra-language' (and, correspondingly, 'extra-linguistic') to designate both the objects in the world and those in the mind.»

[13]Vedi a questo proposito Langacker (1990:12): «Because languages differ in their grammatical structure, they differ in the imagery that speakers employ when conforming to linguistic convention. This relativistic view does not per se imply that lexicogrammatical structure imposes any significant constraints on our thought processes – in fact I suspect its impact to be rather superficial (cf. Langacker 1976)...»

e le categorie linguistiche (almeno quelle più basali) ricalchino o corrispondano iconicamente alla strutture e alle categorie concettuali.

Appunto per la loro natura non o pre-linguistica, le rappresentazioni mentali possono costituire un *tertium comparationis* nel confronto e nel passaggio da una lingua ad un'altra, a livello di apprendimento, di traduzione e anche di ricerca[14] L'**equivalenza semantica** o meno, che si cerca di determinare mettendo a paragone costrutti e espressioni di diverse lingue, è basata sulla misura in cui le varie testualizzazioni evocano la stessa immagine mentale, non sulla misura in cui riferiscono agli stessi dati di fatto concreti.

Come accennato, il grado di universalità delle rappresentazioni mentali varia comunque, e di conseguenza varia anche il grado di universalità delle strutture linguistiche atte a evocarle[15]. Più le rappresentazioni mentali si allontanano dal dominio delle esperienze universali (a base prevalentemente sensoriale, motorica, pre-linguistica) e riguardano invece la sfera culturale (sono generate, cioè, all' interno di una certa struttura culturale e sociale), più diventa difficile scinderle dalle 'corrispondenti' rappresentazioni verbali; è proprio per mezzo della lingua che confermiamo, discutiamo, negoziamo il consenso intersoggettivo riguardo alle più sofisticate rappresentazioni della realtà. In questo senso non metto in dubbio la fondamentale importanza della lingua per l'evolversi del pensiero come capacità di riflessione sul mondo a noi circostante e sul nostro rapporto e posizione rispetto ad esso.

4.2 *Conceived situation* e *construal*: vari parametri di densità informativa e varie fasi dell'analisi.

Delle problematiche toccate ora, basta rilevare quanto segue: l'informazione ideazionale si riferisce non alla 'realtà' di per sé, ma all'immagine concettuale che ne andiamo facendo nella nostra mente; come dice Langacker (1987:116): «Linguistic expressions pertain to **conceived** situations, or 'scenes'». Quando d'ora in poi diremo che un testo fa riferimento a, o evoca un certo **frammento di una 'realtà' extra-linguistica**, va sempre tenuto in mente che si tratta di **immagini mentali** di azioni, processi, eventi, stati. L'insieme di eventi e stati 'immaginati' (*conceived situations*) costituisce il sostrato contenutistico del testo, **l'argomento** che il locutore vuole attivare nella mente dell'interlocutore, l'informazione ideazionale o rappresentazionale di base.

Una seconda premessa fondamentale del presente lavoro è che, nonostante «...the ability of speakers to construe the **same basic situation** in many different ways, i.e. to structure it by means of **alternate images** (Langacker 1987:117,

---

[14] Vedi Seiler (1995:316) che menziona l'ipotesi di Comrie (1989:53ff) della *Translatability-Universals Connection*: «...there is a close relationship between the existence of language universals and the possibility of translating between languages...» L'accordarsi invece ad un tipo di determinismo linguistico forte dello stampo di Van Humboldt e Whorf che ritenevano che «that concepts have no existence independent of language» (vedi Slobin 1991:8), pone un serio ostacolo ad ogni ambizione di muoversi da una lingua ad un'altra.

[15] Vedi il passaggio seguente di Tabakowska (1993:128): «CL [cognitive linguistics] views 'experience' as a continuum, where **idiosyncratic individual experience** is situated at one end of the scale, and **universal (basic, mainly bodily) experience** at the other, with **culture-specific experiences** of different types filling up the middle part.» (grassetto mio).

grassetto mio)»[16], le immagini mentali di base (cioè *conceived situations*) sono in genere 'estrapolabili' dalle verbalizzazioni concrete. Tali verbalizzazioni (*construals*) costruiscono e presentano le situazioni in vista di specifici fini comunicativi, mettendo in rilievo oppure sullo sfondo certi aspetti dell'evento e certi eventi rispetto ad altri. Con questa distinzione fra *conceived situation* e *construal* possiamo fare un accenno più concreto ai tre **parametri testuali** che a mio avviso determinano la densità informativa di un testo, e che nei capitoli seguenti saranno sottoposti a un'analisi più approfondita. I tre parametri sono determinati da tre tipi di scelte strategiche da parte del locutore, corrispondenti a tre fasi diverse del modello d'analisi proposto in seguito.

La prima fase dell'analisi si prefigge di individuare a **quante e quali immagini mentali** di eventi e stati fa riferimento il testo, a prescindere (per quanto sia difficile) dalla testualizzazione specifica scelta dal locutore. Si tratta più precisamente di vedere

a) quante informazioni sono date **in maniera esplicita** dal locutore;

b) quante informazioni sono date **in maniera implicita**, essendo quindi ricostruibili da parte dell'interlocutore per via di inferenze;

c) quante informazioni, infine, benché virtuali o possibili (come si vedrà dal confronto con gli altri testi) sono ormai **irreperibili**, a volte del tutto scomparse, a volte deducibili come zone 'buie' nell'universo testuale, segnalate unicamente da vaghi indizi.

Ho scelto di adoperare i termini '**dispiegare**' e '**riassumere**' per indicare i due poli di questa strategia testuale, che opera sostanzialmente sulla selezione delle immagini mentali di base che deve veicolare il testo e sulla loro esplicitazione o meno da parte del locutore. La densità informativa che deriva dal rapporto fra quantità di informazioni esplicite e quantità di informazioni implicite e/o addirittura omesse, è legata prevalentemente a scelte a livello macrostrutturale, della *textbase*, della *dispositio* (vedi quanto detto sulle fasi della produzione del testo in cap. 2). Una volta fatta la selezione di informazioni ideazionali da immettere nel testo, il locutore le deve organizzare in esso, e si passa dall' organizzazione pre-verbale del testo a quella prettamente verbale.

La seconda fase dell'analisi vuole mettere a confronto infatti le scelte adoperate dal locutore nella presentazione concreta delle *conceived situations*, cioè la scelta di specifici *construals*. Qui saranno presi in considerazione **gli espedienti linguistici** soprattutto sintattici, usati per testualizzare le informazioni esplicite in forma più o meno densa. Nell'analisi della maniera in cui l'informazione ideazionale viene presentata a livello di superficie del testo, interessa in primo luogo **la quantità di materiale linguistico** impiegata per evocare esplicitamente una data relazione. La quantità di materiale linguistico è però legata strettamente al grado di integrazione sintattica, e questo, a sua volta, è di solito strettamente legato al peso attribuito alla specifica informazione. Ad indicare i due poli

---

[16]Langacker prosegue (ibid:138-139): «The full conceptual or semantic value of a conceived situation is a function of not only its content (to the extent that one can speak of content apart from construal), but also how we structure this content with respect to such matters as attention, selection, figure/ground organization, viewpoint, and level of schematicity.»

coinvolti nella strategia di 'condensamento sintattico' o meno, saranno impiegati i termini '**spartire**' e '**integrare**'.

Siamo tornati così a un tema menzionato sopra, cioè il **flusso** di informazione, definito molto nitidamente da Chafe (1992:215):

> The term 'information flow' is used here to refer to **various changes in status** that take place in a speaker's and listener's ideas of objects, states, and events when language is produced and comprehended. **Information flow has to do, not with the content of the ideas themselves**, but with their status as e.g. *given* or *new*, *thematic* or *topical*, *foregrounded* or *backgrounded*. **Information in this sense includes any ideational content**. (grassetto mio).

È, a mio avviso, lecito vedere la maggior parte delle scelte sintattiche (e sicuramente anche parte di quelle lessicali) come dettate dal valore, dal peso che si vuole dare alle informazioni in causa (come cercherò di mostrare in cap. 6). La densità informativa a questo livello – a livello microstrutturale, della superficie testuale, della *elocutio* – opera evidentemente sulle immagini mentali e quindi sull'informazione ideazionale, ma è in sé una conseguenza di opzioni da parte del locutore riguardo all'informazione specialmente testuale (ma anche interpersonale).

La terza fase dell'analisi intende cogliere la quantità di materiale linguistico del testo che non coopera all'evocazione di immagini mentali di eventi, azioni e stati. Si tratta di quelle parti del testo che non apportano informazioni, nel senso definito sopra, ma che adempiono a **funzioni interpersonali e/o testuali**. Queste parti del testo hanno però una portata decisiva sulla densità informativa, in quanto forniscono, in generale, più tempo all'interlocutore di recipire le informazioni ideazionali e evocare le appropriate immagini mentali. Ho scelto di adoperare un unico termine, parlando della terza strategia testuale, ossia il termine '**diluire**'. Mentre per le altre due fasi dell'analisi è possibile individuare concreti espedienti linguistici/testuali che portano rispettivamente verso l'uno o l'altro dei poli menzionati, per l'ultima fase sembra individuabile solo l'aggiunta o meno di materiale linguistico non-veicolante informazione ideazionale.

Anche se ora descritte come legate a tre fasi distinte, sia nella produzione del testo che nell'analisi del testo, le tre strategie che determinano la densità informativa del testo non sono messe in atto e non agiscono indipendentemente l'una dall'altra (vedi anche cap. 2), così come non sono analizzabili una isolata dall'altra. Uno degli scopi principali di questo lavoro è appunto di chiarire i rapporti di interdipendenza fra le strategie.

5.
LA REPERIBILITÀ DELLE INFORMAZIONI

5.0 Esplicito e implicito versus *posé e présupposé*
5.1 Varie categorie di informazioni virtuali
5.2 Dal riassumere al dispiegare
      5.2.1 *Informazioni esplicite*
      5.2.2 *Informazioni ripetute*
      5.2.3 *Informazioni implicite*
      5.2.4 *Informazioni omesse*
5.3 Riassumendo: esplicito versus implicito

5.0 Esplicito e implicito versus *posé e présupposé*

Le informazioni che interessano qui sono quindi le conoscenze potenzialmente nuove all'interlocutore, che riguardano relazioni fra due o più entità extra-linguistiche (conoscenze di stampo ideazionale), e che sono reperibili nel testo. Ma che cosa vuol dire **reperibili nel testo**?

Premettiamo che un locutore con il suo testo intenda sempre (tra le altre cose) evocare nella mente dell'interlocutore l'immagine mentale di un frammento di una qualche realtà extra-linguistica. È chiaro che questa immagine sarà sempre incompleta rispetto alle **possibili informazioni** che si potrebbero fornire a proposito di tale frammento di realtà, cioè tutte le relazioni che costituiscono una data situazione, un dato avvenimento, un dato corso di eventi. Qualsiasi modello mentale, così come qualsiasi rappresentazione verbale di esso, è sempre «**incompleto** da un punto di vista ontologico» (Van Dijk 1977:97, traduzione mia) – e menomale, perché non solo sarebbe «impraticabile e inappropriato da un punto di vista pragmatico» (ibid:109, traduzione mia), ma ci toglierebbe anche qualsiasi possibilità di progressione del pensiero, della comunicazione, nonché dello stesso agire e interagire umano.

Nella produzione di un testo, come una delle prime cose, il locutore deve decidere quali dell'insieme di informazioni possibili – o **virtuali**, come si dirà d'ora in poi – sono quelle pertinenti rispetto allo scopo specifico che lui/lei intende realizzare con il testo, e quali sono invece quelle scartabili. Le **informazioni selezionate** andranno a costituire il contenuto complessivo del testo che il locutore vuole veicolare all'interlocutore; in seguito a questa selezione dovrà poi decidere quali informazioni dare in maniera **esplicita** e quali in maniera **implicita**. È importante discernere fra le informazioni in qualche maniera reperibili nel testo – per via di concreti indizi linguistici dati dal locutore, o per via di inferenze che tocca all'interlocutore mettere in atto – e le informazioni omesse del tutto, non più ricostruibili a partire dal testo. Va detto, però, che non sempre è facile distinguere fra informazione omessa e informazione implicita, come d'altronde non è sempre facile distinguere fra informazione implicita e informazione esplicita.

La figura seguente vuole illustrare, in forma molto schematica, le opzioni eseguite dal locutore rispetto all'**insieme di informazioni virtuali** che si legano all'argomento del suo testo:

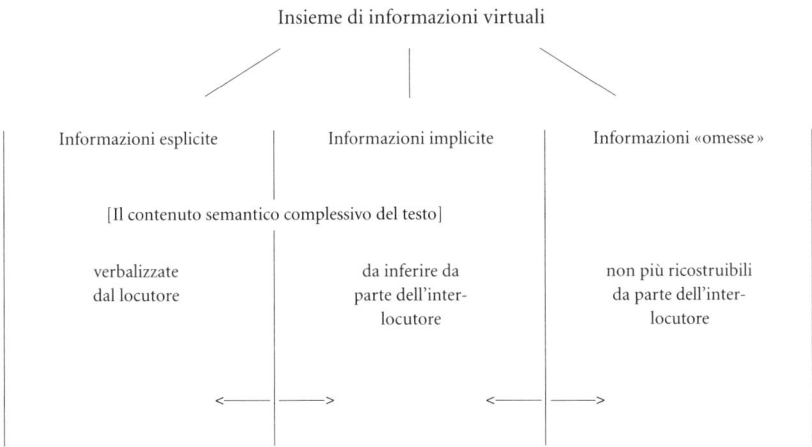

(figura 5.1)

Prima di illustrare questo modello con esempi concreti tratti dal corpus di Mr. Bean, vorrei fare alcune osservazioni su una bipartizione di Ducrot – ripresa e esplicitata dalla Kerbrat-Orecchioni (1986:19) – fra contenuto esplicito e contenuto implicito. Vorrei rilevare una divergenza fondamentale fra il modello qui presentato e quello di Ducrot che, a mio avviso, mette in evidenza la stretta interdipendenza fra **la scelta di dare per esplicita o per implicita** una data informazione (la strategia del dispiegare versus quella del riassumere), e **la scelta di testualizzarla in maniera più o meno compatta** (la strategia dello spartire versus quella dell'integrare).

Ducrot opera con una distinzione fra «l'implicite de l'énoncé» (1972:10) e «l'implicite fondé sur l'enonciation» (1972:26). Di questi, il primo – «**l'implicite non discursif**» – viene chiamato *le présupposé* e concerne «le contenu objectif des énoncés: les faits qu'ils présentent, et l'implicite, alors, c'est ce que ces faits impliquent (1972:11)». Il secondo tipo – «**implicite discursif**» – è denominato invece *le sous-entendu* e viene definito come «conclu à partir de l'énonciation comme événement (1972:132)», e corrisponde in grosso modo all'»implicatura conversazionale» di Grice.

La seguente figura (Kerbrat-Orecchioni 1986:19) illustra la distinzione, all'interno del contenuto implicito, fra contenuto *présupposé* e contenuto *sous-entendu*[1]:

---

[1] Mi riferisco qui a grandi linee al modello di Kerbrat-Orecchioni, con una prima premessa sul fatto che – come fa notare d'altronde l'autrice stessa – il confine fra *présupposé* e *sous-entendu* non è sempre facile da tracciare, e una seconda premessa sul fatto che sicuramente una parte (ma una parte assai esigua) del contenuto definito da K.-O. *sous-entendu*, nel modello mio, figurerebbe probabilmente sotto informazioni implicite.

(figura 5.2)

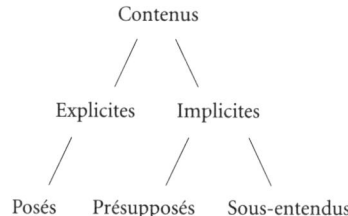

Nel presente lavoro non sarà preso in considerazione l'implicito discorsivo, cioè il sottinteso, in quanto rientrante nel dominio interpersonale e non in quello ideazionale[2]. Interessano invece il *présupposé* e il *posé*, accomunati dal fatto – come dice la Kerbrat-Orecchioni (1986:22) – che essi «partagent d'être **relativement indifferents** aux caractéristiques contextuelles de l'énoncé» (grassetto mio).

Scegliere di dare un'informazione per implicita è comunque un «**sous-dire**», un dire «sur le mode du 'cela va de soi'», il che non implica che «les présupposés sont toujour supposés déjà connues du destinataire» (Kerbrat-Orecchioni 1986:32). La modalità illocutoria particolare delle informazioni 'présupposées' deriva dal fatto che, a causa del loro non «être ouvertement posées», non costituiscono «en principe **le veritable objet du message** à transmettre» (ibid:25, grassetto mio), statuto che spetta invece alle informazioni 'posées' e che esse derivano di solito dalla loro «plus grande pertinence communicative».

Fin qui la posizione di Ducrot e Kerbrat-Orecchioni sembra concordare con l'accezione di esplicito e di implicito di questo lavoro. C'è però una divergenza fondamentale: nel presente quadro, infatti, per qualificarsi come informazione **esplicita**, è necessario ma anche sufficiente che nella sequenza verbale sussistano **correlati concreti** di essa. La qualità di esplicito risiede proprio nella scelta di evocare direttamente, con un **concreto stimolo** costituito da materiale linguistico, quell'immagine mentale di cui consiste l'informazione (evocarla nella mente dell'interlocutore). Per contro, le informazioni **implicite** sono definite proprio in base all'**assenza di correlati concreti**. Dare per implicito vuol dire **non** attivare direttamente nel testo il contenuto in questione, ma richiedere invece all'interlocutore di ricavare o ricostruire, in base alle informazioni già date e alle sue conoscenze generali, quelle informazioni che servono a rendere più coerente e più completa la presentazione dell'argomento del testo.

La mia definizione dei termini 'esplicito' e 'implicito' è basata quindi sul criterio (apparentemente assai semplice) di **presenza** o **assenza** di correlati concreti. La Kerbrat-Orecchioni, invece, include nella sua categoria di contenuto implicito anche un largo numero di informazioni di cui sussistono, in effetti, correlati concreti nel testo[3]. Il requisito per figurare come implicito per lei

---

[2]Tale scelta mi sembra giustificata inoltre dal carattere stesso dei testi da analizzare, che presentano solo in maniera assai limitata 'contenus sous-entendus', cioè contenuto implicito di carattere discorsivo (implicazioni conversazionali, ironia, connotazioni ecc.).

[3]Vedi Kerbrat-Orecchioni (1986:22) «...des contenus **manifestement inscrits dans la séquence** puissent en même temps l'être sur le mode de l'implicite»; l'autrice fa comunque notare lei stessa che proprio questo punto è oggetto di controversie, (1986:22): «Plus fréquents et délicats sont les cas où l'on voit traiter comme de l'explicite ce qui pour nous relève de l'implicite, le problème surgissant toujours à propos des présupposés, dont le statut est en effet bien particulier – et l'on comprend que ne soit pas admis sans réticences, sans résistance, le fait que...» (vedi sopra).

coincide infatti in larga parte con la presentazione in chiave **non-assertiva**, mentre l'esplicito, *le posé*, sembra comprendere essenzialmente ciò che, al contrario, viene presentato nel testo sotto forma di asserzione[4].

Mentre la concezione di 'implicito' del presente lavoro è definito in termini di assenza di correlati concreti, l'implicito della Kerbrat-Orecchioni è definito in termini di non-asserzione, e opera, a mio avviso, non a livello ideazionale, ma a livello testuale e interpersonale. Quello che viene dato per implicito nel quadro della Kerbatt-Orecchioni non è l'informazione di per sé (cioè la segnalazione di una relazione fra due o più entità), ma è invece **l'esserne già a conoscenza da parte dell'interlocutore**[5] – una implicazione che può essere 'vera' (per il fatto che l'interlocutore è effettivamente in possesso dell'informazione), ma che può essere anche 'falsa' (nel senso che il locutore impone come già noto qualcosa che in effetti non lo è).

Le informazioni implicite nel senso di presupposte non rientrano quindi nella prima fase dell'analisi che si occupa della scelta di assegnare correlati concreti o meno alle informazioni da veicolare, ma invece nella seconda fase dell'analisi, che tratta le scelte di testualizzazione concreta, ossia i vari modi di organizzare l'informazione – soprattutto tramite espedienti sintattici[6] – per segnalare all'interlocutore quale peso e quale statuto assegnare ad una determinata informazione.

Prima di passare ad una descrizione delle **varie categorie di informazioni virtuali** da immettere in un testo e, in seguito, ad **esempi concreti di informazione esplicita ed informazione implicita**, vorrei riassumere le osservazioni appena fatte con la seguente figura:

---

[4]Accezione che quindi si avvicina a quella di Lyons (1977:55-56): «...it does not therefore make sense to ask what proposition is explicitly asserted by utterances other than statements. However, as we shall see later, we can enquire what propositions are implied or presupposed by certain utterances other than statements (and also, what propositions are implied or presupposed, in addition to those that are explicitly asserted, by certain statements).»
[5]Vedi Lombardi Vallauri (1996:46): «È presupposto il contenuto di una clausola quando l'uso di questa da parte del locutore implica che egli ritiene che il ricevente sia in accordo con lui sul valore di verità.»
[6]Cfr. Lombardi Vallauri (1996:105): «La presupposizione dunque [...] può essere descritta come un fenomeno che si realizza anzitutto in dipendenza della subordinazione sintattica, e, all'interno di essa, come conseguenza di determinate relazioni semantiche, quali quella di restrizione del campo dei possibili referenti (come nelle relative restrittive), quelle di tempo, di spazio e di modo (nelle subordinate avverbiali), e quella di proiezione (limitatamente a un gruppo definito di predicati).»

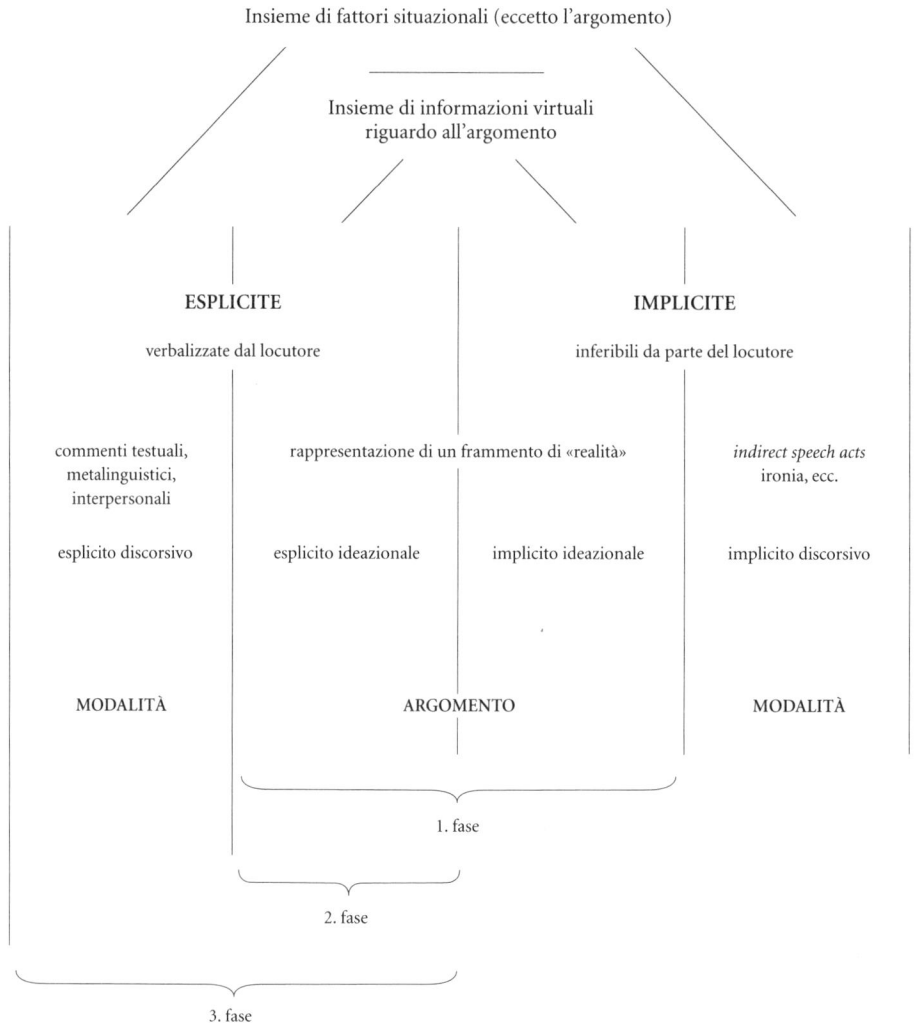

(figura 5.3)

Il modello può essere rapportato alle tre fasi dell'analisi menzionate nel capitolo precedente. A grandi linee, infatti:

a) la prima fase dell'analisi concerne la **relazione fra informazione esplicita e implicita** (ma sempre ideazionale, cioè sull'argomento del testo); quante informazioni il locutore sceglie di dare concretamente nel testo, e quante tocca invece all'interlocutore inferire; sono in gioco le strategie del **dispiegare** e del **riassumere**;

b) la seconda fase riguarda invece la **relazione fra informazione** *posé* **e** *présupposé* (ma sempre esplicita, cioè rappresentata da correlati concreti); il modo in cui il locutore sceglie di verbalizzare le informazioni esplicite; sono in gioco le strategie dello **spartire** e dell'**integrare**;

c) la terza fase, infine, riguarda la **relazione fra informazioni esplicite sull'argomento del testo e informazioni esplicite sulla modalità del testo**[7] (e qui sono incluse l'atteggiamento del locutore e segnali discorsivi di tipo strutturante, riempitivo, modulatorio, intertestuale ecc.); è in gioco qui la strategia del **diluire**.

5.1 Varie categorie di informazioni virtuali

Vorrei cercare, in questo sottocapitolo, di rendere brevemente conto delle diverse categorie di informazioni virtuali (sempre di stampo ideazionale) che il locutore può includere in maniera esplicita o implicita, oppure non includere affatto nel suo testo. Si tratta di una suddivisione orientativa in pochi gruppi generali che risulta utile nei capitoli seguenti, in particolare nel confronto concreto dei testi.

Le relazioni fra entità o elementi extra-linguistici alle quali fanno riferimento le informazioni ideazionali del testo, possono essere suddivise in azioni eventi stati fisici, materiali, concreti, accessibili ai sensi, d'ora in poi detti **esterni**, e, dall'altra parte, azioni eventi stati psichici, intellettuali, emozionali, che si producono nella mente di qualcuno, detti invece **interni**. A prescindere dal loro statuto di 'esterni' o 'interni', tali eventi stati azioni possono far parte dell'esperienza **personale** del locutore, coinvolgerlo in prima persona, oppure dell'esperienza **altrui**, a cui il locutore partecipa solo in qualità di spettatore.

Nei testi su cui si basa il presente lavoro, le informazioni virtuali costituenti l'argomento di base sono assai facili da circoscrivere e da mettere a confronto: sono tratte infatti dal comune *input* che è il filmato su Mr. Bean, a cui a tutti i locutori è stato richiesto di riferirsi, e sono quindi informazioni su esperienze **altrui**.

Trattandosi di un testo narrativo, non può sorprendere che il perno dell'argomento sia costituito dal **corso degli eventi**, ed è quindi prevedibile che una parte consistente delle informazioni virtuali riguardino relazioni di tipo **dinamico** (azioni, eventi, processi[8]). Meno cospicue, ma importanti nondimeno nel costruire l'immagine mentale di un frammento di una qualche realtà, sono le informazioni virtuali su relazioni di carattere **statico**, ossia informazioni descrittive che iscrivano le entità evocate in relazioni più stabili, di locazione, di proprietà, di maniera ecc.

Una parte delle informazioni virtuali riguarda eventi o stati **esterni**, più facili da individuare nei testi e più facili da rendere commensurabili. Una parte più esigua riguarda invece eventi o stati **interni** dei personaggi coinvolti negli eventi

---

[7] Vedi Fowler (1989:12-13): «From our point of view, the most important aspects of the deep structure of a sentence are *proposition* and *modality*. The propositional element of the deep structure of a sentence makes reference to some phenomenon or idea outside of language, and attribute some property to it [...] Modality covers all those features of discourse which concern a speaker's or writer's attitude to, or commitment to the value or applicability of the propositional content of an utterance, and concomitantly, his relationship with whoever he directs the speech act to.»

[8] Non si distinguerà qui fra azione, evento e processo, come propone «The Action Theory» di Van Dijk (1977) e Van Dijk & Kintsch (1980); o la distinzione in vari «*situation types*» di Vendler – *states, activities, accomplishments and achievements* – vedi Fleischman (1990:20).

(pensieri, volizioni, emozioni), che richiedono in maniera più palese un momento inferenziale-interpretativo da parte del locutore.

I correlati concreti impiegati per rappresentare gli eventi esterni sono caratterizzati da un alto grado di convenzionalizzazione (si vedano le scelte lessicali molto simili nei diversi testi); la rappresentazione degli eventi interni è molto meno uniforme e perciò spesso più difficile da trattare nella fase di omologazione. Per quanto riguarda atti di volizione o decisione, il locutore può a volte inferire dalla stessa realizzazione di una certa azione esterna che essa deve essere stata preceduta da un atto di volontà; o può inferire, viceversa, dall'esplicitazione dell'intenzione che essa, a meno che non venga poi contraddetta, con ogni probabilità sarà anche realizzata[9]. Altre volte, per la forte espressività che caratterizza il protagonista Mr. Bean, gli stati emozionali diventano praticamente trasparenti, 'esternati', e viene sfruttata la correlazione abitudinale fra certi comportamenti esteriori e certi stati d'animo (stare con la lingua di fuori segnala concentrazione, non stare fermo sulla sedia segnala irrequietezza anche mentale ecc.). È interessante notare inoltre che la rappresentazione di eventi o stati interni – oltre ad essere accompagnata o a volte sostituita da riferimenti a 'prove materiali', cioè eventi esterni – avviene spesso in forma 'smorzata' per quanto riguarda il valore di verità: il locutore esplicita che si tratta di una **sua** interpretazione della situazione esprimendo con vari mezzi linguistici le sue riserve epistemiche rispetto ai 'fatti' (vedi espressioni come *con fare.../ con l'aria.../ dall'aspetto...*, o segnali discorsivi come *evidentemente, a quanto pare, probabilmente* ecc., vedi cap. 7)[10].

Le informazioni virtuali, menzionate finora, riguardano prevalentemente quelle messe in relazione che collegano determinate entità fra di loro come partecipanti in azioni eventi processi specifici, o le caratterizzano invece rispetto a determinate qualità o a determinati domini spaziali e temporali. Possiamo categorizzare queste relazioni come **relazioni di primo grado**, per distinguerle dalle **relazioni di secondo grado** che, a loro volta, si instaurano fra le relazioni di primo grado. Le relazioni di secondo grado (nel presente contesto soprattutto **temporali, causali e finali**) assicurano che le relazioni di primo grado (eventi processi azioni stati locazioni) costituiscano un insieme coerente, e non un arbitrario ammasso di eventi non connessi fra di loro. Questa distinzione corrisponde in larga misura alla distinzione operata da Enkvist fra «input predications» e «relations between predications»[11], e da Halliday, all'interno dell'informazione ideazionale, fra informazione **esperienziale** ('esperiential') e informazione **logica** ('logical'), e sarà utile

---

[9]Il momento in cui un agente decide di o vuole mettere in atto una certa azione può infatti essere considerata come **una fase** di tale azione, vedi 6.3.1, sulle perifrasi fasali, e Jansen & Strudsholm (1999).
[10]Vedi Fowler (1989:92): «Words and phrases like these [speculative verbs such as 'seem' and 'suppose', and adverbs and conjunctions which emphasize interpretation rather than factual report: 'certainly', 'perhaps', 'surely', 'as if'...], in this kind of discourse context, are called *words of estrangement*. 'Expressions of this type occur in the text when the narrator takes an **external point of view in describing some internal state** (thoughts, feelings, unconscious motives for an action) that he cannot be sure about (Boris Uspensky)'.» (grassetto mio).
[11]Vedi Enkvist (1985:15): «According to this approach [the predication-based text-model], a text arises when a set of input predications and their semantic (causal, temporal, etc.) relations are textualised according to a certain definite text strategy. With different strategies, the same input can be textualised into different texts.»

nell'analisi dei testi concreti, specialmente nel confronto fra testi scritti e testi parlati.

Senza postulare addirittura una differenza di **statuto ontologico** fra relazioni di primo grado e di secondo grado, mi sembra però legittimo parlare di una certa differenza di **statuto rappresentazionale**. Infatti, mentre sussiste un consenso generale riguardo all'esistenza reale, cioè extra-linguistica e pre-linguistica, delle relazioni di primo grado, come anche riguardo al fatto che i nostri enunciati in effetti si riportino a questa realtà extra-linguistica[12], un simile consenso sembra meno diffuso quando parliamo di relazioni di secondo grado. Probabilmente sono solo le relazioni temporali fra gli eventi (di successione o di contemporaneità) ad avere un riscontro concreto nella realtà extra-linguistica – e quindi uno statuto simile a quello di eventi, di azioni e di stati – mentre le altre relazioni di secondo grado sembrano più legate alla stessa fase di organizzazione testuale. Torneremo su questo punto in seguito (in 6.2 e 6.3.4), e ci limitiamo ora a concludere che, proprio per il loro statuto rappresentazionale diverso, le informazioni ideazionali riguardanti relazioni di secondo grado (a cui viene spesso dato il nome di **relazioni interproposizionali**) possono essere difficili da discernere dalle relazioni testuali (riguardanti, cioè, l'organizzazione delle parti del discorso fra di loro).

Abbiamo parlato sopra di informazioni riguardo a eventi o stati interni. Finché si tratta di **esperienze interne altrui** (ossia, in questo contesto, quelle di Mr. Bean e degli altri personaggi presenti nel video), di solito non sussistono grossi problemi a collocarle come informazioni di stampo ideazionale, aventi per scopo di elaborare il modello mentale del frammento di realtà in questione. Quando si tratta invece di informazioni riguardo ad **esperienze interne personali**, esse, nel presente testo, rientrano tutte nella categoria di **commenti del narratore** – informazioni sulle proprie emozioni, riflessioni, valutazioni che il locutore 'aggiunge' alla narrazione vera e propria – e veicolano informazione interpersonale (la colonna di 'modalità esplicita' nella figura 5.3). Non di rado, però, giudizi e interpretazioni del locutore sono riportabili a un preciso momento o a un preciso elemento del corso degli eventi, fornendoci molte informazioni sull'argomento, anche se in maniera più indiretta della rappresentazione descrittiva/narrativa[13]. Come vedremo anche in seguito, non è sempre facile distinguere fra commenti del narratore e informazioni su esperienze interne altrui e informazioni descrittive, appunto perché le ultime richiedono sempre un certo momento interpretativo e valutativo.

Va menzionato anche un altro tipo di commenti del locutore, che riguarda invece la situazione comunicativa in cui il testo è stato prodotto. Qui troviamo sia informazioni riguardo alla ricezione del video, **esperienza esterna personale** del locutore, condivisa però dagli altri partecipanti all'esperimento e cornice

---

[12]Cfr. Eco (1975:211): «Comunicare significa intrattenersi su circostanze extra-semiotiche, il fatto che tali circostanze possano essere tradotte in termini semiotici non elimina la loro continua presenza sullo sfondo di ogni fenomeno di produzione segnica. In altre parole, la significazione si confronta con (e la comunicazione ha luogo entro) un quadro globale di condizioni materiali, economiche, biologiche, fisiche.»
[13]Si può parlare in effetti di due 'modalità' di rappresentazione: l'una centrata sul riferire esplicitamente il corso degli eventi, lasciando per implicita l'interpretazione; l'altra centrata sull'interpretazione esplicita, lasciando invece in larga parte per implicito lo stesso corso degli eventi; vedi Polito (1999).

ricorrente alla narrazione; e, sia commenti sulla stessa produzione testuale, riguardanti le difficoltà nella rievocazione degli eventi e nella loro testualizzazione (questo soprattutto per i testi parlati). Le informazioni sulle esperienze personali (interne ed esterne) sono in genere escluse dalla lista di informazioni virtuali, in quanto non contribuiscono alla rappresentazione del frammento di realtà in questione (vedi 7.1.1).

5.2 Dal riassumere al dispiegare

Dopo questa digressione sui vari tipi di relazioni presenti in un testo, passiamo ora alle strategie del riassumere e del dispiegare, partendo da una descrizione di come si intende definire l'insieme di informazioni virtuali riguardanti l'argomento (vedi il modello in 5.3). Per cominciare, con uno spoglio preliminare dei testi si rileverà la somma totale di informazioni esplicite (di tipo ideazionale) ritrovate in tutti i testi. Questo lavoro presuppone da una parte l'individuazione di unità di informazione nei singoli testi (vedi cap. 6), e dall'altra un'operazione di omologazione[14] di tali unità, in capo alla quale si definisce l'insieme complessivo di informazioni esplicitate (vedi cap. 8). Questa lista di informazioni sarà la base di confronto (*tertium comparationis*) nell'analisi dei singoli testi[15]. Per ogni testo sarà individuata innanzitutto l'eventuale manifestazione concreta o meno delle singole informazioni virtuali. Nei casi in cui l'informazione virtuale non è stata realizzata concretamente, sarà studiata (nella misura in cui è possibile) la sua eventuale inferibilità oppure la sua totale omissione dal testo.

Avremo così una prima distinzione – a livello della scelta di immettere o meno l'informazione virtuale nel testo – fra il dare per esplicito, il dare per implicito, e il non dare affatto, cioè l'omissione. È sembrato utile aggiungere a questa fase dell'analisi una quarta modalità, che è la **ripetizione** di informazione, cioè i casi in cui le informazioni vengono attivate direttamente nel testo, non una sola volta, ma due o più volte. Tale passo significa inoltrarsi già nel dominio dell' **organizzazione** dell'informazione esplicita, cioè nel dominio testuale (ed inter-personale). Ad essere rigorosi, la ripetizione andrebbe trattata perciò nella terza fase dell'analisi, come espediente per **diluire** il testo da un punto di vista informativo (vedi infatti il capitolo 7). Dato che il ripetere, il dire la stessa cosa più volte, spesso sembra sottolineare determinate opzioni fra il dire esplicito, il dire implicito e il non dire affatto, ho scelto comunque di considerarlo un fenomeno in qualche modo parallelo, tenendo sempre in mente, però, che si tratta di una 'sottocategoria' delle informazioni esplicite (vedi la figura seguente)[16].

---

[14]Cfr. definizione di *omologazione* nel vocabolario DISC (1997): «Uniformazione, adeguamento a un modello, in genere prevalente, con eliminazione delle possibili differenze.»

[15]Come già accennato prima, il *tertium comparationis* concreto non è quindi l'*input* originario. Utilizzare il video di per sé come pietra di paragone, implicherebbe infatti una qualche trascrizione del materiale visivo per renderlo comparabile ai testi verbali, e una tale trascrizione non sarebbe altro che una **mia** lettura del filmato.

[16]Vedi Kerbrat-Orecchioni (1986:56): «De même que ce qui va sans dire va mieux en le disant, de même ce qui va en le disant implicitement va mieux en le disant explicitement»; e si potrebbe aggiungere: «et de même ce qui va en le disant explicitement va mieux en le disant deux ou trois fois».

(ripetere) --- dare per esplicito --- dare per implicito --- omettere

(figura 5.4)

Nei sottocapitoli seguenti saranno messi a confronto esempi italiani e danesi. Gli esempi danesi sono accompagnati, fra parentesi quadre, da una traduzione italiana, letterale entro i limiti dell'opportuno e del comprensibile. Quando la traduzione letterale di un certo termine o di un certo costrutto è parsa troppo 'peculiare', è stata messa fra virgolette semplici. A testualizzazioni parallele – parallele nel senso che fanno riferimento alla stessa situazione del corso degli eventi – sarà dato lo stesso numero, seguito da lettere minuscole distintive.

5.2.1 *Informazioni esplicite*

La natura e la quantità del materiale linguistico con cui una informazione ideazionale viene evocata direttamente nel testo, è molto variabile. Le stesse relazioni fra entità extra-linguistiche possono essere esplicitate per via di verbi finiti e parole 'piene', cioè lessicali – strategia predominante nell'esempio (1)[17] – o invece con espressioni non verbali o deverbali e parole grammaticali (quale la ripresa anaforica con pro-forme, incluso anche il soggetto zero) – strategia preferita nell'esempio (2)[18].

(1) a questo punto arriva il bibliotecai, il bibliotecario, il bibliotecario consegna a questo signore un libro, un libro che è un codice miniato, comunque ci sono delle miniature e-, ed è sicuramente un libro molto antico (IMB10)

(2) Finalmente gli viene consegnato il volume: la sua meticolosità nel maneggiarlo ha dell'incredibile. (ISA9)

Sebbene anche queste due strategie comportano **gradi diversi di esplicitazione** (con un ovvio impatto sulla densità informativa del testo), questo non riguarda la scelta fondamentale di segnalare l'informazione che si vuole veicolare con correlati concreti o meno. Le due strategie rappresentano invece due **diversi modi di verbalizzare** l'informazione in causa, e rientrano quindi nella seconda e terza fase dell'analisi, comprendenti le strategie di spartizione/integrazione e di diluizione/non-diluizione.

Si potrebbe far notare la differenza fra i casi in cui il rimando anaforico alle entità coinvolte nella relazioni, è preciso e univoco (come in (2) il riferimento al protagonista Mr. Bean tramite i pronomi *gli* e *sua* ed il soggetto zero di

---

[17] Per quanto riguarda l'uso ripetuto di parole piene invece della ripresa pronominale, cfr. Simone (1996:50) sull'»effetto copia»: «Il parlato usa largamente quello che è stato chiamata *l'effetto copia*. Ciò significa, in parole povere, che, invece che cancellare gli elementi che possono essere omessi (come le parole indicanti lo stesso soggetto), tende a ripeterli più o meno tali e quali, cioè a 'copiarli' da un caso all'altro.»

[18] Vedi la seguente definizione in Simone (1996:43): «Le parole possono essere distinte, molto all'ingrosso, in due categorie: parole *lessicali* (dette anche «parole piene»: nomi, aggettivi, verbi, avverbi) e *grammaticali* (articoli, pronomi, preposizioni, congiunzioni ecc.).»

maneggiarlo), e i casi in cui il riferimento concreto è invece stato soppresso (vedi in (2), (3) e (4) le costruzioni passivizzanti e l'uso impersonale della terza persona plurale, che rendono l'agente, cioè il bibliotecario, del tutto non-specificato).

(3)   men øh ja så får han en bog overrakt (DMB8)
        [ma eh sì allora riceve lui un libro consegnato]
(4)   Il libro che gli portano sembra molto antico e di gran valore (ISA13)

Il ripristino dell'agente richiede in questi casi più di un semplice ricorso all'antecedente anaforico, ma si tratta pur sempre di una inferenza obbligatoria in quanto intrinseca alla semantica stessa dell'elemento relazionale. Il verbo *portare/ consegnare* implica infatti necessariamente tre argomenti: **qualcuno** che porta/ consegna **qualcosa** a **qualcuno**. Perciò ho scelto, nonostante l'assenza di un referente specifico, di vedere questo tipo di non-specificità della testualizzazione come una possibile conseguenza di una procedura **integrativa**, da trattare quindi nella seconda fase dell'analisi. Torneremo su questa problematica nel capitolo seguente, quando saranno spiegati i criteri alla base della segmentazione dei testi in unità informative.

Non mi soffermerò ora ad illustrare con ulteriori esempi il dare in maniera esplicita un'informazione, sia perché la presentazione di casi di informazione implicita sarà accompagnata da numerosi controesempi di informazioni esplicite, sia perché l'intero capitolo 6 sarà dedicato alla delimitazione dei criteri necessari e sufficienti per qualificarsi come correlato concreto di un'unità di informazione esplicita.

5.2.2 *Informazioni ripetute*

Come sottocategoria delle informazioni esplicite sono incluse anche le informazioni **ripetute**, cioè le informazioni attivate in maniera esplicita due o più volte nel testo. Nell'insieme testuale, le informazioni ripetute non apportano conoscenze nuove, e sono quindi **ridondanti** rispetto all'informazione ideazionale globale. Prese di per sé evocano però ugualmente un'immagine mentale di una relazione fra entità extra-linguistiche, sebbene lo sforzo richiesto dall'interlocutore nella costruzione di tale immagine sia presumibilmente minore che per informazioni non già date.

A livello di testualizzazione concreta, una stessa informazione può essere ripresentata in vari modi[19], passando dalla ripetizione letterale, alla riformulazione parziale (implicante di solito l'impiego di proforme), alla riscrittura per mezzo di sinonimi lessicali, e infine a forme intermedie fra la ripetizione e l'esplicitazione, quali la parafrasi ed in certi casi la riformulazione riassuntiva[20]. Questa variazione

---

[19]Vedi Lo Duca (1986:20): «...altri tipi di realizzazione sostitutiva di tipo lessicale (sinonimi, iperonimi, termini generali), oltre che naturalmente a pronomi e a procedimenti anaforici di altro tipo, quali l'ellissi, la marca di accordo del verbo, l'anafora zero...»
[20]Vedi anche Fleischman (1990:160) che parla di «a particular type of restricted clause that I call the *summative result clause*. Unlike narrative clauses which report unique countable events, clauses of this type function as retrospective summaries of a series of previously reported situations [...] summative statements involve a configurational judgement on the part of the narrator, and as such

è legata in larga misura alle varie funzioni assolte dalla ripetizione: di enfasi, di riempitivo, di ripresa del discorso dopo una digressione (un commento, un *flashback* ecc.), di aggancio rispetto all'introduzione di una informazione nuova, di specificazione di entità coinvolte negli eventi ecc. – varie funzioni che, nel testo concreto, spesso si sovrappongono e sono assolte al contempo da una medesima ripetizione.

La ripetizione letterale e immediata, senza aggiunta di connettivi o segnali discorsivi, che ritroviamo praticamente solo nei testi italiani[21], sembra svolgere prevalentemente funzioni enfatiche e riempitive (non esclusa, però, negli esempi seguenti, anche una più vaga funzione di 'preludio' rispetto all'informazione immediatamente seguente):

(5) e a un certo punto <u>starnutisce, starnutisce</u> e cerca di, ehm- eh- camuffare, eh- il disturbo- eh, che ha creato (IMB5)

(6) è talmente maldestro, che <u>il foglio gli cade, il foglio gli cade</u>, eh- lui non se ne rende conto, (IMB4)

(7) e lui <u>chiude il libro, chiude il libro</u>, e cosa accade? (IMB2)

Vediamo, in (8)-(10), esempi di ripetizione letterale (o quasi) dopo un inciso, spesso accompagnata da specifici segnali discorsivi per indicare la ripresa del filo del discorso.

(8) eh la storia di- <u>un, signore che entra in una biblioteca</u>, eh in cui... tra l'altro richie, vedremo poi più avanti [...] che il video sarà comico, eh- **dunque** <u>questo nostro personaggio entra</u> (IMB5)

(9) e <u>inizia a 'scrivere</u>, cioè appoggiando il foglio sopra al al- eh ad una pagina, ah prima di fare questo il signore aveva messo in una pagina precedente un segnalibro rosso eh, **appunto** <u>inzia a scrivere su questo foglio</u> che ha posto sulla, sulla pagina del libro, eh (IMB10)

(10) derefter så <u>får han hikke</u>, jeg kan ikke huske hvornår det er han får den bog **men** <u>han han øh hovedpersonen får hikke</u> øh (DMB5)
[in seguito poi gli viene il singhiozzo, non mi ricordo quand'è che riceve quel libro ma lui lui ehm al protagonista viene il singhiozzo]

Evidente funzione di aggancio vediamo negli esempi (11)-(13), dove la ripetizione consiste tipicamente di riprese che ripropongono l'informazione presentata in una frase prinicipale con un costrutto subordinato (in italiano molto spesso con forme verbali non finite, come anche nominalizzazioni). Spesso con lo scopo di indicare

---

are evaluative. In the statement «And the Greeks put up a great show of resistance» (IV:2) Villehardouin telescopes into a single event – and at the same time evaluates – the individual defense maneuvers subsumed under the deverbal abstract «resistance».»

[21] In danese la ripetizione letterale è quasi sempre connessa a un elemento di duratività o iteratività; vedi gli esempi seguenti in cui la congiunzione *og* sottolinea appunto la duratività:
- (og så bladrer han videre bladrer og bladrer indtil han... (DMB3)
  [eppoi sfoglia ancora sfoglia e sfoglia finché]
- og sidder rigtig og tegner og tegner og tegner (DMB3)
  [e siede 'veramente' e disegna e disegna e disegna]

un qualche rapporto temporale fra l'informazione ripetuta e l'informazione seguente.

(11) e mister Bean va a sedersi, eh andandosi a sedere **appunto** cerca sempre di non far rumore, (IMB11)

(12) si siede, eh spostando la sedia, fa rumore e quindi-, eh attira eh l'attenzione della persona che, è seduta vicino a lui alla fine, **dopo** essersi seduto, apre la sua valigetta (IMB7)

(13) ja det gør han ved at han 'river siderne af og han prøver at nyse sådan **samtidig** som han river dem af (DMB2)
[sì lo fa in quanto strappa le pagine e cerca di starnutire così allo stesso tempo che le strappa]

Gli esempi citati finora sono tutti tratti da testi parlati, nei quali è senza dubbio predominante il fenomeno della ripetizione[22]. Anche negli scritti, comunque, troviamo la ripresa di informazione, specialmente con funzione di aggancio. Qui, però, si fa ricorso più spesso a diversi tipi di **proforme lessicali**[23], dando in tal modo luogo a fenomeni di ripetizione assai sbiadita, vedi (14) e (15)[24]:

(14) infine strappa le pagine in questione, ma così facendo la rilegatura cede (ISA7)

(15) bianchetta la figura pasticciata. Ma proprio **mentre** è all'opera, arriva un uomo (ISA9)

Sussiste un rapporto molto stretto fra le ripetizioni con funzione di aggancio, che servono soprattutto a indicare una qualche relazione temporale fra gli eventi, e le relazioni di secondo grado menzionate sopra. Le riprese di aggancio sono accompagnate spesso da congiunzioni o locuzioni congiuntive temporali (vedi (12), (13) e (15)), e/o espresse altrettanto spesso, in italiano, con gerundi e participi (vedi (11), (12) e (14)). Nella segmentazione concreta dei testi, questi costrutti creano dei problemi, in quanto ci costringono a discutere, da una parte, se sia necessario considerare tratti morfologici in sé come correlati concreti di relazioni di secondo grado, e, dall'altra parte, se sia opportuno trattare ripetizioni ridotte e 'sbiadite' quali *così facendo* o *dopo aver fatto ciò* allo stesso livello di una congiunzione del tipo *dopodiché* (vedi 6.3.4).

Tutti gli esempi finora menzionati sono **vere ripetizioni**, nel senso che ripropongono, in maniera più o meno sbiadita, una stessa relazione fra due o più

---

[22]Vedi Voghera (1992:164): «Tanto la ripetizione quanto la parafrasi, che ne rappresenta un caso particolare, sono considerate tratti tipici della testualità del parlato.» Sulla ripetizione come mezzo di diluizione, vedi cap. 7.

[23]Prandi (1998:435) parla di riprese anaforiche mediante verbi come «*se passer* (ou *arriver, se produire), faire, dire*, que je propose d'appeler, en égard à leur fonction qui est celle de prendre la place de la structure de phrase dans l'annexion de certains rôles en procès, '**verbes suppléants**'.»

[24]Lo Duca (1986:20) fa riferimento alla proposta da Halliday e Hasan (1976:279) di «una scala che va [...] da un massimo di «trasparenza» (la ripetizione possiede identità, corrispondenza totale di significato rispetto all'antecedente) attraverso lessemi via via più ampi e generali quanto al significato, fino a ciò che condivide con tutti gli altri pronomi **la caratteristica della estrema genericità e quindi povertà semantica**» (grassetto mio).

entità. Gli esempi che seguono, pur riproponendo anch'essi un evento o stato già menzionato, al contempo però lo elaborano. Evocando con una serie di immagini mentali specifiche vari momenti o vari stadi dell'evento o stato in questione, **lo dispiegano dal di dentro**, per così dire – vedi gli esempi (16)-(18):

(16) e <u>vorrebbe tracopiarla</u> [sic!] [...] e <u>inizia, a ricopiarla</u> (IMB11)
(17) <u>comincia a infilarsi</u> dei guanti, mister mister Men <u>infila</u> questi, questi guanti (IMB12)
(18) og han <u>prøver så at rive</u> en side ud [...] og <u>det gør</u> han så også (DMB3)
      [e cerca allora di strappare una pagine [...] e lo fa poi anche]

Questo fenomeno può essere considerato una forma intermedia fra il dispiegamento dell'informazione e la mera ripetizione dell'informazione, e costituisce un espediente discorsivo molto usato nel parlato. In 6.2.1. saranno trattati i costrutti tipicamente impiegati a questo fine (i costrutti fasali, vedi anche Jansen & Strudsholm 1999). Per ora è sufficiente notare che nel confronto fra le informazioni esplicitate nei singoli testi e la lista di informazioni virtuali, il **riferimento alle varie fasi di uno stesso evento** sarà segnalato come **fenomeno di ripetizione**. Infatti, benché si tratti di una elaborazione dell'informazione e quindi non di mera ridondanza, gli aspetti dispiegati sono in larga misura intrinseci all'evento stesso. Da un punto di vista operazionale sarebbe inoltre problematico includere più fasi di uno stesso evento nella lista di informazioni virtuali.

Anche la parafrasi può dirsi forma intermedia fra la ripetizione e il dispiegamento, una maniera di rendere più esplicito quello che è stato dato già una volta nel testo. Confrontiamo gli esempi (19) e (20):

(19) scambia i libri, il suo, scambia il suo libro, con quello del, del suo compagno di tavolo (IMB13)
(20) Mr. Bean appunto sostituisce i libri, mette il suo al posto a quello del signore, prende quello di quel signore (IMB11)

Vediamo che mentre la prima parafrasi rievoca esattamente lo stesso evento, limitandosi a specificare di quali libri si tratti, la seconda parafrasi fornisce più di una mera ripetizione, in quanto dispiega e specifica le fasi della scena, sottolineando, al contempo, il risultato dell'azione, cruciale per lo sviluppo della narrazione.

Bisogna menzionare anche le **riprese 'predicative'**, cioè quelle reiterazioni che, da un lato, fungono come «incapsulatori» di un evento presentato in precedenza e, dall'altro lato, qualificano ulteriormente questo evento[25]. Confrontiamo infatti gli esempi seguenti (21), (22) e (23):

(21) for at skjule hvad <u>han har gjort</u> (DMB1)
      [per nascondere quello che ha fatto]

---

[25] D'Addio Colosimo (1988:144) dice dei «nominali incapsulatori anaforici» che essi vengono «spesso ad assumere l'aspetto di una vera e propria parafrasi riassuntiva». Vedi inoltre Conte (1998:144): «ils 'encapsulent' le contenu (ou partie du contenu) de l'énoncé (ou de la séquence des énoncés) qui les précèdent immédiatement et dont ils constituent une interprétation.»

(22) for at dække over sin misgerning (DMB1)
[per coprire il suo misfatto]
(23) vuole coprire- il, lo sbaglio, **cioè** le righe che aveva fatto sul libro (IMB2)

Vediamo in (21) una ripresa semplice (con la proforma lessicale *gøre* (=*fare*)), in (22) una ripresa invece 'predicativa' (con il termine *misgerning* (=*misfatto*) che combina una forma deverbale del verbo *gøre* con un prefisso di valutazione negativa *mis*-), e in (23), infine, una ripresa 'predicativa' elaborata da una parafrasi che assicura che la ripresa predicativa venga correlata all'evento 'giusto'. Sia in (22) che in (23) avviene una indiscutibile aggiunta di informazione, di cui bisogna prendere nota. Rimane però il problema, da discutere in seguito, se l'aggiunta sia di carattere ideazionale o invece interpersonale, se faccia cioè parte della narrazione di eventi e stati (esterni ed interni) o se rientra invece nei commenti valutativi ed interpretativi del locutore.

Passando in rassegna gli esempi di **informazione ripetuta** ora presentati, è abbastanza evidente che la ripresa di una informazione – sia per mezzo di una ripetizione letterale, di costrutti con proforme o di parafrasi più o meno elaborative – richieda in genere che tale informazione abbia una certa pertinenza nella logica narrativa, o come tappa cruciale nel corso degli eventi, o come aggancio strategico rispetto ad altri eventi.

5.2.3 *Informazioni implicite*

Le **informazioni implicite** sono caratterizzate dal fatto di non presentare correlati concreti nel testo, ma di essere comunque ricavabili o ricostruibili tramite operazioni di **inferenza**. Inferire una informazione significa che l'interlocutore, in base a informazioni già date nel testo e a conoscenze enciclopediche (più o meno specifiche) riguardo all'argomento del testo, mette in atto un ragionamento di stampo logico e genera un'informazione non espressa nel testo. Abbiamo fatto menzione ora dell'interlocutore, e lo faremo più volte nei seguenti capitoli. Bisogna però precisare che nel presente lavoro le inferenze interessano soprattutto dal punto di vista della produzione del testo. La figura dell'interlocutore rimane però essenziale, dato che ogni scelta di strategia testuale è dettata in larga parte dai calcoli del locutore sulla possibilità e capacità dell'interlocutore di cogliere le informazioni implicite.

Nella seguente presentazione di esempi concreti, mi riferirò innanzitutto alla categorizzazione proposta da Van Dijk (1977:111ss). Van Dijk distingue fra l'implicito a livello di «meaning postulates» e l'implicito equivalente invece a «particular propositions», effettuando all'interno delle ultime una ulteriore distinzione fra proposizioni implicite che veicolano 'informazione concettuale' e proposizioni implicite che veicolano invece 'informazione fattuale'.

Un «**meaning postulate**» è l'insieme di significati che viene evocato necessariamente dall'uso di un dato termine. Corrisponde grosso modo alle specificazioni date nel vocabolario, come, ricalcando un esempio di Van Dijk, «una *zia* = una donna che è sorella di un genitore». I «meaning postulates» corrispondono più o meno alle «implicazioni semantiche» di Eco (1975:155) – o, termine da lui preferito, alle «**inclusioni semiotiche**» – che «predicano di un'entità semiotica ciò che il codice già le attribuisce»[26].

Dato che in questo lavoro sono prese in considerazione le informazioni, cioè la segnalazione di **relazioni** fra due o più entità, e non i singoli significati (rientranti invece nel campo della semantica lessicale, cioè nel campo dei *meanings*, vedi la tripartizione di Givón sopra), questo giustifica, a mio avviso, la scelta di non includere nella presente analisi i «meanings postulates». Mi sembra inoltre problematico adoperare il termine 'implicito' a proposito di questo genere di contenuto semantico (includendo qui nella nozione di 'contenuto' sia informazioni che significati). È ovvio infatti che l'impiego del lessema *cane*, per esempio, implica anche il tratto semantico 'animale', così come – per introdurre un caso forse meno evidente – l'uso del termine *smettere di fare qualcosa* implica necessariamente un passaggio dal 'fare qualcosa' al 'non farlo più'[27]. In entrambi i casi le implicazioni sono però date dalla semantica stessa dei lessemi, e mi sembra inappropriato chiamare 'implicito' ciò che fa parte del significato di un lessema, per quanto complesso[28].

Nell'impiego del termine *bibliotecario* in (24a), non saranno quindi considerate 'implicite' le nozioni di *guardiano*, *controllo*, *addetto al ricevimento degli ospiti*. Infatti, anche se non verbalizzate in superficie come in (24b), (24c) e (24d), sono proprio queste nozioni che compongono il significato del termine. Le parti sottolineate nei quattro esempi paralleli sono da considerarsi **significati sinonimi** che delimitano nello spazio extra-linguistico una stessa entità facendola 'entrare' in una determinata messa in relazione e passando solo allora allo statuto di informazione[29].

(24a) in quel, in quel momento arriva <u>il bibliotecario</u> (IMB4)
(24b) e- il, <u>il guardiano della biblioteca</u>, chiamiamolo così, eh- gli fa segno... (IMB2)
(24c) Poco dopo sopraggiunge <u>il signore che controlla la biblioteca</u> (ISA3)
(24d) entra in biblioteca e immediatamente <u>la persona addetta al ricevimento degli ospiti</u> gli intima (ISA5)

Le implicazioni semantiche (o le inclusioni semiotiche) non richiedono di essere recuperate per via di inferenze (ammesso ovviamente che il significato del termine sia chiaro sia al locutore che all'interlocutore). Ciò non vuol dire che il locutore

---

[26]Cfr. Eco (1975:155): «Ma in quanto implicite, vale a dire analiticamente «incluse» come parte necessaria del significato dell'espressione (cfr. Katz 1972, 4.5.), più che presupposizioni ci pare utile chiamarle **inclusioni semiotiche**...» e (ibid:156, nota 21): «...la nozione di inclusione semiotica presenta gli stessi vantaggi di quella di presupposizione senza suggerire quell'ombra di inferenza da fatti non codificati o di dipendenza da circostanze esterne al discorso.»

[27]Si veda però sotto la discussione sulle difficoltà a decidere fino a che punto indicazioni su aspetti tempo-aspettuali dell'azione verbale (sia perifrasi verbali del tipo *smettere di fare x*, sia vari avverbi temporali) vadano considerate parte integrante del nucleo verbale, costituente quindi solo una unità di informazione, o se vadano considerate invece aggiunte informative tanto indipendenti da qualificarsi come unità informative a sé stanti.

[28]Vedi Kerbrat-Orecchioni (1986:38): «un grand nombre de présupposés (il s'agit d'ailleurs plus précisément dans ce cas d'**implications**) trouvent leur origine dans la structure du lexique: relations de contraste, d'hyponomie / hypéronomie, et de restriction sélective» (grassetto mio).

[29]Vedi anche Strudsholm (1999a) sulla variazione lessicale nei testi di Mr. Bean.

non possa a volte sentire il bisogno di esplicitare ulteriormente cosa in effetti sia già dato dalla semantica del termine, ricorrendo a parafrasi strettamente metalinguistiche, come in (25), oppure a parafrasi che potremmo chiamare invece 'rappresentazionali', come in (26a), in cui viene ri-descritta la situazione o l'entità a cui l'enunciato si riporta, attivando un'immagine mentale nuova e leggermente elaborata, e precisando in questo modo l'uso del termine in questione. Va detto che non è facile distinguere fra parafrasi metalinguistica e parafrasi 'rappresentazionale', ma che, in genere, entrambi figureranno come informazione ripetuta.

(25)   fa un'<u>apnea</u> lunghissima-, <u>trattiene il fiato</u> per un mucchio di tempo
       (IMB3)

(26a) un libro che è un codice <u>miniato</u>, comunque <u>ci sono delle miniature</u>
       (IMB10)

Vedremo comunque in seguito che, in casi del corpus a prima vista non molto dissimili dagli esempi citati ora, il confronto dei testi ci costringe a ricorrere al concetto di **integrazione lessicale**. Prendiamo per esempio il termine *codice* in (26a), di cui il vocabolario DISC dà la seguente definizione: 'serie di fogli di pergamena o carte legati insieme a formare un libro manoscritto'. Confrontando (26a) con le testualizzazioni parallele in (26b) e (26c) (le ultime più rappresentative rispetto al corpus globale), sembra in effetti opportuno parlare qui dell'evocazione di una relazione fra due elementi, 'libro' e 'scritto a mano', benché questo ci porti a considerare quell'unico termine, *codice*, come veicolante un'informazione – discorso non privo di problemi, su cui ritorneremo sotto, nel capitolo sui possibili correlati concreti di un'unità di informazione.

(26b) un <u>libro</u> molto antico, sembra quasi un <u>manoscritto</u>, abbastanza grande
       (IMB9)
(26c) denne her gamle fine <u>bog</u>... øhm... med, jeg ved ikke om det... om den
       <u>er håndskrevet</u> eller det er gotiske bogstaver (DMB7)
       [questo vecchio prezioso libro qui... eh... con, non so se... se è scritto a mano o se sono caratteri gotici]

Passiamo ora a quelle che Van Dijk denomina '**proposizioni implicite veicolanti informazioni concettuali**'. Esse sono caratterizzate, come i «meaning postulates», dal fatto di derivare necessariamente, o logicamente, da una certa scelta di testualizzazione. Ma, a differenza dei «meaning postulates», «**entailed conceptual information**» non opera a livello del singolo lessema, ma invece a livello dell'organizzazione dell'informazione, e riguarda la maniera di testualizzare la relazione fra le due o più entità che costituiscono l'informazione. Sono presenti i correlati concreti, e non si può quindi parlare di lacune di informazione, ma piuttosto di **forme brevi di informazione**: la relazione viene segnalata esplicitamente, ma diminuisce la quantità di materiale linguistico usato per segnalarla.

Il capitolo seguente tratterà proprio la variabilità dei correlati concreti, ed in particolare i diversi espedienti sintattici impiegati a integrare una data informazione di più o di meno. Mi limiterò ora a rilevare alcuni esempi che secondo gli studiosi summenzionati veicolano informazione implicita, ma che qui saranno considerati invece correlati concreti. Per la Kerbrat-Orecchioni, nell'enunciato «Pierre a empêché **Marie de partir**», la relazione 'Marie cherchait/voulait/devait partir' espressa dalla parte sottolineata dell'enunciato, sarebbe così informazione implicita in quanto presupposta, cioè non asserita. Parallelamente, per Van Dijk, nell'enunciato «I sent a letter to **my aunt**», sarebbe implicita, a livello concettuale e potremmo quasi dire logico, l'informazione 'I have/had an aunt'. A mio avviso, in entrambi i casi **non si tratta di informazione implicita**, ma di testualizzazioni esplicite che fanno riferimento ad una ben precisa relazione extra-linguistica, sebbene in forma compatta, e a volte meno specifica di quanto sarebbe la presentazione equivalente in chiave assertiva.

Vorrei sottolineare che il termine 'presupposto' (che quindi in questo contesto è contrapposto al termine asserito, ma non al termine esplicito) può essere impiegato sia a livello di frase che a livello di sintagma. Vedi Lombardi Vallauri (1996:82), che sceglie invece di trattare solo il presupposto a livello frasale (o nella sua terminologia, 'clausale'): «Ci terremo al livello del complesso clausale, e quindi non ci soffermeremo ad analizzare la funzione presuppositiva come essa opera entro la clausola su singoli sintagmi, a cominciare dalla presupposizione di esistenza contenuta nelle descrizioni definite.»

Bisogna fare, a questo punto, un breve commento sull'uso dell'articolo nel sintagma sostantivale. L'uso dell'articolo indeterminativo viene di solito spiegato in termini di 'introduzione di una nuova entità nell'universo testuale', cioè **segnalazione di esistenza** (vedi, in 6.0, l'analisi di Källgren in «atomi frasali», tra cui appunto le «proposizioni di esistenza»). L'uso dell'articolo determinativo segnala invece 'notorietà, nell'universo testuale, di una data entità', **presupponendo** quindi l'**esistenza** dell'entità in questione[30]. Gli articoli – sia quello indeterminativo, che quello determinativo, l'articolo zero, e 'sostituti' quali dimostrativi[31] – non rientrano comunque nella sfera dell'informazione ideazionale. Non collaborano infatti all'evocazione di una data immagine mentale, ma fanno parte invece delle istruzioni d'uso riguardanti l'ancoraggio co-testuale e contestuale delle entità evocate dai sostantivi, e perciò non saranno presi in considerazione nella presente analisi[32].

Bisogna però distinguere fra l'uso dell'articolo determinativo come rimando di entità già esplicitamente introdotta nel testo, e il suo impiego di **ripresa indiretta**

---

[30]Lo Duca (1986:19) lo formula in questo modo: l'articolo determinativo «dirige l'attenzione del ricevente verso la preinformazione», mentre l'articolo indeterminativo «è un segnale di senso opposto: dirige l'attenzione, cataforicamente, verso la postinformazione, verso ciò che sarà ripreso più avanti nel testo.»

[31]Vedi anche Korzen (1996:515): «L'articolo ha infatti, come vedremo in seguito, (ancora) la funzione di pronome dimostrativo atono, cioè di dimostrativo indebolito: è un 'dimostrativoide'.»

[32]Vedi Van Dijk & Kintsch (1983:284) che parlano appunto di funzioni testuali: «As is well known, **textual functions** include signaling that concepts or individuals referred to are supposed to be, in the case of definites, known, having been previously introduced in the discourse, or in the case of indefinites, unknown and not introduced.»

(o «implicita»[33]) quando il sostantivo determinato riferisce ad una entità non precedentemente menzionata nel testo, ma inferibile però in base al cotesto e alle conoscenze generali (f.ex. **il bibliotecario**). In questi casi l'articolo determinativo può quindi dirsi indizio dell'esistenza di informazione implicita, ma spesso si tratta di informazione implicita che rientra nella suddetta categoria di «inclusione semiotica»[34], e che come tale non costituisce una vera lacuna nel testo (vedi anche sotto, in 6.0, sulle messe in relazioni caratterizzate da 'inerenza concettuale').

Inserendoli nel modello 5.3 sopra, le informazioni o i significati impliciti/inclusi menzionati finora, figurano in larghissima parte come espliciti, cioè come **detti**. Più si accentua però l'integrazione sintattica e/o lessicale dei correlati concreti, più ci si avvicina all'implicito, arrivando in certi casi di integrazione veramente spinta al quasi-nondetto, cioè alla quasi-omissione, di cui sotto. Per ora basti rilevare che i confini non sono discreti, ma consistono invece in un passaggio graduale dall'assenza totale di indizi concreti, all'affiorare di vari tipi di indizi linguistici, che ad un certo punto diventano assai specifici da qualificarsi come veri e propri correlati concreti.

Dall'implicito basato prevalentemente su implicazioni inerenti al codice (a livello lessicale o sintattico), passiamo ora all'implicito a livello dei fatti, o, ad essere più precisi, a livello della rappresentazione dei fatti, quello che da Van Dijk viene denominato appunto *entailed factual information*, cioè informazione ricostruibile dall'interlocutore per via di inferenze induttive (1977:111) «about **the further structure of the facts** based on our knowledge of the world». Come esempio Van Dijk riprende l'enunciato citato sopra «I sent a letter to my aunt», che implica – probabilmente, ma non necessariamente – 'scrivere una lettera', 'metterla in una busta', 'metterci un francobollo', 'imbucare la lettera' ed una serie di altri eventi e situazioni specifici che **normalmente** accompagnano l'evento esplicitato nel testo. Sono queste le informazioni a cui, nel presente lavoro, spetta innanzitutto il termine implicito, e sono quelle che ci interessano in questa prima fase della nostra analisi.

Confrontando gli esempi seguenti, si vede che mentre in (27a) il locutore giudica pertinente aggiungere esplicitamente l'evento che è la causa dello «scricchiolare della sedia», cioè «il tirare fuori la sedia», in (27b) tocca invece all'interlocutore inferire la stessa informazione in base a un confronto fra le informazioni date in maniera esplicita nel testo e la sua conoscenza generale o enciclopedica del mondo.

(27a) da han så endelig finder- øh bordet med en med en stol, så så knirker stolen eller så ☺ da han skal hive stolen ud så larmer det også, når han så endelig får sat sig ned (DMB4)

---

[33] Vedi Korzen (1996:547): «...il SNdet anaforico che designa una nuova entità in qualche modo legata all'entità designata dall'antecedente; parliamo qui di **ripresa implicita** [...] la ripresa implicita richiede, per 'funzionare', una conoscenza del mondo e del rapporto tra i suoi 'oggetti'.»

[34] Vedi anche la nozione di 'contiguità semantica' impiegata da Lo Duca (1986:19, nota 4): «Veramente la funzione dell'articolo determinativo e indeterminativo non è solo questa. Uno studio particolarmente ampio, condotto però sull'inglese, è Hawkins (1978) che, a proposito di *the*, distingue un uso anaforico (identità di referente con la prima occorrenza) e un uso associativo (del tipo: un libro... l'autore), che pare lo stesso fenomeno che noi abbiamo chiamato '**contiguità semantica**'» (grassetto mio).

[quando poi finalmente trova- eh il tavolo con una con una sedia, poi poi la sedia scricchiola <u>o anzi poi ☺ quando deve tirare fuori la sedia</u> anche questo fa rumore, quando poi finalmente arriva a mettersi a sedere...]

(27b) og når langt om længe hen til bordet [...] Efter en kort, men gennemtrængende lyd fra stolen, der knirker, sætter han sig ned (DSA8) [e arriva finalmente al tavolo [...] Dopo un breve, ma penetrante rumore dalla sedia che scricchiola, si siede]

Il processo inferenziale che presumibilmente sarà percorso dall'interlocutore (e che presumibilmente è voluto dal locutore) si può descrivere così: «La sedia scricchiola; **di solito**, però, una sedia non scricchiola senza essere manomessa; **abitualmente** il sedersi a un tavolo implica, tra le altre cose, il tirare fuori la sedia; il protagonista arriva al tavolo per sedersi, ed è quindi molto **plausibile** che la manomissione della sedia necessaria allo scricchiolio sia costituita dal tirarla fuori». Come indicano le parti in grassetto, si tratta di una **inferenza non necessaria** da un punto di vista logico o deduttivo, ma solo **probabile**, basata sull'ipotesi della prototipicità della situazione. Vedi anche Coirier, Gaonac'h & Passerault (1996:103), che parla di «inférences pragmatiques, deductions non certaines fondées sur les connaissances usuelles, les enchaînements habituels ou probables».

Va fatta una distinzione fra le specifiche informazioni fattuali da inferire e le conoscenze generali che sono usate nel processo di inferenza, ma che non saranno considerate qui informazioni implicite di per sé. Van Dijk (1980:38), a proposito del seguente esempio: «I went to the station in a hurry. But, the train had already departed», dice: «The interpretation in this case would need at least one knowledge item specifying that in general there are trains in stations and that these depart at certain fixed times[35]«. Questo «pacchetto di conoscenze» (Simone 1990) su treni, stazioni, orari di partenza ecc. è la **premessa** in base alla quale il lettore ricostruisce gli eventi o stati specifici che fanno parte del determinato frammento di realtà evocato dal testo (che possono essere, in questo caso, «volevo prendere il treno» oppure «volevo salutare qualcuno sul treno», «sono arrivata troppo tardi» ecc.)[36].

Con questa distinzione non si fa altro che allargare la portata della nozione «entailed conceptual information» a comprendere anche le conoscenze enciclopediche, attivate in maniera praticamente automatica dall'impiego di un determinato termine (estensione giustificata anche, a mio parere, dalle note difficoltà

---

[35]Van Dijk prosegue (ibid:38) mettendo in rilievo l'uso dell'articolo determinativo per indicare la presenza di una relazione abitudinaria e generale fra 'stations' e 'trains': «The grammatical relevance of such a knowledge set already appears from the use of a definite article in the noun phrase *the train* in the second clause. The surface coherence marker seems to indicate that one or more propositions remain *implicit* in the text base itself.»

[36]Vedi Van Dijk & Kintsch (1983:46): «During comprehension, readers pull out from their general store of knowledge some particular packet of knowledge and use it to provide a framework for the text they are reading. That is, they use information from semantic memory to organize the text they read in order to form a new episodic memory trace...»

di distinguere fra conoscenze lessicali da una parte e quelle enciclopediche dall'altra[37]).

Anche se non necessaria in termini logici, l'inferenza, ossia la ricostruzione dell'informazione 'fattuale' implicita, è però spesso necessaria in un altro senso. È infatti **necessaria alla coerenza** del testo, e in questo caso specifico, trattandosi di un testo narrativo, alla logica degli eventi. Nell'esempio sopra, infatti, non è un indizio specifico nella sequenza verbale a spingere l'interlocutore verso l'inferenza, ma è la presenza di una lacuna, di un *missing link* (Van Dijk 1977:94): un evento non 'evocato' dal locutore in maniera esplicita, ma indispensabile ai fini di coerenza testuale. Il discorso diventa forse ancora più chiaro con un'altra citazione di Van Dijk (1980:37-38): «The interpretation rules would then specify that if two propositions p and q cannot be connected directly, a third (or more) proposition r may be taken from the knowledge set in order to connect p and q indirectly.»

È ovvio però che gran parte delle informazioni virtuali implicite, ricostruibili in base a conoscenze generali, non costituiscono dei veri *missing links*, ma sono solo **elaborative**. Il loro recupero non è (strettamente) obbligatorio per il procedere della decodificazione del testo, ma serve invece a rendere più completa, più concreta, la rappresentazione di quel frammento di realtà che il testo si prefigge di evocare. Se si confrontano (28a) e (28b), si nota come in (28a) è esplicitata una serie di informazioni non strettamente indispensabili alla coerenza di altre informazioni («il bibliotecario gli indica un posto/tavolo», «si dirige verso tale tavolo», «arriva al tavolo»), mentre in (28b) tocca all'interlocutore ricostruirle tramite inferenze fortemente plausibili basate sull'espressione *al suo tavolo* e sul carattere abitudinario della situazione descritta.

(28a) ...allora- fa dei passi più lunghi per poter <u>arrivare al posto dove-, il guardiano gli aveva indicato di andare a sedersi per aspettare il libro, arrivato</u> eh, n- al suo posto si siede e-,... (IMB2)

(28b) ...nell'attesa sembra imbarazzato e impacciato, al suo tavolo siede un serio signore... (ISA7)

Ovviamente non è sempre facile la distinzione fra inferenze indispensabili alla coerenza (che quindi vanno ricostruite per forza) e inferenze invece elaborative (e facoltative). Questa distinzione non risiede tanto nella stretta interdipendenza a livello di sequenzialità fattuale, quanto invece nel grado di finalità narrativa. Se confrontiamo per esempio l'informazione data per implicita in (27b) – «il tirare fuori la sedia» – con una delle informazioni inferibili in (28b) – per esempio «andare al tavolo» – è ovvio che in entrambi i casi l'informazione è talmente scontata o intrinseca alla situazione evocata dalle informazioni esplicite, da non apportare molti elementi nuovi all'immagine mentale. È chiaro, però, che «il tirare

---

[37] Vedi Prebensen (1994:151): «There is a problem of how to define the exact borderline between linguistic, especially lexical knowledge, and knowledge of other kinds. To which extent must lexicon mirror conceptual relations. And to what extent should 'facts' about real relations be reflected in concepts...»

fuori la sedia», nel presente contesto, acquista una pertinenza ben più marcata perché *condicio sine qua non* del cigolio della sedia.

Possiamo quindi distinguere, con una certa cautela, fra informazioni implicite che quasi obbligatoriamente 'vogliono' essere inferite dall'interlocutore, e informazioni implicite che, per la loro mancanza di finalità rispetto al contesto, probabilmente non vengono mai attivamente prese in considerazione dall'interlocutore, ma rimangono comunque nella periferia della sua attenzione, riproponibili magari più in là nel processo di decodificazione. L'esempio seguente:

(29)   e così mentre l'altro signore è rivolto verso la, gli scaffali <u>dove ci sono i libri</u> (IMB2)

illustra l'esplicitazione di una informazione – «sugli scaffali ci sono dei libri» – che da una parte pare superflua in quanto praticamente inerente al significato del termine 'scaffale' combinato con l'ambientazione in una biblioteca, e dall'altra parte è anche poco pertinente in quanto priva di finalità rispetto agli eventi seguenti (nel corpus sono in effetti pochi i casi di esplicitazione così superflua, anche nei testi per altri versi molto dispiegati).

Se un interlocutore dovesse inferire tutte le informazioni ricavabili dal testo per via di una generale inclusione semiotica, si arriverebbe presto all'»**explosion inférentielle**» (cfr. Coirier, Gaonac'h & Passerault 1996:104)[38]. Le informazioni implicite degne di nota – nel senso che molto probabilmente fanno parte del contenuto complessivo che il locutore intende veicolare e molto probabilmente sono evocate attivamente dall'interlocutore – non sono quindi tutte quelle possibilmente inferibili, ma solo quelle che hanno una certa pertinenza, locale o globale, per la coerenza o per la completezza del testo.

Confrontando le testualizzazioni del corpus più riassuntive con quelle più dispiegate, troviamo due '**modalità di dispiegamento**', ossia due modi di esprimere in maniera esplicita la coerenza fra due o più eventi, azioni o stati facenti parte dell'argomento del testo. Si può proporre il corso degli eventi esplicitando una serie di **relazioni di primo grado**, cioè ricostruendo passo per passo l'itinerario da un evento ad un altro, supplendo tutti gli anelli della catena di eventi, lasciando invece all'interlocutore di fornire la lettura causale/consecutiva/finale della sequenza di eventi. Oppure si può esplicitare il nesso fra gli eventi tramite **relazioni di secondo grado**, cioè relazioni che spiegano i rapporti logico-semantici fra gli eventi o gli stati in questione, da quelle più concrete e 'oggettive' basate su rapporti temporali, a quelle più complesse e interpretative che traducono la temporalità in termini di causalità o finalità, a quelle, infine, ancora più astratte di avversatività, similarità, ipoteticità, controfattualità.

Se confrontiamo gli esempi seguenti (30a)-(30g) – un po' più lunghi di quelli precedenti – è evidente come, nonostante sia più o meno costante un nucleo di

---

[38]Vedi Coirier, Gaonac'h & Passerault (1986:106) che, distinguendo fra «les inférences nécessaires: si elles n'etaient pas produites, cela interdirait la compréhension correcte du texte» e «les inférences élaboratives, qui correspondent assez largement à des processus d'activation (d'instrument ou de causes probables...). Elles ne sont pas indispensables à la coherence...», dice a proposito delle inferenze elaborative che «**leur production systématique entraînerait rapidement l'explosion inférentielle**...»

immagini mentali evocate esplicitamente, differisca la misura in cui la sequenza di eventi e stati sia dispiegata, e la misura in cui la coerenza logica-semantica fra gli eventi sia data con correlati concreti.

> (30a) e- il, il guardiano della biblioteca, chiamiamolo così, eh- gli fa segno, con la mano di far silenzio, e – di cercare di camminare anche piano, **allora** lui inizia a poggiare un piede sul pavimento ma- ehm si accorge che fa rumore, **allora**- fa dei passi più lunghi **per** poter arrivare al posto dove-, il guardiano gli aveva indicato di andare a sedersi **per** aspettare il libro, arrivato eh, n- al suo posto si siede e-, (IMB2)

> (30b) e le si fa cenno di stare zitto, egli si sposta molto comicamente attraverso la biblioteca e **poi** si siede ad un tavolino. (ISA3)

In (30a) tutta una serie di eventi (e sottoeventi) è esplicitata attraverso relazioni prevalentemente di primo grado, e non c'è bisogno di segnalare rapporti causali o finali, per rendere coerente e logica la piccola sequenza. In (30b), al contrario, le informazioni esplicite sono così ridotte che è perfino difficile ricavare per inferenza un nesso logico che possa collegare fra di loro gli eventi, oltre all' inevitabile relazione di temporalità. È in particolare difficile connettere l'informazione descrittiva-commentativa sulla maniera in cui si sposta (*molto comicamente*) – che ripropone l'evento che in (30a) è rappresentato dalle espressioni *inizia a poggiare un piede* e *fa i passi più lunghi* – all'informazione precedente sull'invito al silenzio. Nell'esempio (30c), invece, questo nesso è esplicitato con una relazione di secondo grado tramite la locuzione congiuntiva *di conseguenza*.

> (30c) ovviamente entra in una biblioteca vuole fare il meno, eh rumore possibile e- **di conseguenza** fa molta attenzione a mettere i piedi- appunto a dove appoggiare i piedi proprio **perché**, eh il pavimento è di palchetto [sic!] **quindi** scricchiola, finalmente riesce ad arrivare al suo posto e si siede (IMB10)

Qui viene esplicitato anche **come mai**, camminando, bisogna fare tanta attenzione ai rumori: la spiegazione (*il pavimento è di palchetto*) viene introdotta con una relazione di secondo grado (*perché*) ed è poi elaborata con **la conseguenza** della qualità di parquet del pavimento, ossia, che è (*quindi*) più soggetto a scricchiolii. La stessa relazione di causalità fra 'parquet' e 'scricchiolio' è presente anche in (30d), in maniera implicita, ma assai facile da ricostruire. In (30e) la relazione causale è data in forma quasi di sillogismo deduttivo, con riferimento alla regola generale (*ogni pavimento del genere...*), da cui deriva la conclusione ('il cigolio di questo pavimento'):

> (30d) og får anvist en plads øh hvor han så lister sig hen øhm hvor der hver en gulvbrædde knirker det er sån et parketgulv, **men** han får så sat sig (DMB5)

[e gli viene assegnato un posto eh dove lui poi va-in-punta-dei-piedi[39] ehm dove ogni asse del pavimento scricchiola è un tale pavimento di palchetto, ma riesce poi a sedersi]

(30e) Il pavimento è di legno e <u>come ogni pavimento del genere</u> ha dei punti in cui cigola: ecco che **allora** l'attore incomincia a tastare con i piedi i punti su cui può passare **per** evitare rumori che possano disturbare gli studiosi. Arriva finalmente al tavolo (ISA4)

Se si confrontano gli esempi in (30c) e (30e) con quelli in (30f) e (30g), si vede che negli ultimi vengono aggiunte alcune informazioni che nei primi due rimangono solo incertamente inferibili. In (30c) e (30e) lo scricchiolio viene presentato prevalentemente come una qualità, diciamo, statica del pavimento; non viene precisato se il protagonista riesce o non riesce, in **questa specifica situazione**, a non farlo scricchiolare e quindi ad evitare di disturbare. In (30f), queste informazioni dinamiche vengono date in maniera indiretta, dalla relazione che si viene a creare fra il cotesto e la semantica del termine *però*. In (30g), l'informazione 'fa scricchiolare' è data in maniera inequivocabilmente esplicita, mentre è solo inferibile, senza grandi problemi però, il fatto che il protagonista cerca di non disturbare (*con passo felpato*).

(30f) Il protagonista, cui viene richiesto di rispettare il massimo silenzio, entra in punta di piedi per non disturbare; il pavimento **però** è di legno e molto rumoroso. (ISA2)

(30g) Con passo felpato (pur <u>facendo inevitabilmente scricchiolare</u> il pavimento di legno) si dirige al tavolo di lettura. (ISA10)

5.2.4 *Informazioni omesse e quasi-omesse*

Passiamo ora alle informazioni che il locutore avrebbe potuto includere nel suo testo in quanto fanno parte dell'insieme di **informazioni virtuali**, ma che, per un motivo o l'altro, sono state **omesse**, sia a livello di testualizzazione concreta sia a livello di possibili inferenze. Informazioni di cui non è rimasto nessun indizio. Essendo del tutto scomparse, non essendo l'interlocutore in grado di registrare neanche una «lacuna nel testo», è difficile parlare qui di dirette conseguenze per la densità informativa che, come detto sopra, è definita a questo livello dell'analisi dal rapporto proporzionale fra informazioni date in maniera esplicita e informazioni da inferire da parte dell'interlocutore. Ciononostante, anche nei casi di omissione, mi sembra legittimo parlare di 'addensamento informativo' del testo. Infatti, sebbene non possa individuare precise lacune nel testo, precisi *missing links*, e non sia in grado, in base al cotesto e alle sue conoscenze generali, di ricostruire le parti mancanti, l'interlocutore è cosciente sicuramente dell' **esiguità** di informazioni date rispetto all'insieme di informazioni virtuali. Ed è la coscienza di quest'esiguità che – benché non dando luogo a veri e propri processi

---

[39]Vedi i commenti sulla parola *liste* e la rispettiva traduzione in italiano, in 6.2.1.

inferenziali – crea però, attorno alla poche informazioni date, un terreno di 'non-detto', di ambiguità, di vaghezza che non può che stimolare illazioni e congetture.

Passeremo fra poco alle informazioni quasi-omesse, a metà strada fra l'implicito e l'omesso, e, di conseguenza, anche a metà strada fra l'impegno specifico richiesto nelle ricostruzioni inferenziali e l'impegno ben più diffuso richiesto nel 'saturare' in qualche modo la vaghezza che accompagna l'omissione di informazioni. Vorrei però prima vedere quali informazioni – dinamiche, statiche, interne, esterne, di primo grado, di secondo grado ecc. – rischiano più facilmente di essere **omesse**.

Soggette all'omissione sono informazioni su eventi o stati non legati ad altri eventi o stati da relazioni di condizionalità o di contiguità, ossia informazioni che mancano di finalità rispetto alla narrazione – come la piccola scena rappresentata in (31), che in parecchi testi è fatta scomparire senza tracce, senza che ciò crei lacune nel testo:

(31)   Dopodiché mette la sua borsa sul tavolo per nascondere la vista all'altra persona. (ISA1)

Omissioni tipiche sono inoltre informazioni di carattere descrittivo sulle qualità delle persone o degli oggetti coninvolti, informazioni di solito non indispensabili alla logica degli eventi[40]. In (32a) il locutore tralascia così diversi elementi descrittivi, che sono invece inclusi esplicitamente in (32b).

(32a)   Un uomo entra in una biblioteca. (ISA1)
(32b)   la scena è ambientata in una biblioteca-, <u>abbastanza antica</u>, ehm si vede, l'arrivo di di un signore, <u>vestito con la giacca e la cravatta, quindi un tipo elegante</u> (IMB13)

In senso lato le informazioni descrittive sono sempre implicite, o meglio, è implicito il fatto che, nel frammento di realtà rappresentata dal testo, sussistano delle relazioni che ascrivono determinate qualità alle entità coinvolte negli eventi evocati; la loro omissione crea perciò una tangibile, benché non ricostruibile, lacuna rappresentazionale.

Questo ci porta al fenomeno della **quasi-omissione** di informazione che accompagna spesso certi tipi di integrazione sintattica e lessicale a livello di testualizzazione. Confrontiamo gli esempi (33a) e (33b):

(33a)   In conclusione tenta di dare la colpa al suo vicino ma la cosa non riesce per un suo errore. (ISA2)
(33b)   Pensando di farla franca, sostituisce il suo libro con quello del vicino prima di riconsegnarlo, ma si tradisce tornando a prendere il segnalibro che aveva dimenticato nel libro. (ISA13)

---

[40]Per quanto riguarda le informazioni descrittive, gli scritti danesi sembrano in generale propensi ad includerne in maniera esplicita una quantità notevole; vedi più in là il confronto concreto dei testi.

Una sintesi estrema, vedi (33a), in cui una serie di eventi è presentata in maniera non solo molto succinta, ma anche molto generica e astratta, fa sì che l'interlocutore possa inferire, sì, **la presenza** di qualche azione concreta da parte di Mr. Bean, ma non gli dà la minima indicazione di che cosa consistano queste azioni[41]. Si veda a paragone la testualizzazione parallela in (33b), che è sempre breve, ma ben più dispiegata (per non menzionare altri testi molto più espliciti, in genere parlati; vedi gli estratti testuali in appendice che riportano tutti questa medesima sequenza di eventi).

Nei casi di quasi-omissione il locutore sceglie di lasciare una grande quantità di informazioni, non in penombra, come per le 'normali' informazioni implicite, ma in un'ombra così densa da far scomparire quasi, ma solo quasi, le informazioni in questione. Infatti, sebbene sia difficile distinguere fra informazioni **quasi-omesse** e informazioni veramente **omesse**, mi sembra che ci siano delle differenze importanti rispetto alla vaghezza rappresentazionale. Con la quasi-omissione adoperata nell'esempio (33a) citato sopra, il locutore non cancella **del tutto** l'informazione virtuale, ma ne lascia un indizio vago e astratto. Crea dei 'buchi neri' nel testo in cui una serie di informazioni su singoli eventi e stati è presentata in forma così condensata da diventare quasi 'amorfa', e punta il dito su questi 'buchi', senza dare però i mezzi per poterli riempire.

È chiaro che in questi casi il testo non **costringe** l'interlocutore a cercare inferenze, ma gli suggerisce piuttosto l'esistenza di tutta **una gamma di possibili immaginabili inferenze**. La quasi-omissione costituisce un espediente importante nei testi adoperanti la strategia riassuntiva, e vedremo più in là come, a livello di testualizzazione concreta, essa si realizzi spesso con la scelta lessicale di iperonimi, come anche con l'impiego di sostantivi deverbali.

5.3 Riassumendo: esplicito versus implicito

Possiamo ora concludere, a proposito delle informazioni (di stampo ideazionale) incluse o non incluse nel contenuto complessivo veicolato da un testo:

a) le informazioni **esplicite** sono quelle parti del testo che evocano in maniera diretta, con correlati concreti in superficie del testo, immagini mentali concernenti l'argomento del testo. Sarà analizzata a fondo, nel capitolo seguente, la forma concreta di tali correlati;

b) le informazioni **ripetute** costituiscono una sottocategoria delle informazioni esplicite, che ad essere rigorosi andrebbero incluse in una delle fasi successive dell'analisi, o come **espediente spartitivo**, cioè come parte di un correlato concreto di dimensioni espanse, oppure come **espediente di diluizione**, cioè come materiale linguistico non veicolante informazione ideazionale. Ho giudicato comunque opportuno parlare anche di ripetizione a questo punto dell'analisi, dato che sussiste una non insignificante simmetria tra, da una parte, il rapporto fra il 'dire più volte' e il 'dire una volta' nei testi dispiegati, e, dall'altra, il rapporto fra il 'dire

---

[41] Cfr. nota 20 in 5.2.2 sulle *summative result clauses* definite da Fleischman (1990:160); avremo molto spesso casi di quasi-omissione di informazione quando una *summative result clause* viene a **sostituire** la rappresentazione degli eventi singoli.

una volta' e il 'dire per implicito' nei testi riassuntivi. Torneremo su questo punto nel confronto concreto dei testi;

c) le informazioni **implicite** – che, come visto, ci creano non pochi problemi e alle quali è stato dedicato perciò più spazio[42] – sono definite innanzitutto dall'assenza di correlati concreti. Per arrivare ad una delimitazione operazionale del concetto 'implicito', bisogna però affiancare altri criteri alla definizione preliminare. Prima di tutto è stata eliminata dalla categoria di informazione implicita quella parte del contenuto non espressa concretamente, che può essere derivata per «inclusione semantica e/o semiotica». Vuol dire che tutte quelle **conoscenze sia lessicali che enciclopediche** che 'scattano' più o meno automaticamente dall'impiego di un singolo significato o di una singola informazione, sono prese in considerazione solo nella loro qualità di **premesse generali**, non come specifiche informazioni implicite. Non hanno infatti una diretta portata 'fattuale' (con riferimento alla distinzione di Eco fra «semiotico» e «fattuale») in quella rappresentazione di eventi o stati che il testo intende veicolare. Va fatta inoltre una distinzione fra **inferenze necessarie** e **inferenze elaborative**. Le prime vanno ricostruite necessariamente per evitare evidenti lacune nel procedere logico degli eventi o nel collegamento fra stati e eventi. Le inferenze elaborative, al contrario, non sono strettamente necessarie alla **coerenza** della rappresentazione, ma servono a **completare** l'immagine mentale in questione. All'interno delle possibili inferenze elaborative, fatte in base alle conoscenze generali dell'interlocutore, sembra opportuno (benché non facile) distinguere fra quelle specifiche inferenze che il locutore sembra effettivamente voler far evocare dall'interlocutore perché pertinenti al contenuto complessivo del testo, e, dall'altra parte, le inferenze basate sull'ampia rete semiotica che circonda ogni nozione e ogni informazione esplicita nel testo, con le quali il testo potrebbe essere elaborato ed espanso all'infinito, senza aggiungere, però, informazioni pertinenti quanto meno necessarie alla rappresentazione in corso;

d) le informazioni **omesse e quasi-omesse** sono quelle informazioni che, confrontate con la lista di informazioni virtuali rispetto allo specifico argomento, **non** sono state incluse nel testo, né in forma esplicita né in forma implicita. Ovviamente, solo in contesti particolari (come appunto la situazione sperimentale in cui il corpus di Mr. Bean è stato prodotto) è possibile registrare l'esistenza di omissioni. Tale registrazione presuppone infatti che il singolo testo possa essere messo a confronto con quella che per il locutore è stata la fonte di informazioni sull'argomento. Abbiamo accennato già sopra a come sarà ricostruita nel presente lavoro la fonte comune, cioè il *tertium comparationis* adoperabile nell'analisi di quante e quali informazioni sono state incluse, esplicitamente o implicitamente, nei singoli testi. Le **informazioni quasi-omesse** possono essere definite intermedie fra il vero implicito, inferibile dal testo, e il vero omesso, di cui non rimane più nessun indizio. Nel caso delle informazioni quasi-omesse, rimane un indizio che indica però poco più della **mera presenza** di qualche evento azione stato.

---

[42]Vedi anche Van Dijk & Kintsch (1983:52): «In every way our knowledge about inferences in comprehension is as yet inadequate.»

6.
L'UNITÀ DI INFORMAZIONE. I CORRELATI CONCRETI

    6.0 Atomo frasale, proposizione semantica o messa in relazione?
    6.1 *Foregrounding, backgrounding* e strutturazione sintattica
    6.2 Dall'integrare allo spartire
    6.3 Correlati concreti versus messe in relazione
        6.3.1 *Verbo + argomenti versus processo/azione/evento*
        6.3.2 *Sostantivo + aggettivo versus qualità, verbo + avverbio versus maniera*
        6.3.3 *Sintagma preposizionale versus messa in relazione circostanziale*
        6.3.4 *Congiunzione versus messa in relazione di secondo grado*
    6.4 Riassumendo: correlazione prototipica e sinonimia sintattica

6.0 Atomo frasale, proposizione semantica o messa in relazione?

Ritorniamo alla nozione di 'informazione' di cui sopra è stata data la seguente definizione:

> **una conoscenza potenzialmente nuova all'interlocutore, segnalante una relazione fra due o più entità extra-linguistiche, e reperibile nel testo**, che sia data **esplicitamente** dal locutore con determinati correlati concreti, o sia invece veicolata **in maniera implicita**, cioè inferibile nel testo da parte dell'interlocutore.

Ho discusso nel capitolo precedente la distinzione fra informazione esplicita e informazione implicita, sottolineando che la definizione di informazione implicita usata nel presente lavoro si basa fondamentalmente sul criterio di **assenza di correlati concreti** nel testo. Accennando alla variabilità dei correlati concreti scelti per presentare nel testo una stessa informazione (legata spesso alla scelta di dare l'informazione in forma assertiva o invece presuppositiva), ho già toccato l'argomento di questo capitolo, ossia la **definizione dei correlati concreti necessari e sufficienti a definire una unità di informazione esplicita**.

    Come detto sopra (cap.3), «descrivere com'è fatto un testo presuppone un momento analitico: cioè lo scomponimento del testo in parti o unità più piccole, la cui distribuzione e le cui interrelazioni possono poi essere discusse». Le unità che ci interessano sono le **unità informative di base**, cioè le unità semantiche più piccole che siano capaci di veicolare informazione e non solo singoli significati. Essendo semantiche, queste unità sono **soggiacenti alla superficie del testo**, non individuabili e delimitabili allo stesso modo di unità formali quali lessemi o sintagmi ecc[1]. Al contempo, però, dato che si tratta delle unità d'informazione **date per esplicite**, è ovvio che le unità vadano individuate a partire da **una segmentazione concreta del testo**.

---

[1] Vedi Simone (1990:461): «Non sono affatto pochi gli autori che, pur occupandosi di semantica, denunciano esplicitamente la difficoltà del loro studio, e riconoscono che la ricerca sul significato è sostanzialmente diversa dagli altri ambiti di indagine linguistica, fino a dar l'impressione di essere una sorta di 'caccia a un fantasma'.»

Avendo l'unità di informazione questo carattere bifronte, non può sorprendere che i problemi incontrati nel rintracciarla siano stati numerosi, e alcuni molto difficili da risolvere in maniera operativa. Cercherò nelle pagine seguenti – nella misura in cui è possibile tenere distinti i due livelli – di discutere prima l'unità in questione da un punto di vista strettamente semantico, per passare poi alla delimitazione dei suoi correlati concreti nel testo.

Enkvist (1985:14) parla, fra altri approcci testuali[2], del *predication-based text model* secondo il quale «a text should be seen as one particular arrangement, or textualisation, of a set of **underlying elements – text atoms, propositions, predications, or whatever we prefer to call them** (grassetto mio)». Lo studioso elenca vari quesiti scaturiti dal tentativo di individuare le unità soggiacenti: «Can we set up algorithms or rules for splitting up texts into their atoms, or must we rely on some vague principles or even intuitions? Conversely, can we set up algorithms for combining and embedding predications into texts, according to certain pre-defined and explicit strategies? What do text atoms or predications look like before their textualisation?»

A questi quesiti cruciali gli studiosi hanno proposto un ventaglio di soluzioni diverse, di cui non è possibile, entro i limiti di questo lavoro, dare una presentazione completa. Li menziono ora perché mi sembra utile averli in mente come una specie di lista di controllo di punti che, al termine del capitolo, dovrebbero essere stati toccati – e anche perché, volente o nolente, sono tutti quesiti che torneranno a galla quando ci addentreremo nell'argomento.

Vorrei rilevare inizialmente due proposte di segmentazione del contenuto di un testo, rappresentative ognuna di un certo modo di affrontare i testi. La prima proposta consiste nel riscrivere il contenuto del testo in **unità minime o «atomiche»**; confronta l'esempio seguente, citato da Källgren (1979:113), in cui la frase (traduzione mia dallo svedese) «Un gatto sedeva in una finestra e si leccava il pelo grigio», è stata 'disintegrata' nei seguenti atomi frasali (*satsatomer*)[3]:

1. Esiste: gatto;
2. Esiste: finestra;
3. Esiste: pelo;
4. Il gatto (1) sedeva;
5. Il sedere del gatto (4) era nella finestra (2);
6. Il gatto (1) ha il pelo (3);
7. Il gatto (1) si leccava il pelo (3);
8. Il pelo (3) era grigio;
9. Il leccare del gatto (7) era nella finestra (2).

---

[2] Enkvist (1985:14) menziona quattro tipi di approcci testuali: 1) **the sentence-based text model** (che cerca di individuare i criteri perché un insieme di frasi possa qualificarsi come testo); 2) **the predication-based text model** (vedi sopra); 3) **the cognition-based or cognitive text model** (che cerca di spiegare da dove vengono le predicazioni o gli atomi testuali); 4) **the interactional text model** (che vuole spiegare i motivi che spingono i locutori a scegliere determinate predicazioni e testualizzarle in una determinata maniera).

[3] Va aggiunto che, nel modello di Källgren, gli atomi frasali sono poi visti in relazione fra di loro e rispetto al testo globale, così come la studiosa opera anche con la distinzione in 'nuovo/vecchio', 'esplicito/implicito', 'endotestuale/esotestuale'.

Densità informativa

Come si vede, questo tipo di segmentazione estrapola dal testo una serie di unità di contenuto che nel nostro lavoro non vanno trattate a questo punto dell'analisi, o perché non sono date per esplicite nel testo, o perché non sono considerate vere unità di informazione. Si tratta sia delle proposizioni o presupposizioni di esistenza inerenti ai sintagmi nominali con articoli (determinativi o indeterminativi), a proposito delle quali è stata già menzionata sopra (in 5.2.3) la soluzione di non includerle nella presente analisi; e si tratta di varie relazioni inferibili, o in base alla suddetta 'inclusione semiotica' (quale «il gatto ha il pelo», vedi infatti l'uso, non a caso, del presente universale), o in base a inferenze *ad infinitum*, come per esempio l'atomo frasale 9 (a cui si potrebbe aggiungere, seguendo la stessa logica, anche «il pelo era nella finestra» e forse addirittura «il grigrio era nella finestra»).

La seconda proposta di segmentazione del contenuto opera invece con un'unità più ampia che rimanda all'immagine mentale **complessiva** di una data azione, un dato evento o un dato stato, includendo in questa unità, oltre alle entità che partecipano all'evento, all'azione o allo stato, anche le qualità di tali entità, nonché la maniera e le circostanze in cui l'azione, l'evento o lo stato si producono. A questa unità, o a versioni molto simili ad essa, si riferisce in genere il termine di **proposizione semantica**[4], illustrata spesso con uno schema proposizionale simile a quello che si vede nell'esempio seguente, preso da Van Dijk & Kintsch (1983:115) in cui viene rappresentata la frase: «Yesterday, John inadvertently gave the old book to Peter in the library»:

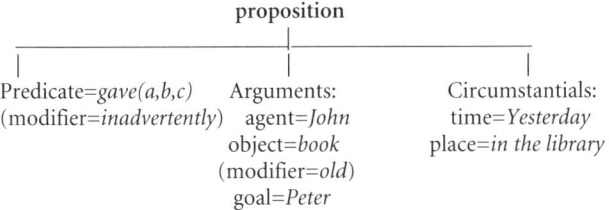

Van Dijk & Kintsch esplicitano che la loro nozione di proposizione va individuata in superficie al testo (ammettendo a livello della *textbase*, come detto sopra, solo un numero molto ristretto di informazioni ricavate tramite inferenze, vedi 1983:336), sottolineando la stretta interdipendenza fra proposizione semantica e frase (o clausola), vedi (1983:14): «In principle, we will assume that there is a strategic one-to-one relationship between propositions and clauses: One clause expresses one proposition. This means, however, that our propositions must be *complex*, according to the usual models from logic or philosophy. Word meanings will usually correspond to what is called an *atomic proposition*.»

Definire, però, la proposizione semantica in isomorfia più o meno diretta con la struttura sintattica di una determinata frase, crea a mio avviso problemi di non poco conto. Infatti, se guardiamo lo schema proposizionale riportato sopra, questo è basato direttamente sulla struttura sintattica della frase, una frase ben

---

[4] Van Dijk chiama FACT il referente della proposizione, che corrisponde in grosso modo, mi sembra, al «cognized event or state» di Givón. Vedi Givón (1990:896): «But whatever their surface form, **mental proposition** code some cognized state or event recognized as the basic unit of discourse processing.»

fatta e completa – nel senso di sviluppata al massimo di argomenti verbali, di elementi modificatori di verbo e di argomenti, e di elementi circostanziali – ritrovabile senz'altro in un testo scritto, ma probabilmente mai in un testo parlato. I problemi sorgono nel momento in cui il locutore sceglie di organizzare gli stessi elementi di informazione in maniera diversa, per esempio: «Ieri John e Peter erano in biblioteca. Ad un certo punto John si è sbagliato e ha dato a Peter un libro che era vecchio»; a questo punto dovremmo decidere se operare ancora con **una** proposizione semantica, o invece con **una serie** di proposizioni diverse che riprendono, non l'immagine mentale ampia di sopra, ma invece le **varie relazioni** che sussistono, più o meno contemporaneamente e più o meno in dipendenza fra di loro, all'interno della situazione complessiva.

Ai presenti scopi comparativi (interlinguistici e intralinguistici) serve un'unità di misura semantica che renda **commensurabili** le medesime informazioni presentate in maniere diverse (cioè testualizzate secondo strategie diverse). La proposizione semantica proposta da Van Dijk & Kintsch non può che risultare troppo ampia, comprensiva, e soprattutto troppo isomorfica rispetto all'enunciazione concreta[5], mentre, al contrario, l'atomo frasale di Källgren è troppo 'atomizzante' per essere operazionale nell'analisi di un corpus relativamente consistente quale quello di Mr. Bean. Nel presente lavoro serve un'unità di misura intermedia fra le due ora presentate, che senza arrivare alla 'disintegrazione' del contenuto, cerchi però di suddividere la rappresentazione della situazione complessiva in unità semantiche più maneggevoli.

Dalla precedente citazione (1983:14) appare che Van Dijk & Kintsch, all'interno della proposizione complessa, operino in effetti con proposizioni atomiche legate ai singoli significati lessicali (non tanto diverse, in fondo, da quelle di Källgren). Nel presente lavoro, però, per quanto possa essere difficile a volte trarre confini precisi fra un significato e una informazione, singoli significati non saranno considerati in grado di veicolare informazione, e quindi neanche in grado di qualificarsi quali unità di informazione (benché ovviamente siano unità semantiche). È stato sottolineato (vedi cap. 4.0) che una qualsiasi conoscenza, e di conseguenza anche una qualsiasi informazione, concerne sempre **una relazione** fra due o più entità. È appunto la **messa in relazione** che costituisce il passaggio

---

[5] Non isomorfica rispetto alla testualizzazione concreta è invece la proposizione semantica proposta da Metzeltin (Metzeltin 1987; 1997:148-153), che mira infatti a descrivere e includere nella proposizione anche elementi semantici soggiacenti alla superficie testuale. Anche questa proposta è sembrata però troppo comprensiva ai fini che si prefigge il presente lavoro; a parte il fatto che la proposizione di Metzeltin 'ingloba' sempre indicazioni (esplicite o implicite) su collocazione spaziale e temporale, la divergenza più marcata riguarda senz'altro l'impiego del binomio MODUS-DICTUM che è la struttura portante della proposizione di Metzeltin. Larga parte di quello che Metzeltin colloca nella parte MODALE (il suo *Senderkomplex*), corrisponde infatti a elementi rientranti nella parte chiamata anche qui **modalità** (vedi la figura 5.3) – o anche **istruzione all'uso** – che non sarà presa in considerazione nella presente definizione dell'unità di informazione, in quanto contenuto non-ideazionale (e quindi non facente parte dell'**argomento** vero e proprio, come è stato definito qui). Al contempo, la parte MODALE di Metzeltin è per certi versi troppo ampia, in quanto non include solamente vari tipi di costrutti tempo-aspettuali e verbi modali (pertinenti al *grounding* dell'unità di informazione e giustamente 'isolati' rispetto al nucleo proposizionale, il DICTUM), ma anche una lunga serie di verbi 'mentali' (verbi dicenda, esperienziali, attitudinali, di percezione ecc.) anche quando il soggetto delle varie attività mentali non è il locutore stesso (vedi la distinzione, in 5.1, fra esperienze interne altrui e personali, pertinente e abbastanza facile da effettuare con i testi del presente corpus).

da unità di significato a unità di informazione, unità, cioè, che ci può dire qualcosa sulla realtà extra-linguistica. Ma che cosa costituisce, a livello semantico, una messa in relazione? Quali sono i limiti inferiori, al di sotto dei quali non c'è più una relazione ma solo singoli significati (che possono avere la funzione di referenti, ma di per sé non possono essere oggetti di opinioni e di scambi in una situazione di comunicazione)? E quali sono i limiti superiori, al di sopra dei quali dovremmo cominciare a operare con più relazioni?

Porre come elemento costitutivo dell'unità di informazione **una messa in relazione** sembra in effetti implicare la nozione di **predicazione**, premesso che con 'predicazione' sia inteso (vedi Voghera 1992:129) non «uno stato o una qualità che appartengono ad una determinata classe di parole o espressioni, ma piuttosto [come] **un processo di connessione** (grassetto mio)». Il passaggio, in cui l'autrice fa leva fra l'altro sulla definizione di *nexus* di Otto Jespersen[6], prosegue «...ciò che costituisce l'informazione nuova fornita dalla predicazione è piuttosto **la messa in rapporto** di due nozioni inizialmente presentate come separate (Jespersen 1924/1965:145)» (grassetto mio).

A questo punto bisogna, di nuovo, tenere distinte da una parte la forma concreta data ad una unità di informazione e dall'altra la sua presenza soggiacente alla superficie del testo. Infatti, anche rilevando giustamente che il carattere dinamico della predicazione (cioè il fatto che sia una «messa in rapporto») presuppone che le nozioni o i termini messi in rapporto fra di loro siano **non relati in partenza**, bisogna prendere nota di come è formulata la citazione. Si parla infatti di «due nozioni inizialmente **presentate** come separate», il che ci riporta alle scelte di testualizzazione concreta, mentre noi vorremmo individuare le unità di informazione presenti nel testo a prescindere dalla maniera in cui sono presentate (per poter poi, in una seconda fase, confrontare fra di loro i correlati concreti scelti a rappresentarle).

Adottando la seguente definizione di un'unità di informazione come **una messa in relazione di due (o più) elementi di contenuto non relati in partenza**, è quindi cruciale sottolineare che il 'non essere relati in partenza' non riguarda il modo in cui viene **presentato** il rapporto fra i due concetti (come una messa in relazione in atto al momento dell'enunciazione, e quindi nuova, o già avvenuta al momento dell'enunciazione, e quindi vecchia[7]), ma pone invece come costrizione che i due concetti non siano, nella 'realtà extra-linguistica', nel 'mondo dei fatti', già **inerentemente** (o necessariamente o naturalmente) relati fra di loro[8]. Possiamo riprendere la distinzione di Eco (1975:155), menzionata sopra, fra 'semiotico' e 'fattuale', in base alla quale un giudizio o un'implicazione è 'fattuale' se «predica di un'entità semiotica ciò che il codice non le ha mai attribuito», ed è invece

---

[6]Vedi a questo proposito le seguenti definizioni di Jespersen: «A nexus tells us something by placing two (o more) definite ideas in relation to one another (1937:120)» e «A nexus [...] always contains two ideas which must necessarily remain separate (1924/1965:116)».

[7]Sottolineo di nuovo che **non** adopero la nozione di 'unità di informazione' di Halliday, vedi Halliday (1994:296): «A unit of information – in this technical grammatical sense – is the tension between what is already known or predictable and what is new or unpredictable», e sotto: «an information unit = an obligatory new element plus an optional given.»

[8]Vedi anche termini, usati a volte nelle grammatiche, come «epithete de nature» o «possessione inalienabile», che presuppongono appunto una qualche forma di **inerenza concettuale** nella relazione fra un'entità e un attributo.

'semiotico' se «predica di un entità semiotica ciò che il codice già le attribuisce». È ovvio che nei casi in cui due concetti stiano in rapporto di inclusione semiotica, o, usando il termine di prima, di **inerenza concettuale**, non sussistono le premesse per la messa in relazione.

Possiamo così concludere circa l'unità di informazione soggiacente:

a) nel presente lavoro, per quanto riguarda il limite inferiore, non vogliamo andare al di là, o al di sotto dell'inerenza concettuale, come sembra invece proporre la Källgren. Incontreremo, nel confronto dei testi concreti, casi con lessemi complessi in cui è difficile decidere se si tratti di un significato complesso o di integrazione lessicale di una messa in relazione. In alcuni casi saremo costretti a contare anche singoli lessemi come unità di informazione;

b) per quanto riguarda il limite superiore, si cercherà invece di estrapolare dalla proposizione 'ampia' di Van Dijk, le varie messe in relazioni che segnalano attribuzione di qualità o di maniera oppure locazione temporale e spaziale, sebbene queste relazioni a volte dipendano in maniera stretta dalla messa in relazione fra le entità – non solo a livello di testualizzazione, ma anche 'nei fatti', rendendo quindi complicata l'operazione di separazione.

Prima di discutere quali sono i possibili correlati concreti dell'unità di informazione e di illustrare con esempi concreti i tentativi, non sempre facili, di tracciarne i limiti inferiori e superiori, vorrei chiarire, in termini generali, i motivi che spingono i locutori a scegliere strategie testuali diverse, cioè a presentare le unità di informazione in diverse vesti verbali. In questa seconda fase dell'analisi si opera con un continuum definito da due poli: **integrazione** *versus* **spartizione**. Rispetto a questi due poli saranno collocate e discusse le diverse testualizzazioni; quello che ci interessa in particolare è di vedere quale impatto l'impiego di correlati rispettivamente integranti o spartitivi possa avere sulla densità informativa dei testi.

6.1 *Foregrounding, backgrounding* e organizzazione sintattica.

Nel quadro presente, frasi come «il vestito blu è vecchio» e «il vestito vecchio è blu»[9] evocano le stesse due messe in relazione e veicolano le stesse due unità di informazione, annullando quindi, a livello di presenza soggiacente, la distinzione di Jespersen (1924/1965:116) fra *nexus* e *junction*: «A nexus [...] always contains two ideas which must necessarily remain separate» mentre «A junction is [...] a unit or single idea, expressed more or less accidentally by means of two elements». È ovvio, però, che tale distinzione è valida ancora a livello della presentazione. Infatti, presentando la messa in relazione per via del verbo *essere*, il locutore la introduce come nuova rispetto all'altra messa in relazione, o, nel caso non fosse nuova[10], con ogni probabilità come più pertinente di quella presentata dal

---

[9]Esempi ricalcati su quelli di Jespersen (1924/1965:116): «The distinction between a composite name for one idea and the connexion of one concept with another concept is most easily seen if we contrast two such sentences as *the blue dress is the oldest* and *the oldest dress is blue*»; the fresh information imparted about the dress is, in the first sentence that it is the oldest, and in the second that it is blue.»
[10]Varie accentuazioni intonative (per esempio sul verbo 'essere') potrebbe spingere da nuovo a pertinente. Vedi sopra (cap. 4.0) riguardo all'accezione per forza relativista della nozione di 'nuovo'.

sintagma sostantivale. La ragione di presentare invece l'unità di informazione per via di sintagmi sostantivali può essere, o che la messa in relazione sia stata già presentata nel testo (**ripetizione** di informazione), o che il locutore, pur non avendone fatto menzione in precedenza, abbia scelto nondimeno di presentarla come già rientrante nelle conoscenze dell'interlocutore. In tal caso possiamo parlare di **presupposizione** nel senso dato sopra, ossia: ad essere data per implicita non è la messa in relazione di per sé, ma invece la conoscenza di essa da parte dell'interlocutore.

Vorrei a questo punto introdurre due nozioni fondamentali, le nozioni di *foregrounding* e *backgrounding*, citando a proposito il passaggio seguente di Lombardi Vallauri (1996:38): «Più in generale si può dire che enunciati dotati dello stesso contenuto referenziale possono essere molto diversi da tutta una serie di punti di vista, spesso raccolti sotto il titolo di pragmatici, inerenti al valore di verità e **al rilievo che l'autore del testo vuole dare all'informazione referenziale in essi contenuta**. Queste problematiche coinvolgono la definizione di concetti come tema e rema, presupposizione e asserzione, dato e nuovo, *foreground* e *background*.» (grassetto mio)

Rispetto alle altre dicotomie menzionate nella citazione, quella di *foregrounding* e *backgrounding* le abbraccia tutte. Le scelte di presentare un'unità di informazione in forma assertiva o presuppositiva, come tema o come rema, come nuova o come data (scelte per altro legate fra di loro) sono tutte, in ultima istanza, determinate dalla scelta di mettere **in primo piano o invece sullo sfondo** del discorso una determinata unità di informazione[11]. Sono espedienti atti a segnalare il grado di pertinenza dato all'unità di informazione, e come tali servono come istruzioni d'uso all'interlocutore su come trattare, come valutare, quanta attenzione dare alla specifica unità di informazione[12].

Ho parlato sopra del grado di pertinenza nel testo che il locutore attribuisce a una determinata unità di informazione, e della conseguente scelta di darla per esplicita o per implicita (o non darla affatto, o darla ripetutamente). Già a livello della scelta fra mera presenza o assenza di correlati concreti, si può quindi parlare di scelte fra mettere l'informazione in primo piano (dandola per esplicita) o sullo sfondo (dandola per implicita). Vediamo che può essere vista in termini di pertinenza o meno anche la distinzione fra il porre (asserire) e il presupporre un'unità di informazione[13].

---

[11]Vedi Hopper & Thompson (1980:280): «That part of a discourse which does not immediately and crucially contribute to the speaker's goal, but which merely assists, amplifies, or comments on it, is referred to as **background**. By contrast, the material which supplies the main points of the discourse is known as **foreground**», e nota 4 (ibid): «We are aware, of course, that the distinction between foregrounding and backgrounding portions of a text is not the only one that can be made in analyzing its structure. However, we suggest that **this distinction is perhaps the most basic one** that can be drawn» (grassetto mio).

[12]Vedi anche Fleischman (1990:168): «In any discourse some parts of the message are more important to the speaker's comunicative goals than other. In recent linguistic literature on narrative this contrast is often referred to as *foreground-background* – an extension into the domain of text structure of the Gestalt figure-ground opposition for the perception of spatial relations.»

[13]Vedi anche Van Dijk & Kintsch (1983:124): «We may have degrees of assertiveness. The more facts are signaled to be integrated, the less they will be asserted – and often they will be presupposed to be known. And similarly for the cognitive importance: More integration will signal less relative importance of a fact.»

È stata menzionata la strettissima relazione fra le due nozioni **presupposizione** e **subordinazione**[14], nozioni in larga misura **coestensionali** – notabene, in larga misura, perché ovviamente non tutti i costrutti subordinati funzionano come presupposizioni, e non tutti i fenomeni di presupposizione possono essere spiegati in termini di subordinazione. Dei vari espedienti linguistici e testuali che servono a mettere un'unità di informazione in primo piano o sullo sfondo, qui sarà trattata in effetti solo la **subordinazione**, in quanto l'espediente, a mio avviso, più direttamente legato alla densità di informazione del testo. Non saranno presi in considerazione fenomeni quali l'ordine delle parole e, nel parlato, le varie strutture intonative, se non sporadicamente, e solo quando hanno un impatto immediato sulla densità informativa.

La subordinazione, oltre all'effetto discorsivo di mettere sullo sfondo del filo del discorso[15], e di creare quindi rapporti gerarchici nella presentazione dell'informazione, ha un altro effetto importante che è quello dell'**economia testuale**. Prototipicamente, infatti, porta a una riduzione del materiale linguistico impiegato a presentare la messa in relazione, determinando in maniera decisiva la densità informativa del testo.

Avendo in mente le riflessioni sulle strategie del riassumere e del dispiegare, la definizione di densità informativa può essere riproposta ora in termini assai semplici, basati quasi esclusivamente sulla **quantità di materiale linguistico** impiegata a presentare l'unità di informazione[16].

Le varie strategie che determinano la densità informativa (corrispondenti alle tre fasi dell'analisi, ma non necessariamente a fasi successive nella produzione del testo) si collocano così lungo un continuum che va dall'**assenza di materiale linguistico** (la strategia riassuntiva e fortemente economica, che dà per implicite o addirittura omette unità di informazione), al *surplus* **di materiale linguistico** (la strategia della ridondanza che dà ripetutamente le stesse unità di informazione oppure le 'diluisce' con materiale linguistico che non veicola informazione ideazionale). Fra assenza e ridondanza si riscontrano una serie di soluzioni, diverse rispetto alla misura in cui il locutore ha scelto di **integrare** le unità di informazioni fra di loro tramite operazioni di subordinazione, o di **spartirle** invece su più materiale linguistico, il che equivale spesso a distribuirle su più frasi finite principali indipendenti fra di loro. Confronta la figura seguente:

---

[14]Vedi la seguente citazione di Lombardi Vallauri (1996:105): «La presupposizione dunque [...] può essere descritta come un fenomeno che si realizza anzitutto in dipendenza della subordinazione sintattica...»

[15]Cfr. anche Fleischman (1990:171): «The homology beetween clause type and grounding [foregrounding-backgrounding] should be regarded as no more than a strong tendency realized maximally in the unmarked (if not very common) situation of rigorously chronological narration. Clearly, it is a strong tendency, and as such it establishes one of the grammatical correlates of the narrative norm. I shall consider below certain literary counterexamples involving foregrounding subordinates whose effects depend on the expectation of iconicity between grammatical subordination and background.»

[16]Vedi anche Givón (1990:969) sul «*quantity principle*»: (a) «A larger chunk of information will be given a larger chunk of code»; (b) «Less predictable information will be given more coding material»; (c) «More important information will be given more coding material».

Densità informativa

```
materiale linguistico
rispetto a
unità d'informazione:      <--- assente  |  poco   di più   molto  |  ridondante --->

        1. fase            riassumere <-> dispiegare

        2. fase                             integrare <-> spartire

        3. fase                                         non-diluire <-> diluire
```

(figura 6.1)

La strategia **integrativa**, che dal punto di vista discorsivo serve alla gerarchizzazione delle unità di informazione, dal punto di vista economico serve alla riduzione del materiale linguistico, comportando spesso la perdita di elementi di significato all'interno dell'unità di informazione e, quindi, un condensamento informativo. Discuteremo sotto sulla natura di questi elementi di significato persi e sulla misura in cui anche essi devono e/o possono essere ricostruiti dall'interlocutore, richiedendo un impegno maggiore nella decodificazione del testo/discorso, parallelo a quello richiesto per le inferenze di intere unità di informazione.

6.2 Dall'integrare allo spartire.

Specificherò ora quel tratto del continuum nella figura 6.1 che concerne le strategie di integrazione/spartizione, con lo scopo di arrivare ad una classificazione dei vari tipi di costruzioni subordinate che permetta di collocare sul continuum una qualsiasi unità di informazione. I correlati concreti saranno considerati prima da un punto di vista morfosintattico-funzionale, e in seguito sarà discusso il rapporto fra vari tipi di correlati e le messe in relazione che essi designano.

Esistono innumerevoli proposte di classificazioni graduatorie, diverse fra di loro per l'impostazione teorica, per i fenomeni linguistici/testuali che vogliono captare, e per il grado di specificità richiesta dalla graduatoria. Mi sono ispirata alle proposte di Lehmann (1988), di Raible (1992) e, soprattutto, di Langacker (1987/1991; 1990). Lehmann descrive i vari tipi di *clause-combining* partendo da tre binomi funzionali: *autonomy* versus *integration*, *expansion* versus *reduction*, *isolation* versus *linkage*, ad ognuno dei quali sono abbinati due continua sintattici[17], arrivando in tal modo ad una rete descrittiva che riesce a cogliere molti diversi aspetti sintattici/funzionali legati al processo di subordinazione. Raible parte invece da una distinzione fra le varie possibili relazioni semantiche che sono alla base dei costrutti subordinati, e percorre tutte le possibilità date dal sistema linguistico di esprimere questa relazione semantica – dalla frase finita, a costrutti non finiti, a preposizioni, per finire con il sistema dei casi grammaticali[18].

---

[17]Vedi Lehmann (1988): *Autonomy vs Integration*: 'hierarchical downgrading' e 'syntactic level'; *Expansion vs Reduction*: 'desentialization of subordinate clause' e 'grammaticalization of the main verb'; *Isolation vs Linkage*: 'interlacing of the two clauses' e 'explicitness of the linking'.
[18]Mi riferisco soprattutto alla presentazione della teoria di Raible in Hanne Leth Andersen (1997:72ss).

Langacker adotta invece la prospettiva cognitiva e interpreta il continuum come una serie di *construals* diversi che imprimono all'immagine mentale di base profili più o meno temporali e/o relazionali[19].

Non rientra in questo lavoro una discussione, per quanto interessante, delle divergenze fra questi approcci. Vorrei, al contrario, rilevare il fatto che, nonostante le divergenze, queste tre graduatorie di subordinazione convergono in larga misura per quanto riguarda la collocazione prototipica dei vari costrutti. E vorrei inoltre rilevare che qui interessano soprattutto le conseguenze che il processo di subordinazione ha per la riduzione di materiale linguistico e per il condensamento informativo all'interno dell'unità di informazione che ne consegue[20].

La graduatoria di costrutti subordinati (o integrati) che possono fungere come correlati concreti, si può suddividere in cinque grandi raggruppamenti, a seconda dell'elemento su cui è imperniata la messa in relazione:

spartire			integrare
<-->			
verbo finito	forme non finite	forme deverbali	preposizioni / aggettivi
principale – subordinata	gerund. – infin. – part.	nominal. – aggettiv.	congiunzioni / avverbi

(figura 6.2)

Come si vede, il continuum parte in maniera tradizionale, cioè dall'impiego di una **frase finita assertiva**[21] per segnalare l'unità di informazione (il polo dello **spartire**), e percorre tutta una serie di costruzioni imperniate su un elemento verbale (ma in forma sempre più deverbale), per finire con due gruppi, ben più eterogenei degli altri, che raccolgono le messe in relazione segnalate per via di preposizioni e congiunzioni da una parte, e aggettivi e avverbi dall'altra (il polo dell'**integrare**).

All'interno dei **costrutti subordinati con verbo finito** si può suddividere ancora, vedi la classificazione tradizionale in frasi subordinate aggettivali, sostantivali e avverbiali, oppure la distinzione di Halliday fra incassamento e ipotassi. Comunque, sebbene anche questi tipi di subordinazione servano prototipicamente come espedienti più o meno 'forti' di *backgrounding*[22], costituiscono solo piccoli

---

[19]Vedi Langacker (1991:435): «The best candidate [for a standard definition of what it means to say that a clause is subordinate] is based on an aspect of construal – profiling – that has been specifically recognized only in cognitive grammar.»

[20]È ovvio però che ci interessano quelle relazioni fra le unità di informazioni che sono relazioni di secondo grado, ma, come dice Lehmann (1988:210): «...I should like to stress again that the presence or absence of a connective device between two clauses has nothing to do with parataxis vs. hypotaxis, but is exclusively a question of syndesis. In particular, it is not the case that either the concept of hypotaxis or the concept of subordination require the use of a conjunction, as has been claimed variously.»

[21]Cfr. anche Bente Lihn Jensen (1999:499): «...la frase indipendente si può considerare la forma prototipica della realizzazione di una predicazione» (traduzione mia dal danese).

[22]Buona parte delle frasi subordinate, finite e non finite, sono definite spesso proposizioni o predicazioni **secondarie** o **indebolite** o **neutralizzate**, in quanto prive di valore assertivo, e dipendenti quasi sempre da una unità di informazione codificata con verbo finito e con modalità assertiva. Vedi Strudsholm (1999b:17): «Nel suo *Der Relativsatz* (1984:173-177) Lehmann distingue fra *Attribution* e *Prädikation*: in un frase relativa la predicazione di una frase principale viene «neutralizzata» e diventa un'attribuzione.»

passi verso il nostro polo di integrazione, in quanto non comportano quasi per niente riduzione di materiale linguistico e di conseguenza neanche perdita di elementi informativi. Le frasi subordinate finite saranno perciò trattate, almeno in un primo momento, come equivalenti, non solo fra di loro, ma anche rispetto alle frasi finite principali (le vere asserzioni)[23].

Bisogna precisare però che, mettendo in atto operazioni di subordinazione di questo tipo (ossia a verbo finito), non di rado vengono esplicitate messe in relazione di secondo grado. Infatti molto spesso i connettivi non segnalano solamente la relazione di dipendenza (fenomeno relato alla presentazione nel testo), ma spiegano anche la maniera in cui le due messe in relazione siano relate nel 'mondo dei fatti' (relazioni temporali, causali, finali)[24].

Interessante nel presente contesto è soprattutto il confronto fra frase finita e **costrutti a verbo non finito**. Alla sempre crescente deverbalizzazione del costrutto impiegato per segnalare la messa in relazione, si accompagna un movimento netto verso il polo dell'integrazione (vedi la figura 6.2). Negli esempi concreti, si vedrà come questo processo di deverbalizzazione comporti perdita di elementi informativi (elementi informativi insiti nelle categorie verbali di tempo, aspetto, modalità, e nei complementi del verbo).

Nei primi tre gruppi della graduatoria è presente sempre un elemento verbale, e nella maggior parte dei casi questo facilita l'individuazione dell'unità di informazione. Ma, come detto prima (Voghera 1992:129), la predicazione non va vista come «uno stato o una qualità che appartengono ad una determinata classe di parole o espressioni[25]«; in altre parole, la presenza del verbo (e/o della clausola) non costituisce il criterio *tout court* per poter parlare di una messa in relazione – nonostante il suo indiscutibile e intrinseco carattere predicativo. Bisogna prendere in considerazione anche altri tipi di correlati concreti che, benché di solito in rapporto di stretta dipendenza sintattica con singoli costituenti di una unità di informazione meno integrata, sono capaci ugualmente di denotare una messa in relazione.

È pertinente, a questo fine, fare riferimento alle riflessioni di Langacker sui vari tipi di profili inerenti alle varie parti del discorso. Servirà a riassumere, in termini langackeriani, le osservazioni fatte finora sui costrutti imperniati su un elemento verbale, ma che rileva soprattutto gli altri costrutti pertinenti alla presente analisi. Langacker opera con una distinzione fondamentale fra **profilo nominale** e **profilo relazionale**[26], quest'ultimo suddiviso a sua volta in un profilo relazionale

---

[23]Un'ulteriore spinta verso la subordinazione (ma non verso l'integrazione come è stata definita sopra) è data dall'uso del congiuntivo nella subordinata, cfr. Givón (1990:975): «Finite verb-form and event integration: The more integrated the two events are, the less main-clause like – finite – will the morphology of the complement verb be; with the scale of finiteness of prototype main-clauses being: **finite** > **subjunctive** > **infinite** > **nominal** > **bare stem.**»

[24]Vedi Halliday (1994:288): «With a finite clause, the conjunction serves to express both the dependency (the hypotactic status) and the circumstantial relationship.»

[25]Vedi Voghera (1992:129): «La frase è, infatti, caratterizzata dalla presenza di una relazione predicativa che può esprimersi attraverso l'uso di diverse categorie grammaticali», definizione che si potrebbe adottare per la nostra unità di informazione, aggiungendo un 'potenzialmente' fra 'relazione' e 'predicativa'.

[26]Vedi Langacker (1990:74): «Most broadly, the meanings of linguistic expressions divide themselves into «**nominal**» vs. «**relational**» **predications**. These two types do not necessarily differ in the nature of their intrinsic content (consider *circle* and *round*, or *explode* and *explosion*), but rather in how this

temporale (o processuale) e un profilo relazionale **atemporale**. Ad imprimere un profilo nominale sono, come non può sorprendere, i sostantivi e i pronomi; ad imprimere un profilo processuale (relazione + tempo) sono i verbi finiti; e ad imprimere infine un profilo relazionale atemporale sono tipicamente preposizioni, congiunzioni, aggettivi e avverbi, l'insieme di correlati concreti messi appunto più a destra sul nostro continuum. Il modello viene comunque ampliato per dare spazio anche alle forme non finite del verbo che, benché non diano rilievo alla temporalità della relazione, sono evidentemente più complesse dei profili relazionali semplici evocati p.es. da una preposizione (vedi Langacker 1990:78ff).

Si può illustrare quanto detto con il seguente schema[27]:

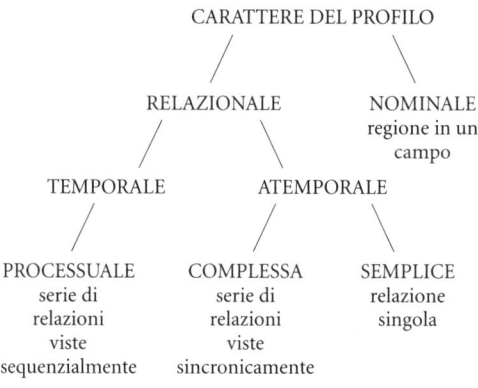

(figura 6.3)

In base a questo modello, la collocazione dei costrutti verbali o deverbali dipende quindi dal grado più o meno temporale del profilo inerente allo specifico costrutto. Il verbo finito conserva sempre il suo carattere processuale, anche in una frase subordinata. I costrutti con l'infinito, il gerundio (e, in larga misura, anche il participio presente[28]) profilano una serie di relazioni come il verbo finito, però non più come una sequenza, ma in sincronia[29]. I participi passati (e gli aggettivi deverbali) perdono anche il tratto «seriale» e profilano un singolo stato del

---

content is construed and profiled. A nominal predication presupposes the interconnections among a set of conceived entities, and **profiles the region** thus established. On the other hand, a relational predication presupposes a set of entities, and **profiles the interconnections among these entities.**» (sottolineature mie; da notare l'uso langackeriano dei termini 'predication' e 'entity', cfr. (1990a: 213): «The meaning of any expression (even a single morpheme) is called a *predication*», e (1990:81): «recall that this notion [*entity*] is maximally inclusive, subsuming both regions and relations as special cases).»

[27] Lo schema, ripreso da Jansen (1996), è elaborato in base a Langacker (1990:59-100), (1991:417-463), (1986:1-40).

[28] Il modello di Langacker si basa sull'inglese, ma è, a mio avviso, riproponibile anche per il sistema linguistico sia italiano che danese, con la dovuta attenzione a divergenze tipologiche.

[29] Langacker usa i termini «sequential scanning» e «summary scanning», vedi (1990:82): «The morphemes deriving infinitives and participles have the semantic effect of suspending the sequential scanning of the verb stem, thereby converting the processual predication of the stem into an atemporal relation.»

processo, prototipicamente lo stato finale. Nella nominalizzazione, infine, il profilo cambia radicalmente dall'originario profilo processuale in quello nominale (o «cosale» come dice Langacker, diametralmente opposto a quello «processuale»[30]), assegnando a questi costrutti il grado più basso di «frasalità». Non va dimenticato comunque che, nonostante il profilo sia sempre meno processuale, in tutti i costrutti ad elemento verbale il tratto processuale/temporale non sparisce, ma viene relegato sullo sfondo dell'immagine mentale suscitata dalla testualizzazione. Questo è il punto cruciale che distingue costrutti a base verbale da costrutti non-verbali a profilo relazionale atemporale semplice, ossia preposizioni, congiunzioni, aggettivi e avverbi.

Cominciamo dai **costrutti imperniati su una preposizione o su una congiunzione**. Sia la preposizione che la congiunzione sono, come il verbo, intrinsecamente relazionali da un punto di vista sintattico. La loro funzione primaria (a prescindere dalla loro semantica più o meno specifica), è quella di connettere altri costituenti del discorso, tipicamente intere frasi per quanto riguarda le congiunzioni, e due sostantivi, invece, per quanto riguarda le preposizioni (sottolineando però la pluralità di contesti in cui si riscontrano entrambe le categorie)[31].

La **preposizione** viene chiamata da Halliday (vedi 1994:212) «a minor verb», avente la funzione sintattica di «un minor predicator», e i sintagmi preposizionali sono interpretati come «minor clauses» (denotanti «minor processes»). Brøndal assegna alle preposizioni (restringendo però la categoria di 'vere' preposizioni ad un numero assai limitato) un valore logico interamente relazionale[32]. All'interno di un approccio invece formale-strutturale, come quello di Olof Erikson, i sintagmi preposizionali vengono fatti spesso rientrare nel gruppo dei *nexus* (vedi l'influenza di Jespersen) definito come (1993:26): «l'unité syntaxique qui résulte d'une prèdication assurée par une unité autre que le syntagme verbal».

---

[30]Vedi anche Halliday (1987:77-78) che, a proposito di sostantivi deverbali, usa il termine «grammatical metaphor» (termine, a mio parere, molto illustrativo su cui tornerò sotto): «Grammatical metaphor performs for the written language a function that is the opposite of foregrounding; it backgrounds, using discourse to create the context for itself. This is why in the world of writing it often happens that all the ideational content is objectified, as background, and the only traces of process are the relations that are set up between these taken-for-granted objects.» Da notare, inoltre, la distinzione fra «process» e «object», parallela a quella di Langacker.

[31]Vedi Langacker (1990:76-77): «The trajector and landmark of a relational predication can be of various sorts. Consider the boldface expressions in (5): (5a) *The chandelier is **above** the buffet table*; (5b) *Some guests left **before** the dancing started* [...] In 5a, the trajector and landmark of **above** are both regions, and are thus instantiated by nominal expressions [...] In 5b, **before** designates a relationship of precedence in the temporal domain between two events, which are represented by finite clauses. Hence its trajector and landmark are themselves both relational.»

[32]Vedi la descrizione della teoria complessa ma molto interessante di Viggo Brøndal in Ole Togeby (1989:107): «It is well known that Brøndal describes the parts of speech as defined by the four Aristotelian categories: quality or *descriptor*, in his notation: d, quantity or *descriptum: D*, relation or *relator: r*, and substance or *relatum: R* [...] The same classes as Brøndal has defined, are in modern logic recognized as necessary for the description of the propositional content of a sentence: classes defined by Brøndal by **the active elements relator, r, and descriptor, d, are in modern logic recognized as predicates or functions: prepositions, the conjunctions which are logical connectives, finite verbs and participles as two place predicates, adjectives as one place predicates, and adverbs as predicates of higher types, i.e. predicates of predicates.** Classes with the passive elements descriptum, D, and relatum, R, are identified as individuals, or arguments, or bearers of reference: conjunctions which are indicators of time and place, numbers, pronouns as variables, nouns and proper names...» (grassetto mio).

Dato che qui interessa l'informazione ideazionale, sono prese in considerazione solo le congiunzioni che, oltre ad indicare una eventuale relazione di dipendenza, sono dotate anche di un reale valore semantico (di temporalità, causalità, finalità). Si cercherà inoltre di discernere fra congiunzioni che mettono in rapporto fra di loro informazioni ideazionali e congiunzioni che esprimono invece relazioni interpersonali o testuali fra gli enunciati[33]. Non si distinguerà invece fra congiunzioni coordinanti e subordinanti[34], e saranno prese in considerazione anche congiunzioni 'inter-periodiali' (se operano a livello ideazionale, ben inteso, non a livello interpersonale o testuale).

Anche se qui si è scelto di partire in larga misura dalla tradizionale categoria delle congiunzioni (e non da quella più ampia dei connettivi[35]), vedremo nel confronto dei testi concreti come sia quasi impossibile delimitare in maniera univoca la categoria delle congiunzioni. Uno dei motivi di queste difficoltà risiede forse nel fatto che le congiunzioni (almeno prototipicamente) denotano relazioni di secondo grado che, vedi sopra, sembrano avere uno 'statuto rappresentazionale' diverso dalle relazioni di primo grado, oscillante fra l'ideazionale e il testuale/interpersonale. Lo formula in termini molto chiari Enkvist (1985:15): «Further, are the cohesion-marking elements of texts, such as connectors and conjunctions, and the interactionally relevant elements such as pragmatic particles actually part of the underlying input predications? Or are they added by the strategy?». Anche Lombardi Vallauri (1996:124, nota 10), benché attacchi la problematica da un'altra angolazione, mette in dubbio l'apporto informativo, a livello ideazionale, delle congiunzioni e/o connettivi: «Il problema se e quando e in che misura siano i connettivi a istituire una determinata relazione semantica fra due membri di un complesso, piuttosto che essere questa già nella semantica delle due clausole, talché il connettivo abbia solo un funzione di segnalazione ridondante, è assai dibattuto.»

Degni di interesse per l'individuazione dell'unità di informazione sono inoltre i costrutti **sostantivo + aggettivo** e **verbo + avverbio**. Bisogna però precisare due punti:

a) sono presi in considerazione solo aggettivi con funzione attributiva (all'interno di un sintagma sostantivale), non con funzione predicativa[36] (dove l'aggettivo per via di un verbo copulativo acquista un profilo relazionale temporale);

---

[33] Vedi anche Van Dijk (1977:211-212) a proposito di «semantic connectives, which relate facts» e dall'altra parte «pragmatic connectives which relate utterances».

[34] Vedi anche Serianni (1988/1997:369): «La scelta fra costrutto parattatico e costrutto ipotattico può essere equivalente sul piano logico-semantico» e citando Tekavčic (1980): «la differenza riguarda il lato formale, quasi mai il contenuto del messaggio.»

[35] Che le congiunzioni, a livello funzionale, siano praticamente inscindibili da molti altri costrutti che possono adempiere alla funzione di connettivo, incontra ormai il consenso di quasi tutti e viene confermato anche da studi diacronici; vedi inoltre Jespersen (1924/1965:87) che propone di raggruppare le tre categorie: congiunzioni, avverbi e preposizioni, e in più interiezioni, in una sola categoria, chiamata «particelle».

[36] Vedi anche Serianni (1988/1997:137): «Nel modificare semanticamente un nome, l'aggettivo ha funzione attributiva. Quando si collega ad un verbo, esso può avere funzione predicativa o funzione avverbiale. La funzione predicativa dell'aggettivo si attua nel predicato nominale [...] o nel complemento predicativo con i verbi effettivi, appellativi estimativi.»

b) per poter trattare come paralleli aggettivi e avverbi, è necessaria una restrizione della solita categoria degli avverbi, in verità molto ampia e eterogenea rispetto sia all'inventario che alla funzione[37].

Nel presente contesto interessano innanzitutto gli avverbi che fungono da modificatori del verbo. Sono questi, di norma, a veicolare informazione ideazionale, mentre gli avverbi con *scopus* diverso aggiungono piuttosto elementi di modalità e di valutazione, e rientrano quindi nell'informazione interpersonale. Si veda anche Serianni (1988/1997:339): «Secondo la teoria grammaticale dell'antichità, la funzione precipua dell'avverbio sarebbe quella di completare e determinare il significato del verbo a cui si accompagna. Tale classificazione faceva appoggio sulla proprietà dell'avverbio di comportarsi per così dire da '**aggettivo del verbo**' (Prisciano V-VI sec.d.C.).»[38]

È comunque indiscutibile che, sia per gli aggettivi che per gli avverbi, la relazionalità sia meno intrinseca che non per le congiunzioni e per le preposizioni, e spesso non sono considerati elementi relazionali – in particolare l'aggettivo che nelle grammatiche classiche figura sovente come sottocategoria nominale (anche in Halliday). Accordandomi invece alla proposta di Langacker di includere aggettivi e avverbi fra i profili relazionali (quelli atemporali semplici), la distinzione sulla nostra graduatoria fra preposizioni e congiunzioni da una parte e aggettivi e avverbi dall'altra, si spiega quindi così: i primi costituiscono di per sé l'elemento di congiunzione fra altri costituenti, mentre il carattere relazionale degli ultimi è dato dalla loro disposizione intrinseca di legarsi o a un sostantivo o a un verbo[39]. In altre parole, oltre a designare uno dei costituenti che rientrano nella messa in relazione, gli aggettivi e gli avverbi profilano anche sempre un intrinseco 'aggancio' relazionale (vedi anche Brøndal – in Togeby 1989:107 – che tratta l'aggettivo e l'avverbio come elementi **attivi**, benché rientranti nella categoria dei *descriptor* e non dei *relator*).

Proprio la loro stretta dipendenza dal sostantivo o dal verbo e la loro ricorrente funzione di modificatori, costituisce un ulteriore motivo per considerare più integrati questi costrutti di quelli imperniati su preposizioni o connettivi. Sorge però il problema della difficile distinzione fra *nexus* e *junction* – vedi le già citate definizioni di Jespersen (1924/1965:116) «A junction is [...] a unit or single idea, expressed more or less accidentally by means of two elements [...] *one* denomination, a composite name for what conceivably might just as well have been called by a single name». I costrutti imperniati su un aggettivo o un avverbio sono veramente unità di informazione (il che presuppone una messa in relazione) o sono invece unità lessicali superiori per esprimere una sola nozione, o due nozioni

---

[37]Cfr. DISC (1997) sull'avverbio: «...categoria annoverata tra le parti invariabili del discorso, alle quali vengono ascritti elementi lessicali eterogenei quanto a caratteristiche morfologiche, funzioni sintattiche e valori semantici.»

[38]Cfr. inoltre Brøndal (1928:151) che cita Leibniz: «In una certa misura si giustifica così la definizione proposta da Leibniz degli avverbi come 'Aggettivi dei Verbi'.» (traduzione mia dal danese).

[39]Vedi come spiega Langacker (1990:76-77) il rapporto fra *trajector* e *landmark* nei costrutti verbo + avverbio: «5c. *Timothy really works fast* [...] The domain for **fast** in (5c) is the conception that activities vary along the parameter of rate. Its trajector (*works*) profiles an activity and is therefore relational. This trajector is situated within a landmark that is not specifically named, but is identifiable as that portion of the rate scale which lies beyond an implicit norm.»

tanto connesse da sopprimere i presupposti per una messa in relazione? Le difficoltà a circoscrivere eventuali casi di inerenza concettuale vengono a galla ben presto nel confronto di testi concreti, sia a causa delle divergenze tipologiche nella strutturazione del lessico, sia a causa delle diverse scelte lessicali dettate dai singoli codici.

Se si confrontano fra di loro i vari costrutti ora presentati, sia quelli appartenenti ai primi tre gruppi a verbo finito, a verbo non finito e a costrutto deverbale, che gli ultimi due gruppi comprendenti invece preposizioni e congiunzioni, oppure aggettivi e avverbi, è facile accorgersi di una certa sovrapposizione fra di loro, dovuta a interferenze fra criteri morfologici e criteri sintattici. Al posto dell'aggettivo in costrutti **sostantivo + aggettivo**, troviamo molto spesso participi, aggettivi deverbali e sintagmi preposizionali, e nei costrutti **verbo + avverbio**, sono frequenti, invece dell'avverbio, anche gerundi e sintagmi preposizionali. A sua volta, il complemento retto dalla preposizione nel sintagma preposizionale è costituito non di rado da una forma verbale infinita o da un sostantivo deverbale. Queste interferenze non creano difficoltà insormontabili nell'individuazione delle unità di informazione, ma pongono però problemi nella collocazione della singola unità di informazione sulla graduatoria presentata sopra (vedi infatti la discussione riguardo all'annotazione concreta delle u.i. nei reticolati, in 8.3.2).

La soluzione consiste nel cercare, in primo luogo, i correlati concreti in base alla presenza o meno di elementi (o tracce) verbali, a prescindere da una eventuale forma aggettivale o sostantivale o dall'eventuale inserimento in un sintagma preposizionale. Nell'assenza di elementi verbali, i correlati concreti saranno individuati invece in base alla presenza di preposizioni, congiunzioni, aggettivi e avverbi, e collocati di conseguenza al polo dell'integrazione.

6.3 Correlati concreti versus messe in relazione.

Ho cercato finora di non fare accenni specifici ai vari tipi di messa in relazione segnalabili con i correlati concreti, dato che è appunto uno dei perni dell'analisi il fatto che una stessa unità di informazione, a seconda della strategia testuale scelta, possa essere verbalizzata in maniere diverse – con equivalenza a livello ideazionale, ma evidenti divergenze a livello testuale e interpersonale[40]. La variabilità della verbalizzazione non toglie però che esista una certa **correlazione tipica** fra determinati costrutti e determinate messe in relazione, in modo che, **prototipicamente**, certi tipi di messe in relazione vengano codificate con certi tipi di correlati concreti.

Nelle immagini mentali che costruiamo della realtà circostante, possiamo distinguere fra vari tipi di relazioni che riprendono vari aspetti della situazione che vogliamo esprimere, aspetti che normalmente già di per sé, prima che gli sia data una forma linguistica concreta, presentano un certo ordine gerarchico. Il fulcro

---

[40]Vedi Langacker (1990:78) che dice a proposito delle divergenze a livello concettuale determinate dalla scelta di una relazione atemporale complessa o una relazione processuale: «The difference must be quite subtle. I suggest that it does not pertain primarily to the content of the predications, but rather to how this content is construed through cognitive processing.»

della situazione è costituito di solito da una messa in relazione che organizzi e colleghi fra di loro un certo numero di entità, rendendole partecipanti a un qualche processo, azione, evento[41]. Queste messe in relazione sono spesso di carattere dinamico, implicano un cambiamento della situazione, e attirano, possiamo quasi dire naturalmente, la nostra attenzione più acuta; sono codificate prototipicamente con costrutti verbali, costituiti da un elemento verbale e dai suoi argomenti. Se ritorniamo alle riflessioni di Halliday sulla funzione ideazionale della lingua, viene rilevato infatti lo statuto particolare della frase a verbo finito, vedi Halliday (1994:106): «Language enables human beings to build a mental picture of reality, to make sense of what goes on around them and inside them. Here again the clause plays a central role, because it embodies a general principle for modelling experience – namely, the principle that reality is made up of processes.»

Nel presente contesto la messa in relazione corrispondente al processo azione evento, comprende **solo** «l'evento centrale, il nucleo della frase» (vedi DISC 1997:X), cioè l'elemento relatore (codificato dal verbo) e i partecipanti necessari a definire lo specifico evento o stato (codificati appunto come gli argomenti o le valenze del verbo)[42]. La definizione di Halliday (1994:107) – «A process consists, in principle, of three components: 1) the process itself; 2) participants in the process; 3) circumstances associated with the process»[43] – ci riporterebbe invece alla proposizione complessa, respinta sopra in quanto troppo ampia e quindi un ostacolo alla commensurabilità delle u.i.

Nel presente contesto le circostanze vanno considerate come messe in relazione a sé stanti, nonostante il fatto che esse, nella percezione della situazione complessiva, figurino spesso sullo sfondo rispetto all'evento centrale. Le messe in relazione circostanziali concernono prototipicamente la collocazione dell'evento o di uno dei partecipanti rispetto a un determinato dominio spaziale o temporale, e sono prototipicamente designate da costrutti imperniati su una preposizione[44]. È opportuno inoltre distinguere fra le circostanziali di tempo **assolute** che collocano il singolo evento o il singolo partecipante rispetto ad un certo dominio, e le circostanziali di tempo **relative** in cui due eventi o stati sono collegati fra di

---

[41]Vedi anche Langacker (1991:284): «...the stage model idealizes a fundamental aspect of our moment-to-moment experience: the observation of external events, each comprising **the interactions of participants within a setting.**»

[42]Vedi la terminologia usata in DISC (1997), sulla scorta di Tesnière, che parla: a) del **nucleo della frase** costituito dal verbo e gli argomenti; b) i **circostanti** del nucleo che sono gli elementi che si riferiscono e si legano direttamente a uno dei costituenti primari del nucleo; e c) le **espansioni** che si collegano a tutto il resto della frase. Nel presente lavoro i **circostanti** equivalgono grosso modo agli **specificatori di qualità o maniera**, e le espansioni invece grosso modo alle **circostanze spaziali e temporali**.

[43]Halliday prosegue (1994:108): «This tripartite interpretation of processes is what lies behind the grammatical distinction of word classes into verbs, nouns and the rest, a pattern that in some form or other is probably universal among human languages». Halliday include in «the rest» le categorie grammaticali menzionate sopra (eccetto l'aggettivo che rientra invece nella categoria nominale).

[44]Vedi Langacker (1990a:230): «Recall that the stage model makes a fundamental distinction between setting and participants. In the unmarked situation, entitites construed as participants function as the clausal subject and object, while the setting is expressed by an adverbial modifier. Departures from this canon can nevertheless be observed, and have interesting grammatical consequences.»

loro temporalmente, facendo praticamente le veci di una messa in relazione di secondo grado (vedi anche sotto).

L'evento centrale può essere collegato anche ad entità più circoscrivibili e più simili ai partecipanti all'evento. L'evento o lo stato possono essere espansi, infatti, da circostanze strumentali che hanno spesso lo statuto di partecipante non obbligatorio. Lo illustrano i seguenti esempi, da una parte il verbo *dare* che designa un processo a tre partecipanti necessari (x dà y a z), dall'altra il verbo *mangiare* che profila un processo a due partecipanti necessari (x mangia y), a cui si può aggiungere, facoltativamente, un argomento strumentale (*con z*). Citiamo di nuovo Halliday (1994:150) che parla di «continuity between the categories of participant and circumstance; and the same continuity can be seen in the forms by which the two are realized». Nel confronto di diverse testualizzazioni di uno stesso evento, questa continuità crea a volte difficoltà a discernere fra veri argomenti (partecipanti obbligatori) e circostanze (partecipanti non-obbligatori), e rende quindi problematica la delimitazione del limite superiore dell'u.i.

Sono stati già menzionati i problemi riguardo alla delimitazione del limite inferiore dell'u.i., posti dai costrutti imperniati su aggettivi o avverbi, che prototipicamente specificano, all'interno della situazione globale, determinate **qualità** dei partecipanti all'evento, oppure determinate **maniere** dell'azione fulcro della situazione. Le messe in relazione che ascrivono **elementi descrittivi** all'evento o alle entità che vi partecipano, non attirano di solito l'attenzione primaria, e non è quindi sorprendente che scelgano tipicamente come correlati concreti costrutti del tipo verbo + avverbio o sostantivo + aggettivo, costrutti che spingono le messe in relazioni da loro denotate sullo sfondo del discorso.

In effetti, sia nella definizione di Halliday, che nello schema proposizionale di Van Dijk & Kintsch, le messe in relazione fra entità e qualità o evento e maniera sono o assenti o aggiunte fra parentesi all'entità o all'evento in questione, rispecchiando l'alto grado di integrazione che può portare all'unità lessicale superiore. Nel presente contesto, però, i costrutti con aggettivo o avverbio saranno considerati come messe in relazione a sé stanti, e quindi come u.i., a meno che tale statuto non sia controindicato da evidenti indizi di inerenza concettuale.

All'interno della singola situazione si può quindi parlare di tre tipi di messe in relazione:

a) **l'evento centrale** codificato tipicamente dal nucleo verbale;

b) **le circostanze temporali, spaziali e strumentali** codificate tipicamente dai sintagmi preposizionali;

c) **le caratteristiche dei participanti o dell'evento (qualità o maniera)** codificate tipicamente da aggettivi e avverbi.

Di solito, comunque, la nostra mente non opera con immagini mentali separate di singole situazioni, ma di insiemi di situazioni legate fra di loro da diversi rapporti logico-semantici. Queste messe in relazione, le relazioni di secondo grado, sono state discusse per il loro carattere particolare e per i problemi connessi alla delimitazione dei correlati concreti prototipici. Oltre alle tradizionali congiunzioni (di cui qui interessano innanzittutto quelle con valore semantico di temporalità, causalità, finalità) viene impiegato infatti un ventaglio di altri espedienti linguistici, che include anche soluzioni meno esplicite basate sulla semantica delle singole parole, sulla topologia stessa dei costituenti e su tratti morfologici[45]. Nonostante queste difficoltà mi sembra legittimo – almeno in un'ottica operazionale – partire dal presupposto che, prototipicamente, le messe in relazione di secondo grado siano designate da congiunzioni.

Abbiamo cercato in questo capitolo di arrivare ad una definizione operazionale dell'unità di informazione; di individuare in termini generali quali possano esserne i correlati concreti; di disporre questi su un continuum fra i due poli **spartizione** e **integrazione**; e di mostrare infine quali messe in relazione soggiacenti siano codificate prototipicamente da quali correlati concreti. Si può postulare (cautamente) quanto segue: gli enunciati in cui è predominante la correlazione prototipica, costituiscono una sorta di enunciati di grado zero: la rappresentazione più naturale, neutrale, iconica rispetto all'immagine mentale 'immediata' della situazione concreta[46]. Le strategie di integrazione e di spartizione operano su questo grado zero: l'integrazione porta ad una riduzione di materiale linguistico e ad una conseguente perdita di elementi significativi, richiedendo quindi maggior impegno da parte dell'interlocutore nella decodificazione del testo; la spartizione impiega una quantità considerevole di materiale linguistico a veicolare ogni singola u.i. e rende così (in linea di massima) meno dispendioso il processo di decodificazione.

Vorrei ora far vedere, con esempi concreti tratti dal corpus, come proceda in pratica l'individuazione delle unità di informazione, ossia **la segmentazione dei testi**. A dispetto della tesi della correlazione prototipica – in base alla quale sono suddivisi gli esempi – sussistono varie e assai diverse testualizzazioni delle stesse messe in relazione, divergenze che saranno studiate in seguito per scoprire una eventuale correlazione fra strategia scelta e variazione di codice (italiano/danese) e/o diamesica (parlato/scritto). Confrontando gli esempi concreti fra di loro vengono a galla vari problemi legati all'individuazione del limite inferiore e superiore dell'u.i., problemi degni di discussione, e che molte volte devono essere risolti affinché l'analisi possa procedere. In alcuni casi è stato necessario optare per soluzioni forse in parte arbitrarie, basate sulle tendenze generali ritrovate nel corpus, e non sempre del tutto consistenti con soluzioni adoperate altrove.

---

[45] Vedi anche Skytte (1999b) che propone una categorizzazione precisa e dettagliata dei vari mezzi connettivi.

[46] Vedi Langacker (1991:283): «By combining certain of the models described above, we obtain the complex conceptualization sketched in Fig.7.2., which might be termed the **canonical event model**. The stage model contributes the notion of an event occurring within a setting and a viewer (V) observing it from an external vantage point. Inherited from the billiard-ball model is the minimal conception of an action chain in which one discrete object transmits energy to another through physical contact [...] In sum, the canonical event model represents **the normal observation of a prototypical action.**» E (1991:298): «Physical objects and energetic interactions are maximally distinct conceptual archetypes grounded in the billiard-ball model. Their polar opposition is reflected linguistically in the maximal contrast between the universal noun and verb categories, for which these archetypes constitute the prototypical values. We can thus expect a physical object to be coded by a noun, and an energetic interaction by a verb, unless special circumstances should motivate some departure from this pattern. **The term unmarked coding will refer to this natural sort of arrangement, in which a notion approximating an archetypal conception is coded linguistically by a category taking that conception as its prototype** [...] My central claim is that the prototypical values of certain basic grammatical constructs – the values they assume in clauses of this sort – are characterized with reference to the canonical event model.»

Nei capitoli seguenti saranno impiegati esempi sia italiani che danesi, questi ultimi però soprattutto nei casi in cui l'italiano e il danese presentino divergenze tipologiche o di *usus* che influiscono sulla densità informativa. Ad esempi paralleli (e qui il concetto di parallelità concerne le singole messe in relazioni, non la situazione in generale) è dato lo stesso numero, specificato da lettere minuscole. Le sbarre, //, sono usate per segmentare il testo in unità di informazione; le parentesi graffe, { }, delimitano unità di informazione materialmente intercalate in altre unità di informazione. Gli elementi linguistici di volta in volta pertinenti saranno <u>sottolineati</u> per le messe in relazione di primo grado, e **messi in neretto** per quelle di secondo grado. Per non rendere troppo complicata la lettura degli esempi, non sono state rilevate, in questo capitolo, quelle parti del testo che non veicolano informazione ideazionale, ma svolgono invece funzioni testuali e/o interpersonali (vedi cap. 7).

6.3.1 *Verbo + argomenti versus processo/azione/evento*

Saranno considerati correlati concreti di unità informative sia costrutti con verbo finito, sia tutta la gamma di costrutti non finiti, nonché derivati deverbali. Nel passaggio da verbo finito a derivato deverbale, va sempre diminuendo il valore assertivo dell'unità informativa, e al contempo la messa in relazione in questione va spinta sempre più sullo sfondo del discorso. Questo, comunque, non ha conseguenze per il suo statuto di messa in relazione: nella mente dell'interlocutore sarà infatti attivata lo stesso un'immagine mentale dell'azione o del processo in questione, per quanto possa essere sbiadito il valore processuale e temporale di essa[47].

Gli esempi seguenti illustrano l'impiego rispettivamente di forme finite e di forme non finite del verbo. Consideriamo prima i due brani tratti da testi italiani:

(34a)   / ma / rivela / la sua colpevolezza / tornando / per / recuperare / il suo segnalibro personale / dimenticato / nell'opera / danneggiata. (ISA6)

(34b)   / mm, però / mister Bean, eh {dato che / s, si è dimenticato / che aveva messo il segnalibro all'interno del, del testo / da lui consultato,} ritorna indietro, / eh-si riprende insomma {il suo segnalibro} dal dal {testo rovinato}, / e- in questo modo, insomma, / si scopre ☺ che, il bibliotecario e il lettore scoprono / che, il vero colpevole è lui, / quindi la scena, termina (IMB9)

Troviamo qui le stesse messe in relazioni (ci limitiamo ora a considerare quelle di primo grado):

[*x rovina un libro*], vedi «opera danneggiata» e «testo rovinato»;

---

[47]Cfr. Jansen (1996); e Iørn Korzen (1999:345): «Nelle costruzioni ipotattiche si assiste ad una graduale **deverbalizzazione** e una graduale **desentenzializzazione**, per cui il verbo esprime sempre meno tratti verbali e viene impiegato in maniera sempre meno prototipica» (traduzione mia dal danese).

[*x ha un segnalibro*], vedi «il suo segnalibro personale» e «il suo segnalibro»;
[*x dimentica il segnalibro / nel libro*], vedi «dimenticato / nell'opera» e «s, si è dimenticato / che aveva messo il segnalibro all'interno del, del testo»[48];
[*x torna indietro*], vedi «tornando» e «ritorna indietro»;
[*x si riprende il segnalibro*], vedi 'recuperare' e 'eh-si riprende insomma';
[*x è colpevole*], vedi «la sua colpevolezza» e «il vero colpevole è lui»;
[*il bibliotecario e il lettore scoprono (che ...)*], vedi «rivela» e «si scopre che, il bibliotecario e il lettore scoprono»;
con, in aggiunta in (1b), una ripresa esplicativa:
[*x consulta un libro*], vedi «testo da lui consultato».

Nell'esempio scritto il locutore ha sfruttato tutta la gamma di costrutti non finiti ed è riuscito a far dipendere tutte le unità di informazione da **un solo** verbo finito; nel testo parlato le stesse messe in relazione sono state spartite invece su **sei** frasi finite, di cui tre non subordinate.

I seguenti esempi danesi presentano scelte di unità di informazione un po' diverse, ma ritroviamo la stessa tendenza all'**integrazione nello scritto** e alla **distribuzione su frasi finite nel parlato**. Bisogna qui rilevare alcune divergenze tipologiche fra l'italiano e il danese che pongono, per i locutori danesi, dei limiti all'integrazione tramite costrutti non finiti: il danese non dispone di un costrutto equivalente al gerundio (solo in pochissimi casi è sostituibile con il participio presente danese); l'uso del participio passato nelle veci di frase relativa è più ristretto; così come i locutori danesi (sia nello scritto che nel parlato) sono più restii all'impiego di quella «metafora grammaticale» che è il sostantivo deverbale.

(34c) / men / desværre afslører han sig selv, / ved / at komme ind / for / at hente {sit {fine,} {røde} bogmærke}, / som han havde glemt / i den famøse bog. / Surt show. (DSA2)
[ma / purtroppo si tradisce, / con / l'entrare / per / prendere il {suo {bello} {rosso} segnalibro},/ che aveva dimenticato / nel famigerato libro./ Fregatura.]

(34d) / men / så / opdager han jo / at han har glemt {sit bælte} [sic!] / så / kommer han ind igen / og så / bliver det jo altså opdaget / <u>det er ham der har ødelagt bogen</u> (DMB8)
[ma / poi / ecco scopre / che ha dimenticato la {sua cintura} [sic!] / allora / entra di nuovo / e poi / viene scoperto / <u>che è lui che ha rovinato il libro</u>]

Nel testo parlato danese (34d) incontriamo un espediente sintattico di carattere fortemente spartitivo, che nella nostra graduatoria va collocato più a sinistra ancora della frase finita principale; è la **frase scissa** (vedi le parti sottolineate), in cui un'unica unità di informazione è distribuita su due frasi finite (o, negli esempi italiani seguenti, su una frase finita e un costrutto infinito). Non tratterò a lungo

---

[48]A proposito della lettura del sintagma preposizionale «nel libro» come correlato integrato di un'unità informativa, vedi 6.3.3 e in particolare 8.1.1.

questo fenomeno interessante, e neanche le varie funzioni che assolve rispetto alla distribuzione dell'informazione, limitandomi invece a riportare alcuni esempi del corpus sia di frasi scisse come sono definite tradizionalmente, che di costrutti molto simili, come le pseudo-scisse e le scisse col verbo *avere/have*[49].

In (35a) e (35b) è ripreso parte dell'evento rappresentato negli esempi precedenti, e la frase scissa ha evidente funzione di rilevamento enfatico:

(35a) / scoprono / che- chi aveva fatto questo- / aveva rovinato il libro era lui / (IMB2)
(35b) / si fa scoprire / di essere stato lui ad avere distrutto il libro / (IMB4)

Il carattere contrastivo, quasi sempre presente nella frase scissa, è esplicitato negli esempi seguenti (36a) e (36b), da confrontare con esempi paralleli in cui sono impiegati espedienti di spartizione diversi:

(36a) / at nu er det ikke kun en side der er ødelagt / men / nu er det to sider der er ødelagt / (DMB1)
[che ora non è solo una pagina che è rovinata / ma / ora sono due pagine che sono rovinate]
(36b) / Herefter / er det ikke bare en side, {men to} der er ødelagt / (DSA4)
[Dopodiché / non è solo una pagine, {ma due} che è rovinata]
(36c) / så / er der to sider der er tværet ud / (DMB7)
[allora / sono due pagine che sono imbrattate]
(36d) / praticamente rovina tutte e due le pagine / non solo una / (IMB9)

L'esempio (37) illustra invece l'uso del verbo *have* (*avere*) in un tipico costrutto del parlato, con palese funzione di spartizione dell'unità di informazione:

(37) / han har vist ikke noget han skal / (DMB5)
[lui non ha evidentemente qualcosa che deve [fare]]

Torniamo un attimo alla subordinazione con costrutti non finiti, e alla conseguente *backgrounding* delle messe in relazione. Molto spesso questa procedura intacca anche la strutturazione temporale degli eventi: in entrambi gli esempi scritti sopra – l'italiano (34a) e il danese (34c) – la frase finita da cui dipendono sintatticamente le altre unità di informazione è fatta precedere a tutte, sebbene a livello dell'ordine dei fatti essa denoti la conclusione del piccolo episodio; in entrambi i testi parlati, (34b) e (34d), la cronologia 'reale' viene invece rispettata.

Da costrutti a forme non finite, passiamo ai derivati deverbali: in (38a) una nominalizzazione come complemento in un sintagma preposizionale, in (39a) un avverbio derivato da un aggettivo deverbale. Negli esempi paralleli (38b)-(38c) e (39b)-(39c) la stessa messa in relazione è denotata invece da una frase finita; è evidente come all'impiego di una strategia più spartitiva (specialmente negli

---

[49]Confronta i commenti di Lambrecht sulla frase scissa con *avoir*, riportati in Strudsholm (1999b:110).

esempi danesi) si accompagni anche una nettissima tendenza al dispiegamento dell'episodio, con l'aggiunta di unità di informazione che nelle versioni più riassuntive sono in parte date per implicite, in parte omesse .

(38a) / comincia [...] a ricopiare le immagini / <u>di suo interesse</u>. / (ISA5)
(38b) / vede una figura / <u>che lo interessa</u> / e vorrebbe tracopiarla [sic] / (IMB11)
(38c) / og når frem til- øh en eller side / <u>som han åbenbart interesserer sig særligt for</u> / han tager i hvert fald kalker fa papir frem, / og begynder og- øh og kalkere over måske en tegning eller sån noget / (DMB5)
[e arriva a ad- una o pagina / di cui lui evidentemente si interessa particolarmente / tira fuori in ogni caso carta ehm velina, / e comincia a-ehm a ricopiare forse un disegno o qualcosa del genere]

(39a) / <u>Rovinosamente</u>/ lo vuota sulla pagina/ già {precedentemente} rovinata./ (ISA3)
(39b) / chiude il libro,/ eh provocando ancora maggior danno,/ praticamente <u>rovina</u> tutte due le pagine/ (IMB9)
(39c) / så / {smækker} han bogen sammen... / æh, da / bibliotekaren så er gået igen / så åbner han / hvor... hvor man så kan se / at nu er ikke kun en side <u>der er ødelagt</u> / men / nu er det to sider <u>der er ødelagt</u>... / (DMB1)
[poi / chiude-{di-colpo} il libro.../ eh, quando / il bibliotecario poi se n'è riandato / poi apre / dove... dove poi si può vedere / che ora non è solo una pagina che è rovinata / ma / ora sono due pagine che sono rovinate]

Un problema già menzionato, riguardo alla delimitazione delle unità informative, concerne **il grado di esplicitazione o specificazione dei vari partecipanti ad uno specifico azione/evento/stato**. I partecipanti, infatti, possono essere designati da parole piene, da pronomi, da soggetti zero, ma possono anche essere lasciati in ombra, da inferire con più o meno facilità da parte dell'interlocutore. Quanti argomenti del predicato verbale sono esplicitati nella testualizzazione, dipende spesso dal grado di integrazione delle unità di informazione[50] – come illustra l'esempio (34a) di sopra, in cui il locutore fa leva sia sull'uso del soggetto zero, sia sulla recuperabilità dell'agente implicito nei due costrutti con il participio passato («il segnalibro dimenticato» *da Mr. Bean*, e «l'opera danneggiata» *da Mr. Bean*). In altri esempi, specialmente con sostantivi deverbali, è possibile lasciare per implicito (o omettere del tutto) ogni riferimento ai partecipanti, vedi gli esempi seguenti, accompagnati sempre da soluzioni parallele con verbo finito:

(40a) / Improvvisamente / <u>uno starnuto</u> / disturba la quiete / (ISA5)
(40b) / eh, gli viene da starnutire, / (IMB1)

(41a) / ad avvisare / dell'orario di <u>chiusura</u> (ISA5)

---

[50]Vedi anche Langacker (1991:420): «Departures from the prototype [a fully articulated finite clause] are of two basic sorts: the absence of clausal elements; and having a non-processual profile.»

(41b) / for / at fortælle- øh dem / der sidder på læsesalen / at nu lukker
biblioteket / (DMB1)
[per dire- ehm a loro / che siedono nella sala di lettura / che ora chiude
la biblioteca]

Le divergenze riguardo al numero di partecipanti esplicitati dipendono però non solo dal grado di integrazione, ma anche dalle scelte lessicali. Se si confrontano le diverse testualizzazioni delle stesse due messe in relazione in (34a) e (34b) – «rivela / la sua colpevolezza» e «bibliotecario e il lettore scoprono / che, il vero colpevole è lui» – è evidente che l'uso del verbo *rivelare* faciliti la non-profilazione esplicita degli 'esperienti', mentre il verbo *scoprire* li mette necessariamente in scena, con la possibilità di rilevarli più o meno (vedi «si scopre»).

Negli esempi seguenti che riprendono tutti la stessa situazione [*il bibliotecario consegna un libro a Mr. Bean*], spesso accompagnata da un 'preludio' [*il bibliotecario arriva*] e da una specificazione [*il libro è stato richiesto da Mr. Bean*], variano sia il grado di esplicitazione lessicale (da parola piena a soggetto zero) sia il numero di partecipanti profilati.

In (42a), (42b) e (42c) sono profilati, nella stessa unità di informazione, tutti e tre i partecipanti (per via di parole piene, pronomi o soggetti zero):

(42a) / il bibliotecario consegna- a, a questo signore un libro,/ (IMB10)
(42b) / e- e l'inserviente, e l'inserviente gli porta- un libro / (IMB1)
(42c) / og (Ø) får den bog {han har bestilt} af bibliotekaren / (DSA9)
[e (Ø) riceve il libro {che ha richiesto} dal bibliotecario]

In (42d), (42e) e anche (42f) sono rilevati sia il libro che il bibliotecario, l'ultimo per mezzo di soggetto zero, pronome, o come elemento relato dalla preposizione *med (=con)*, tutti rimandanti all'agente del 'preludio'. Il beneficiario dell'azione, invece, non è profilato direttamente nella stessa unità informativa, anche se è abbastanze facile identificarlo con il soggetto del verbo *richiedere/ønske*, cioè Mr. Bean:

(42d) / ed ecco che arriva il, il guardiano-, / a (Ø) portare appunto, il suo li, il libro / che aveva richiesto (IMB2)
(42e) / arriva il, il bibliotecario, / mm che- consegna, il libro / richiesto (IMB9)
(42f) / og bibliotekaren kommer / med-øh, med den bog / han har ønsket (DMB1)
[e il bibliotecario viene / con-ehm, con il libro / che ha desiderato]

In (42g) e (42h) questa specificazione è omessa, lasciando così anche più per implicito il beneficiario (Mr. Bean):

(42g) / arriva il guardiano con, il bibliotecario, / con ehm il libro (IMB5)
(42h) / arriva il signore / che porta il libro (IMB3)

In (42i), (42j), (42k) e (42l) è invece l'agente (il bibliotecario) a sparire dalla verbalizzazione esplicita (oltre alle scelte lessicali, anche la passivizzazione gioca un ruolo importante[51]):

(42i) / men øh ja / så / får <u>han</u> <u>en bog</u> overrakt / (DMB8)
       [ma ehm sì / allora / <u>lui</u> 'riceve' <u>un libro</u> consegnato]
(42j) / Finalmente / <u>gli</u> viene consegnato <u>il volume</u>. / (ISA9)
(42k) / <u>Il libro</u> che <u>gli</u> portano... / (ISA13)
(42l) / quando / <u>gli</u> arriva <u>il libro</u> / (IMB6)

Infine, in (42m), la scelta del verbo *arrivare* permette la profilazione del solo oggetto dell'azione (il libro)[52]:

(42m) / eh arriva <u>il libro</u> / (IMB12)

Ho dedicato parecchio spazio a questi esempi, perché illustrano molti fenomeni interessanti, tra l'altro la **stretta interdipendenza fra la strategia dell'integrazione e quella del riassumere**. Infatti, anche se la soluzione operazionale consiste nel far valere come unità di informazione equivalenti le varie testualizzazioni appena presentate, a prescindere da quanti e quali argomenti siano inclusi in maniera esplicita[53], è evidente che anche qui si tratti di una scelta fra **il dare per implicito e il dare per esplicito certi elementi informativi** (non intere unità informative), ed è evidente che anche questa scelta incida sulla densità informativa del testo. Perciò, anche se cercheremo di evitare 'tagli' all'interno dell'unità informativa costituita dal nucleo verbale e dagli argomenti necessari, a volte, nel confronto concreto dei testi, è sembrato pertinente operare con una, pur ridotta, segnalazione del numero di partecipanti esplicitati (vedi 8.1.2).

Ho parlato appena di 'nucleo verbale'; è importante, a questo proposito, precisare che costrutti formati da un verbo ausiliare/semiausiliare e un verbo nucleare o principale, saranno considerati un'unica unità informativa. Nel presente contesto è compresa in questa categoria una larga gamma di **perifrasi verbali**, sia costrutti contenenti **verbi modali e quasi-modali** (come *tentare di, cercare di, riuscire a/ prøve at, forsøge at, lykkes at*), che costrutti con **verbi modificatori tempo-aspettuali**, detti anche perifrasi fasali, in quanto indicanti le varie fasi di una certa azione (vedi Bertinetto 1991:152), costrutti particolarmente interessanti nel nostro corpus. Fra le perifrasi fasali contiamo sia costrutti del tipo

---

[51]Vedi Jakobsen (1998b), che parla appunto della presenza di uno «shadow agent» nelle costruzioni passive, e menziona anche i paralleli, a questo proposito, fra costrutti passivizzanti e costrutti non-finiti. Interessante inoltre, in prospettiva contrastiva, il costrutto passivizzante danese con *få* + *participio passato*, che rende soggetto grammaticale il beneficiario, cioè l'oggetto indiretto/dativo, e non l'oggetto diretto come nel passivo italiano, arrivando però alla stessa distribuzione degli argomenti in termini di tema/rema.

[52]Cfr. un'analisi simile a questa, in Korzen (1999:393), che parla appunto di una tendenza generale alla «sintetizzazione» che riduce il ruolo delle entità non-primarie; vedi i suoi esempi (111-118).

[53]I partecipanti necessari o obbligatori, a mio avviso, sono infatti sempre intrinsecamente presenti nell'immagine mentale evocata, anche se non profilati esplicitamente (vedi Langacker, menzionato prima). Vedi anche Schank (1973:99), citato in Källgren (1979:47): «Conceptual cases are considered to be part of the ACT upon which they depend and as such are always present whether words expressing them have appeared in a given sentence.»

stare + gerundio, stare per + infinito, få + participio passato, che costrutti con modificatori lessicali come *essere sul punto di, cominciare a, continuare a, finire di* e *begynde at, være i gang med, blive ved at, holde op med*. Quali e quanti costrutti rientrino a pieno titolo nella categoria di perifrasi verbali è una questione assai dibattuta. I criteri di delimitazione adoperati qui sono assai ampi, per permettere di includere nella categoria costrutti che, benché meno integrati sul piano sintattico, assolvono semanticamente e testualmente funzioni molto simili – similitudine rilevata dai confronti interlinguistici ed anche intralinguistici[54] – vedi gli esempi seguenti:

(43) / e invece / riesce a strappare, cioè a tagliare, {brutalmente} anche tutti gli altri / (IMB3)

(44) / eh solo che, / ottiene solo di peggiorare la situazione / (IMB8)

(45a) / perché- / vuole ricopiare un disegno / (IMB4)
(45b) / decide di tracopiare [sic!] un disegno / (ISA3)
(45c) / e lui, il suo intento è quello di copiare un disegno / (IMB8)

L'esempio (45c) – costrutto indicante la fase **pre-realizzativa**, come anche (45a) e (45b) – è fatto rientrare sicuramente meno sovente nelle categorie tradizionali di perifrasi verbali. A tale proposito, è interessante la seguente citazione di Voghera (1992:231): «La desemantizzazione di alcuni nessi subordinanti si accompagnerebbe quindi ad un processo di grammaticalizzazione di questi nessi che traferisce la relazione di subordinazione dal livello **inter**-proposizionale al livello **intra**-proposizionale», citazione che conclude una discussione di un termine usato da Longacre (1985), le *merged sentences*, con riferimento appunto a frasi quali *I intend to do it*, ritenuto un primo passo in direzione di costrutti come *I will do it*, in cui la grammaticalizzazione è pienamente compiuta.

Se si confrontano gli esempi (46a) e (46b), si nota il parallelo fra il costrutto italiano *stare + gerundio* in (46a), e il costrutto danese in (46b), *sidde* (=*sedere*) + *og* (=*e*) + *verbo*. Il costrutto danese, benché poco integrato da un punto sia sintattico (i due verbi sono della stessa forma) che semantico (il verbo modificatore conserva in larga misura la sua semantica originaria, anche se chiaramente subordinata alla semantica del secondo verbo), svolge infatti esattamente le stesse funzioni di perifrasi con valore durativo del costrutto italiano[55].

(46a) / mette, eh a fianco di sé la {sua borsa} / così che / quel signore non potesse vedere quello / che stava facendo / (IMB2)
(46b) / så / sætter han {sin taske} op så den anden ikke kan, op på bordet, / så / den anden ikke kan se, / hvad det er han sidder og laver / (DMB8)

---

[54]Vedi Jansen & Strudsholm (1999), in cui l'argomento è trattato dettagliatamente da un punto di vista sia interlinguistico che diamesico, e in cui si propone il termine 'costrutto fasale' che vuole includere appunto, oltre alle perifrasi tempo-aspettuali tradizionali, anche parte dei costrutti modali, in cui molto spesso è implicito un valore futuro, e anche costrutti meno integrati sia sintatticamente che semanticamente.
[55]Vedi anche Jensen, Bente Lihn (1999b), sull'uso 'para-ipotattico' di entrambe le perifrasi.

[allora / mette su la {sua borsa} così che l'altro non possa, su sul tavolo, / così che / l'altro non possa vedere, / cos'è che siede e fa]

Parallela alla prospettiva aspettuale di tipo ingressivo della perifrasi *stare per + infinito*, vedi (47a), viene considerata, nella presente analisi, anche la testualizzazione in (47b), in cui l'uso del sostantivo deverbale costringe il locutore a trovare soluzioni lessicali per esprimere lo stesso significato:

(47a)   / in quanto / la biblioteca-, <u>sta per chiudere</u> / (IMB9)
(47b)   / <u>si avvicina</u> l'ora di <u>chiusura</u> / (ISA9)

Le perifrasi verbali, e in particolare quelle di valore tempo-aspettuale, oltre ad essere un espediente assai usato nel **dispiegamento** di uno stesso evento nelle sue varie fasi (come già accennato a proposito delle informazioni ripetute), sembrano svolgere anche funzioni di carattere più spartitive. Spesso, infatti, per effetto della desemantizzazione del verbo modificatore, l'impiego di una perifrasi verbale consente di assegnare più materiale linguistico ad una determinata messa in relazione (imperniata sul verbo nucleare), praticamente senza aggiunta di significato. In alcuni casi, specialmente nei testi parlati, l'uso di una perifrasi fasale con valore ingressivo acquista quasi valore di segnale discorsivo, diventando un espediente automatico per introdurre una nuova azione nella narrazione, una **partenza di frase** *passepartout* con cui guadagnare tempo prima di trovare il verbo nucleare appropriato (cfr. Jansen & Strudsholm 1999). Vedi gli esempi seguenti, in cui i locutori attaccano con la perifrasi ingressiva, riformulando poi l'enunciato in una costruzione semplice:

(48)   / non sa più che fare / <u>comincia</u>, combina casini/ (IMB3)
(49)   / mm quindi, / <u>inizia</u> insomma lo apre,/ (IMB9)
(50)   / og han <u>er ved og</u> kløj... altså han kløjes totalt i det / (DMB7)
         [e sta per strozz...cioè si strozza totalmente]
(51)   / og så / <u>begynder</u> han så tager han li noget olie / (DMB4)
         [e allora / comincia lui allora ecco prende dell'olio]
(52)   / og-øh så så / <u>skal</u> ha så nyser han / (DMB4)
         [e-eh poi poi / deve lu poi starnutisce]

Appunto per questa loro funzione testuale di segnalare spesso l'introduzione di un nuovo evento, le perifrasi fasali sono importanti per la connessione temporale del testo, e arrivano a volte a fare le veci di messe in relazione indicanti circostanze temporali. Anche se questo fatto può creare delle difficoltà nel confronto concreto dei testi, ho scelto nondimeno di considerare sempre le perifrasi fasali come singole unità di informazione; l'apporto semantico del verbo modificatore rientra infatti grosso modo nella semantica delle categorie grammaticali di tempo, aspetto e modo esprimibili morfologicamente attraverso la coniugazione del verbo. Va sottolineato che i tratti semantici insiti nelle categorie grammaticali non contano come possibili messe in relazione, e quindi possibili unità di informazione. Di conseguenza, costrutti semanticamente equivalenti, benché non morfologicamente integrati, quali le perifrasi fasali e anche certi avverbiali temporali, saranno trattati allo stesso modo.

Halliday, parlando (1994:279-280) di perifrasi verbali[56], opera con un gruppo di perifrasi di *phase* («time-phase and reality-phase») e uno di perifrasi di *conation* («trying, and succeeding»), entrambi i gruppi «related to tense and modality» e corrispondenti, grosso modo, alle nostre perifrasi fasali. Ma introduce poi un terzo gruppo, di perifrasi di *modulation*, di cui dice: «Here the primary verb is again not a separate process; but this time it is a **circumstantial element** in the process expressed by the secondary verb» (grassetto mio)[57]. Dato che la definizione data sopra di un'unità di informazione ci porta a considerare come u.i. a sé stanti anche espansioni circostanziali del verbo nucleare (sia di maniera che di locazione spazio-temporale), i verbi 'perifrastici' di questo gruppo saranno considerati unità di informazione a sé stanti, nonostante i due verbi implicati siano a volte tanto integrati semanticamente da essere sostituibili da verbi unici (il che ci riporta al discorso sull'integrazione lessicale, vedi l'esempio danese (53e)).

(53a) / så / han <u>skynder sig</u> / at lukke bogen / (DMB2)
[quindi / si sbriga / a chiudere il libro]
(53b) / lukker han {<u>hurtigt</u>} bogen / (DSA2)
[lui chiude {velocemente} il libro]
(53c) / l'uomo chiude {<u>di colpo</u>} il libro / (ISA8)
(53d) / e allora / deve chiudere {<u>in tutta fretta</u>} la pagina / (IMB1)
(53e) / og Mr. Bean {<u>klapper</u>} så bogen sammen / (DMB3)
[e Mr. Bean {batte} poi il libro insieme]

(54a) / l'uomo <u>si appresta</u> / ad uscire / (ISA8)
(54b) / e esce, / <u>subito immediatamente</u> / (IMB12)

Non è sempre facile decidere se l'apporto semantico del verbo modificatore sia solo o prevalentemente aspettuale, per cui bisogna operare con una u.i.[58], o se vada invece interpretata come circostanziale di maniera. Vedi i costrutti perifrastici riportati sotto in (55a)-(55c), e le testualizzazioni della stessa scena in (55d)-(55g), che sembrano in effetti riprendere, benché in maniera più specifica, la semantica dei verbi modificatori. Anche in questi casi è in larga misura il confronto concreto dei testi a decidere quale soluzione vada scelta:

---

[56]Nella terminologia di Halliday (1994:280): «hypotactic verbal group complex» definita appunto come «being intermediate between the simple verbal group [...] and the clause complex».
[57]Vedi Halliday (1994:282) che elenca i seguenti verbi modificatori di *modulation*: «**Time**: begin by, end up (do first/last), tend to do (do typically); **Manner/Quality**: insist on doing, hasten to do, venture to do, hesitate to do, regret to do; **Cause/Reason/Purpose**: happen to do (do by chance), remember/forget to do.» Interessante, nell'ottica della correlazione prototipica menzionata prima, il commento di Halliday su questo gruppo di perifrasi (ibid:282): «Probably all of these would turn out to be metaphorical...»
[58]Vedi anche la seguente definizione di 'aspetto' di Fleischman (1990:19): «...aspect is not a relational category, nor is it deictic; it is not concerned with relating the time of a situation with any other time point, but rather with how the speaker chooses to profile the situation.»

(55a)   / e lui <u>si ritrova a</u> / colorare sul libro / (ISA3)
(55b)   / gli <u>capita</u> di / disegnare direttamente sul libro (ISA1)
(55c)   / og han <u>kommer til</u> / at tegne i bogen / (DMB7)
         [e gli 'viene' a / disegnare nel libro]

(55d)   / og <u>intetanende</u> / tegner han videre / med tuschen / (DSA8)
         [e 'nonsapente'/ disegna ancora / con il pennerello]
(55e)   / e lui {<u>non accorgendosene</u>} continua a scrivere / (ISA11)
(55f)   / og det <u>ser han ikke</u>, / og han, begynder at- tegne, videre / (DMB4)
         [e non lo vede, / e lui, comincia a- disegnare, ancora]
(55g)   / Mr. Bean <u>non se ne cura</u> / e continua {<u>distrattamente</u>} a ricalcare «direttamente» sulla pagine del testo / (ISA10)

Problemi simili sono posti da un altro tipo di costrutto, formato anch'esso da due verbi. Si tratta dei costrutti causativi del tipo *fare + infinito/få til + infinito* (il verbo *få* può essere descritto come la variante dinamica/perfettiva del verbo *have/avere* allo stesso modo di *blive/diventare* rispetto a *være/essere*[59]), che possono essere interpretati come designanti una singola azione assai complessa, o come designanti invece (premesso che i soggetti logici siano diversi[60]) due messe in relazione di cui la prima (espressa dai verbi *fare/få til*) fa riferimento non a una azione/evento, ma ad una relazione di secondo grado, di causa-effetto[61].

Gli esempi in (56a)-(56d) e quelli in (56e)-(56h) testualizzino tutti, in maniera esplicita, tre distinte unità di informazione: da una parte, **due azioni compiute da due soggetti diversi,** [*lo starnutire di Mr. Bean*] e [*il volare per terra della carta*], e, dall'altra, **una messa in relazione di causa-effetto**[62]. Negli esempi (56a)-(56d), i correlati concreti della messa in relazione di secondo grado consistono nell' elemento causativo (*fare/få til*) del costrutto causativo, in grassetto. Si noti, inoltre, come l'uso dei sostantivi deverbali – *starnuto, sternuto, nys* – relega sempre più sullo sfondo il soggetto logico dell'attività, cioè Mr. Bean.

(56a)   / starnutendo, / **fa** / spostare il foglio / (ISA9)
(56b)   / ma / un colpo di starnuto / **gli fa** / spostare tale foglio / (ISA4)

---

[59]In molti casi *få* corrisponde più o meno all'italiano *ottenere/ricevere*, ma viene impiegato però in una serie di costrutti con un valore ben più vago, fino alla piena grammaticalizzazione in diverse perifrasi verbali, simile quindi all'inglese *get*. Bisogna inoltre distinguere fra il costrutto causativo *få til + infinito* e il costrutto *få + participio passato*, che funziona o come perifrasi verbale con valore risultativo, molto usato nel parlato (vedi «så han er nødt til at prøve at få den klippet af» (DMB2) [allora è costretto a cercare di 'ricever'-lo tagliato]; oppure come un tipo di passivo, vedi l'esempio (42i) di prima «så får han en bog overrakt» [allora 'riceve' un libro consegnato].
[60]Criterio adoperato anche nella circoscrizione delle perifrasi fasali/modali: 'vuole fare in fretta' è considerata una unità informativa, mentre 'vuole che l'altro faccia in fretta' vale come due unità informative.
[61]Vedi la dettagliata discussione di questa problematica in Skytte (1983:49ff), che propone una soluzione diversa – (1983:53): «considero il costrutto *f + inf.* (=*fare, lasciare* + inf.) come un verbo o una unità verbale transitiva...» – ma in cui mi sembra comunque di poter trovare indizi a conferma della posizione presa qui, vedi per esempio (1983:53): «Nel *f + inf.*, l'infinito esprime il contenuto semantico principale, mentre *f* serve a modificarne il significato in senso causativo...»
[62]Vedi la definizione in Serianni (1988/1997:383): «far fare qualcosa a/da qualcuno; una specie di cooperazione tra i due soggetti, quello grammaticale del verbo causativo e quello logico dell'infinito, giacché il primo mette in moto l'azione del secondo: io faccio che x faccia qualcosa.»

(56c) / infatti il foglio di carta {sul quale Mr. Bean scriveva} {è fatto} volare via / da uno sternuto / (ISA11)
(56d) / et {kæmpe}nys / **som får** / {kalker}pabliet papiret til at flyde på gulvet / (DMB5)
[uno starnuto-{gigante} / che fa / volare sul pavimento la carta {velina}]

Negli esempi (56e)-(56h), invece, lo stesso rapporto di causa-effetto è esplicitato in maniera più autonoma, da congiunzioni consecutive, o da verbi con un evidente valore consecutivo:

(56e) / men / er {så} uheldig / at komme til at nyse / **således** / at papiret blæser væk / (DSA6)
[ma / è {così} sfortunato / che gli capita / di starnutire / così che / la carta vola via]
(56f) / ma / un {violento} starnuto / **fa sì che** / si trovi a colorare / (ISA8)
(56g) / non riesce a trattenere uno starnuto / **che provoca** / lo sfasciamento del foglio / (ISA10)
(56h) /...nyser han dog {ganske kraftigt} / **hvilket resulterer i** / at {pergament}papiret flyver på gulvet / (DSA6)
[...starnutisce {assai violentemente} / il che risulta nel fatto / che la carta {velina} vola per terra]

A complicare l'analisi c'è comunque il fatto che, non di rado, un unico verbo sembra in grado di esprimere in maniera esauriente la semantica complessa del costrutto causativo. Il problema può essere illustrato confrontando l'uso rispettivamente intransitivo e transitivo dello stesso verbo *blæse* (equivalente più o meno all'inglese *blow*), intransitivo nell'esempio (56e), e transitivo in (56i) e (56j), che riprendono la stessa sequenza del video:

(56i) / at {hans nys} <u>blæste</u> {mellemlægs}papiret af / (DSA1)
[che {il suo starnuto} soffiò via la carta {velina}]
(56j) / at {hans nys} <u>har</u> så <u>blæst</u> det her papir væk / (DMB3)
[che {il suo starnuto} ha poi soffiato via questo foglio qui]

Nella segmentazione dei testi – specialmente in vista di quell'omologazione delle unità di informazione che è necessaria per mettere a confronto le varie testualizzazioni – ci servono dei criteri che indichino quando valutare i costrutti causativi come due unità di informazione (come ci spingono a fare gli esempi (56e)-(56h)) o invece come una unità di informazione (come indicano invece gli esempi (56i)-(56j)). Sarà preso in considerazione innanzitutto il grado di **interdipendenza semantica** all'interno dell'azione complessiva, di cui un primo requisito è costituito dalla presenza esplicita di un evento che precede l'evento designato dal verbo nucleare del costrutto causativo e a cui si collega esplicitamente l'elemento causativo. Questo criterio ci rende in grado di distinguere fra esempi come quelli riportati sopra e altre espressioni, impieganti sempre costrutti causativi (con per di più soggetti logici diversi), ma dove non è presente (o non è esplicitato) un evento, stato, azione precedente – come è il caso infatti in molti costrutti fissi, quali *far sapere, far notare* ecc[63]. A volte però è il confronto delle scelte concrete dei locutori a indicarci se nella rappresentazione di una specifica situazione sia parso generalmente pertinente operare con una o due u.i., soluzione contingente, ma necessaria e legittima.

Abbiamo così anticipato il discorso sulle relazioni di secondo grado che, anche se denotate prototipicamente da congiunzioni, sono esprimibili – come si è visto – con una serie di costrutti concreti diversi; ed abbiamo illustrato inoltre l'affinità semantica delle perifrasi circostanziali (di *modulation*) con espansioni del verbo tramite avverbi o sintagmi preposizionali. In entrambi i casi è apparso il fenomeno dell'integrazione lessicale, che ci ha costretto a individuare due messe in relazione in un solo verbo. Possiamo illustrare la posizione peculiare di questi costrutti con la seguente figura:

costrutti causativi:
  cong. consecutiva + verbo nucleare --> *fare/få til at* + verbo nucleare --> lessema unico

costrutti di *modulation*:
  verbo nucleare + avverbio/sint.prep. --> verbo modificatore + verbo nucleare --> lessema unico

(figura 6.4)

Le stesse difficoltà a decidere se un certo lessema esprima una singola u.i., o se si tratti invece di integrazione lessicale di due u.i. (comportando una elevata e indesiderata atomizzazione del testo) sono insite anche in (57d) e (57e), da confrontare con gli esempi paralleli (57a)-(57c). In questi esempi – come per le perifrasi di *modulation* – viene specificata una determinata maniera in cui si svolge l'evento:

    (57a) / øhm, og <u>ser</u> {bebrejdende} på ham / (DMB1)
             [ehm, e guarda {rimproverante} a lui]
    (57b) / proprio a causa / delle <u>occhiate</u> {torve} dell'altro lettore / (ISA6)
    (57c) / sotto / lo <u>sguardo</u> {severo} dell'altro signore /
    (57d) / e gli manda {<u>occhiatacce</u>} / (ISA8)
    (57e) / manden {<u>skuler</u>} til Mr. Bean / (DSA5)
             [l'uomo {guarda-male} a Mr. Bean]

Anche in questi casi, la soluzione di considerare (57d) e (57e) come casi di integrazione lessicale (e quindi due u.i.), si basa in larga misura sul confronto inter- e intralinguistico delle testualizzazioni, e sulla tendenza generale di presentare la specificazione della maniera in cui si produce l'azione come una vera **aggiunta** di informazione, dissociabile quindi dall'immagine mentale evocata dall'azione in sé.

---

[63] Vedi anche qui Skytte (1983:53): «In molti casi è addirittura possibile sostituire *f* + *inf.* con un verbo singolo (cioè, con una sola radice), p.es. *far comprendere – spiegare; far sapere – avvisare*...»

Diversamente sono state trattate invece alcune espressioni in cui, sebbene anche qui si tratti in qualche modo di una messa in relazione fra un'azione e una espansione di maniera, l'integrazione semantica delle due parti è così stretta da costringerci praticamente a considerarle come concettualmente inerenti. Infatti, in questi casi il verbo esprimente l'azione sembra fungere quasi solo da **verbo di supporto** già implicito nella specificazione, vedi appunto espressioni quali le seguenti unità lessicali superiori *camminare in punta di piedi* o *parlare a voce bassa* (da confrontare con i lessemi semplici danesi *liste* e *hviske*), in cui il verbo è praticamente eliminabile senza cambiamento o perdita di significato (torneremo su questa problematica in 6.3.3).

Gli esempi paralleli, citati ora e sopra, servono non solo ad illustrare la segmentazione dei testi, ma anche a dare un'idea del processo di omologazione delle u.i., che adopera necessariamente una nozione di sinonimia estesa rispetto a quella convenzionale (vedi anche 8.1.1)[64].

Sono considerate unità di informazione valide anche costruzioni con **ellissi verbale**, cioè casi in cui un verbo esplicitato in un dato enunciato, viene sotteso nell'enunciato seguente o poco distante (in modo non tanto diverso da un soggetto zero). Il problema legato all'ellissi verbale risiede soprattutto nella stessa definizione di 'ellissi'. Non mi soffermerò sulle discussioni in proposito[65]; premetterò però che qui l'ellissi sarà sempre valutata in termini (anche) semantici. Si tratta di decidere – nei casi in cui più sostantivi elencati denotanti entità sembrano 'appoggiarsi' allo stesso verbo – se l'immagine mentale evocata operi veramente con una 'reiterazione' implicita del verbo, assegnando quindi un profilo indipendente, anche da un punto di vista temporale, ad ogni ricomparsa di sostantivo, o se si tratti invece di un participante unito, unico, benché costituito da più elementi[66]. Negli esempi (58)-(60) la presenza di elementi avversativi (*ma*) o l'indicazione di non-contemporaneità (*prima-poi/og bagefter*) legittimano e facilitano la delimitazione di separate u.i. 'imperniate' su un verbo ellittico. In altri esempi, come in (61a), è più difficile effettuare questa delimitazione, ed è necessario ricorrere al confronto con testualizzazioni parallele che ci illustrino come i locutori concepiscono generalmente l'evento in questione; vedi qui (61b), in cui il verbo è dato esplicitatamente, e (61c), che adopera un esplicito segnale di successione temporale. Altri indizi a favore di una lettura di ellissi verbale sono, nelle testualizzazioni parlate, vari segnali di esitazione.

(58)   / si trovi / a colorare non la superficie di un foglio / ma / (Ø) il testo stesso. / (ISA8)

---

[64]Partendo dalla definizione di *sinonimia* data nello Zingarelli (1983): «condizione di intercambiabilità di parole **in ogni contesto dato**, senza sostanziali variazioni di significato», nel presente lavoro si potrebbe sostituire «in ogni contesto dato» con «nel contesto di questo corpus». Va inoltre sottolineato, come mostrano gli esempi dati, che la sinonimia non concerne singole parole, ma invece i correlati concreti di una messa in relazione che possono essere parti di testo ben più estese.

[65]Vedi una discussione dettagliata delle varie accezioni della nozione 'ellissi' in Korzen (1998a).

[66]Ci troviamo, con questi esempi, in una zona 'grigia' in cui è effettivamente difficile distinguere fra *conceived situation* e *construal*; vedi anche Givón (1994:52) che confronta due esempi paralleli, caratterizzando il primo, «She talked to Bill, then to Sally, then to Joe», come «construed as separate events», e il secondo, «She talked to Bill, Joe and Sally», come «construed as a single event».

(59) / usando prima una gomma / poi / (Ø) il bianchetto, / aggrava la situazione; / (ISA5)
(60) / og så / kommer bibliotekaren hen til ham, / og bagefter / (Ø) til den anden mand / (DMB7)
[e poi / il bibliotecario viene da lui, / e dopo / (Ø) all'altro uomo]

(61a) / e inizia a tirar fuori dei fogli / e (Ø) un portapenne. / (ISA3)
(61b) /...prende dei fogli, / li pone sul tavolo/ e-, prende anche il {suo portapenne}, / (IMB13)
(61c) / og Mr. Bean begynder at pakke ud, / lægger {sin blok} / og (Ø) {sit papir} / og så / (Ø) et {pænt {lille penalhus}} / (DMB3)
[e Mr. Bean comincia a 'ex-pacchettare', / mette {il suo notes} / e (Ø) {la sua carta} / e poi / (Ø) un {carino {piccolo astuccio}}]

Un procedimento simile sarà adottato in costruzioni comparative con *come*; in (62) è palese un sottinteso *fanno* (pro-forma verbale), mentre in (63)-(65) l'ellissi sembra corrispondere invece ad un *se fosse*. Che si scelga l'una o l'altra interpretazione non ha comunque conseguenze per il fatto di considerare la costruzione una u.i. separata. Il problema risiede piuttosto – appunto per quella sovrapposizione di criteri morfologici e criteri sintattici a cui ho accennato prima – nel valutare se, collocando questo tipo di correlato concreto nella nostra graduatoria, esso vada fatto rientrare nella categoria dei verbi o invece in quella delle congiunzioni/preposizioni[67].

(62) / eh dopo... prim, inizia a mettersi i {guanti bianchi}/ come (Ø) gli altri,/ che consultano i libri,/ (IMB2)
(63) / di usare il bianchetto {come (Ø) smalto} sulle unghie/ (IMB2)
(64) / Han har nu sat mappen op / som (Ø) skjold / (DSA10)
[Lui ha ora messo la cartella su / come (Ø) schermo]
(65) / så / hele hans ansigt er svulmet op / som (Ø) en ballon / (DSA10)
[in modo che / tutta la sua faccia è gonfia / come (Ø) un pallone]

6.3.2 *Sostantivo + aggettivo versus qualità, verbo + avverbio versus maniera*

Passiamo ora ad un altro gruppo di costrutti, comprendenti da una parte quelli formati da **sostantivo + aggettivo**, denotanti prototipicamente messe in relazioni fra un'entità ed una determinata qualità, e dall'altra parte quelli formati da **verbo + avverbio**, che denotano prototipicamente una messa in relazione fra un evento ed una determinata maniera in cui si svolge tale evento.

È stato fatto accenno varie volte ai problemi connessi a questo tipo di costrutti, problemi scaturiti in larga misura dal fatto che le messe in relazione denotate prototipicamente da essi sono **meno esplicitamente relazionali** di quelle denotate sia dai costrutti verbali, che dai costrutti con congiunzioni e con preposizioni. Le messe in relazione che hanno la funzione di specificare o modificare un elemento

---

[67] Da notare che *come* è considerato a volte congiunzione (introducente sia frasi verbali che frasi nominali), a volte invece preposizione.

del discorso, aggiungendo ad esso un determinato tratto descrittivo, sono naturalmente dipendenti dall'elemento descritto, e ricoprono quindi di norma una posizione subordinata, a livello cognitivo e a livello sintattico. In altre parole: non è sorprendente che la rappresentazione di grado zero, prototipica, non marcata, di queste messe in relazione avvenga per mezzo di costrutti posti al polo più integrativo della nostra graduatoria. Le difficoltà sorgono quando non è chiaro se si tratti veramente di una messa in relazione o se siano invece due elementi di significato legati fra di loro da inerenza concettuale, e di conseguenza incapaci di costituire una vera unità di informazione. Il dilemma è particolarmente evidente nei casi in cui il confronto dei testi ci presenta come paralleli, da una parte, un costrutto a due elementi (sostantivo + aggettivo o verbo + avverbio), e dall'altra un unico lessema (vedi negli esempi (57a)-(57e) citati sopra *occhiate torve* <-> *skuler*).

Prima di illustrare questa problematica con altri esempi, vorrei far vedere diverse soluzioni prototipiche che non pongono problemi di eventuale inerenza concettuale, e confrontarle con testualizzazioni alternative, in particolare di stampo più spartitivo, che adoperano cioè più materiale linguistico.

Come equivalenti del costrutto sostantivo + aggettivo, a livello di denotazione di messa in relazione, sono prese in considerazione, ovviamente, le espressioni in cui un **verbo di tipo copulativo** esplicita la relazione fra le due parti – confronta gli esempi (66a)-(66b) e (66c)-(66d):

(66a) / e- e chiede- al bibliotecario un {libro, molto antico} / (IMB6)
(66b) / og så / kommer der en-øh, en bibliotekar så / med en {gammel bog} / meget fin {gammel bog} / (DMB2)
       [e poi / viene un-eh, un bibliotecario / con un {vecchio libro} / molto bello {vecchio libro}]

(66c) / mm che- consegna-, il libro / richiesto, / e tra l'altro è un libro molto antico / (IMB9)
(66d) / og begynder at viske i denne her bog / som er en meget gammel bog, / (DMB1)
       [e comincia a cancellare in questo libro qua / che è un libro molto vecchio,]

Rispetto a quanto detto sopra sulla correlazione prototipica, va aggiunto che, benché sia ovvio che il costrutto sostantivo + aggettivo denoti prototipicamente una messa in relazione fra entità e qualità, lo stesso tipo di messa in relazione è codificato quasi altrettanto spesso da una frase con copula, in cui l'aggettivo ha funzione predicativa. Quale tipo di testualizzazione sia predominante dipende in larga misura dalla tipologia testuale, in quanto un testo descrittivo tende a mettere in primo piano informazioni di carattere descrittivo e di solito più statico, mentre un testo narrativo in genere non le trova abbastanza pertinenti da mettere in rilievo con espedienti spartitivi. Nel nostro corpus, di stampo narrativo, le messe in relazione di specificazione di entità non sono frequentissime, e sono di norma codificate senza copula – con la premessa significante, però, che i testi parlati sono caratterizzati da una generale strategia spartitiva.

Gli esempi seguenti, sulla relazione fra *libro* e *prezioso*, presentano invece soluzioni meno prototipiche: (67a) illustra l'**anteposizione dell'aggettivo in italiano**, un espediente integrativo con effetto di *backgrounding*, di cui non esiste il parallelo in danese dato che l'aggettivo è sempre anteposto nel sintagma sostantivale; in (67b), **il costrutto preposizionale con sostantivo deaggettivale** rappresenta invece un piccolo passo in direzione della spartizione; in (67c), oltre alla presenza di un *nomen qualitatis*, incontriamo l'impiego del costrutto sostantivo + aggettivo in qualità di **frase nominale**.

(67a) / e richiede / la consultazione di un {antico e {prezioso {libro miniato}}};/ (ISA7)
(67b) / il libro è un libro antico,/ e quindi / di pregio,/ (ISA1)
(67c) / Libro pregiato,/ come si diceva./ E la scena viene giocata tutta sulla (preziosità del libro)./ (ISA4)

L'uso del costrutto sostantivo + aggettivo come frase nominale, come anche l'uso frequente di incise appositive, sottolinea il valore relazionale intrinseco dell'aggettivo[68]. Le apposizioni di questo stampo, nonché le vere e proprie relative, sono entrambe soluzioni spartitive che offrono al locutore danese la possibilità di posporre l'aggettivo e di accentuare così la messa in relazione fra entità e qualità – confronta gli esempi danesi in (68a) e (68b), e anche l'esempio (66b) citato sopra:

(68a) / æh... tager {hvide handsker} frem / (DMB1)
 [ehm... tira {bianchi guanti} fuori]
(68b) / så / finder han handsker frem, {hvide handsker} frem... (DMB8)
 [poi / tira guanti fuori, [bianchi guanti] fuori...]

Anche negli esempi seguenti (69a)-(69c) è evidente la funzione di apposizione dell'aggettivo, da confrontare con la testualizzazione più spartitiva in (69d) e (69e):

(69a) / allora / disperatissimo / non sa come fare / (IMB1)
(69b) / e- e così {tutto spaventato} cerca- mm, cerca il modo-... (IMB6)
(69c) / preso dalla disperazione / non sa cosa fare / (IMB3)
(69d) / a questo punto / lui è disperato,/ e cosa fa? / (IMB2)
(69e) / il panico si impadronisce di lui, / non sa più cosa fare / (IMB3)

Un uso dell'aggettivo molto simile, diffuso specialmente in italiano, lo troviamo negli esempi seguenti, in cui è difficile dire se l'aggettivo qualifichi il soggetto dell'azione (come sembrerebbe da un punto di vista formale) o qualifichi invece l'azione di per sé, ricoprendo una funzione avverbiale:

---

[68]Confronta con lingue come il russo in cui l'uso di elementi copulativi è ben più limitato.

(70) / comincia a sfogliarlo / <u>felice</u> / (ISA14)
(71) / lo sta per, per assalire, / <u>infuriato</u> / (IMB12)
(72) / comincia a cancellare- / <u>agitatissimo</u> / (IMB12)

Confrontando questi esempi con quelli danesi in (73)-(77), l'equivalenza a livello logico-semantico è palese, anche se negli esempi danesi la messa in relazione è espressa da un nesso inequivocabilmente avverbiale: o con avverbi derivati dall'aggettivo con l'aggiunta di una -*t* (vedi (73)-(75)), o con l'impiego avverbiale del participio presente in -*ende* (sia participi semplici, in (76), sia participi 'espansi', in (77), che inglobano un argomento verbale che nel modo finito appare a sé stante[69]).

(73) / Han kigger {<u>nysgerrigt</u>} på billederne / (DSA2)
  [Lui guarda {curiosamente} alle immagini]
(74) / som, studerer {meget <u>seriøst</u>} i {sin bog}, / (DMB10)
  [che, studia {molto seriamente} nel {suo libro}]
(75) / og {hans sidemand} begynder at skele {<u>mistænksomt</u>} til ham. / (DSA4)
  [e {il suo vicino} comincia a sbirciare {sospettosamente} a lui]
(76) / øhm, og ser {<u>bebrejdende</u>} på ham... /(DMB1)
  [ehm, e guarda {rimproverante} a lui]
(77) / som han så kaster sig {<u>glædestrålende</u>} over / (DSA4)
  [su cui poi si butta {raggiante-di-gioia}]

In italiano, la procedura derivazionale parallela o più simile all'aggiunta della -*t* in danese, consiste nell'aggiunta del suffisso -*mente*:

(78) / Si infila {<u>meticolosamente</u>} un paio di {guanti bianchi}/ (ISA5)
(79) / starnutisce {<u>fragorosamente</u>} / (ISA13)

La derivazione in -*mente* costituisce però una procedura meno produttiva di quella danese, e anche quando possibile, viene spesso percepita come 'pesante', per cui sono preferite locuzioni analitiche più spartitive. Riscontriamo così l'uso frequente di **sintagmi preposizionali del tipo *in maniera* + aggettivo, *col fare* + aggettivo, *in modo* + aggettivo**, vedi (80) e (81); costrutto usato anche, benché più di rado, in danese, specialmente quando il termine che deve qualificare il verbo non rientra nella categoria degli aggettivi, vedi (82) e (83).

(80) / lo guarda, eh / <u>col fare</u> abbastanza <u>severo</u> / (IMB5)
(81) / e- guardato, {<u>in modo</u> abbastanza <u>sconcertato</u> chiaramente} da i due-... / (IMB5)

(82) / sniger han sig / afsted henover gulvet / <u>på</u> en {dum} <u>slow-motion-måde</u>, / (DSA8)

---

[69] Vedi costrutti come *hjerteskærende* (tagliante-cuore), *gruopvækkende* (suscitante-orrore), *iøjnefaldende* (saltante-agli-occhi), ecc.

[si muove-in-modo-furbesco / attraverso il pavimento / in una {stupida} maniera da slowmotion]

(83) / så / han lister sig / ind, / på den der {sædvanlige} Mr. Bean facon, / (DMB8)
[quindi / cammina-in-punta-dei-piedi / dentro / in quella {solita} maniera da Mr. Bean]

Altrettanto frequente è l'uso della forma sostantivale dell'aggettivo accompagnata da una preposizione, spesso *con*, che in questi contesti assolve praticamente la funzione di morfema grammaticale avverbializzante – vedi gli esempi (84)-(86a):

(84) / arriva il signore / che porta il libro, / con molto... diciamo così rispetto / (IMB3)
(85) / si avvicina / con cautela / (IMB4)
(86a) / procede {con molta attenzione} sul palchetto [sic!]/ (ISA5)

Passiamo ora alle testualizzazioni massimamente spartitive che assegnano un' intera frase finita alla messa in relazione qualificatrice del verbo. Le soluzioni in (86b) e (87), da un punto di vista formale, consistono di un aggettivo seguito da un complemento dell'aggettivo, quindi un sintagma aggettivale. A livello semantico è comunque evidente la funzione avverbiale dell'aggettivo, cioè quella di specificare l'azione che è espressa nel complemento (il termine *passi* è considerato in questo contesto come equivalente ad un sostantivo deverbale, vedi gli esempi paralleli in (86a) e (86c)). In termini di integrazione versus spartizione, la procedura seguita in questi esempi è simile a quella impiegata nelle frasi scisse e pseudoscisse.

(86b) / sta attento / anche ai passi che fa / (IMB1)
(86c) / fa molta attenzione / a mettere i piedi / (IMB10)
(87a) / så / han er hurtig / til lige at bytte dem om, / (DMB4)
[quindi / è veloce / a scambiarli]

Un'altra maniera di assegnare più materiale linguistico alla specificazione di maniera e di metterla quindi in rilievo, è l'uso di verbi dal significato molto generico di 'azione' o 'evento' o 'comportamento' (vedi i verbi messi in rilievo in (87b), (88) e (89)). Questi verbi hanno solo la funzione di **supporto** all'elemento avverbiale, e perciò non saranno considerati u.i. a sé stanti. Va aggiunto che ovviamente anche i corrispondenti sostantivi deverbali possono adempiere a tale funzione di supporto; vedi gli esempi (90a) e (90b), a mio avviso del tutto paralleli.

(87b) / decide di sostituire il libro [...] ovviamente **fa** tutto velocemente / (IMB10)

(88) / hvor han tager {sine bøger} {stille roligt[70]} op [...] og det **foregår** alt sammen meget forsigtigt / (DMB2)
[dove tira fuori i {suoi libri} {molto tranquillamente} [...] e avviene tutto molto cautamente]

(89) / ja så / **går** det lidt besværligt / med at åbne {sit penalhus} / (DMB2)
[sì poi / va un po' difficoltosamente / con l'aprire {il suo astuccio}]

(90a) / il-, il {suo vicino} {però} lo lo guarda, / con curiosità / perché / certo non è normale **comportarsi** in questo modo / (IMB12)
(90b) / che si stupisce del {suo strano **atteggiamento**} / (ISA7)

Solo di supporto, e quindi non u.i. indipendenti, sono anche i sostantivi in grassetto in (91)-(93) che traducono, in maniera più integrativa e più ricercata (non a caso sono tutti testi scritti), verbi copulativi del tipo *sembrare, essere, se ud*:

(91) / dall'**aspetto** molto buffo / e dall'**indole** innocente, / quasi infantile. / (ISA12)
(92) / con **aria** fiera / e acculturata / (ISA12)
(93) / Mr. Bean træder ind på et bibliotek / med en temmelig støvet / og mørk atmosfære / (DSA4)
[Mr. Bean entra in una biblioteca, / con una alquanto polverosa / e buia atmosfera]

Strategia equivalente la troviamo nell'esempio seguente (94a), in cui il termine generico *sted* (=*posto*) riprende l'entità appena introdotta[71], aggiungendo ad essa una qualifica. L'esempio presenta inoltre una costruzione simile alla frase scissa o pseudoscissa, portando così ad un 'raddoppiamento' del grado di spartizione (una testualizzazione parallela, più integrata, in questo caso costruita, potrebbe essere «entra in una biblioteca / molto silenziosa»).

(94a) / og han kommer ind på et bibliotek [...] / i øvrigt øh virker det som **et sted** der er meget stille / (DMB8)
[ed entra in una biblioteca [...] / fra l'altro ehm sembra come un posto che è molto silenzioso]

---

[70]«Stille roligt» è un tipico esempio di due termini dalla semantica molto simile che si combinano in un'unica unità lessicale, e sono considerati quindi come una sola u.i.; vedi esempi simili, ricorrenti specialmente in danese:
- / han hopper og springer [...] de brædder, / som der... der knager... og knirker / (DMB10)
 [lui saltella e salta [...] le assi / che... che cigolano... e scricciolano]
- / og han går glad og tilfreds ud af salen. / (DSA10)
 [ed esce contento e soddisfatto dalla sala]
- / så / er der sider her og der og allevegne / (DMB3)
 [poi / ci sono pagine qui e lì e dappertutto]

[71]Vedi D'Addio Colosimo (1988:143) che cita Halliday-Hasan (1976:274) e menziona «...una classe di *nomi generali*, cioè nomi di vasta latitudine semantica che, proprio per questa loro natura, possono facilmente istituire un rapporto di inclusione con altri nomi comparsi precedentemente nel testo. Si tratterebbe, secondo questi autori, di «a small set of nouns having generalized reference within major noun classes, those such as 'human noun', 'place noun', 'fact noun', and the 'like'...»«

Concludiamo l'illustrazione di strategie spartitive (e quindi di soluzioni non prototipiche) con due esempi dell'uso di un **sostantivo deaggettivale** – confronta gli esempi paralleli (94a) e (94b):

(94b) / In una biblioteca {in cui vige l'assoluto silenzio [...] si ritrova questo personaggio / (ISA12)
(95) / la sua meticolosità / nel maneggiarlo / ha dell'incredibile / (ISA9)

Gli esempi finora citati, quale che sia la testualizzazione scelta, non ci pongono grosse difficoltà riguardo alla delimitazione dell'unità di informazione: è abbastanza facile (anche dal confronto dei testi) individuare una messa in relazione fra due elementi distinti, entità e qualità, oppure azione e maniera. Abbiamo comunque visto sopra come, per quanto riguarda l'avverbio, possa essere complicato stabilire un confine preciso fra un unico nucleo verbale complesso e una combinazione invece di verbo di base e elemento aggiunto che qualifichi e descriva l'azione denotata dal verbo. Queste difficoltà sono evidenti nella circoscrizione di costrutti perifrastici, dove a volte sembra opportuno parlare di **veri e propri continua**, in cui, da un polo, si situano costrutti con un inequivocabile statuto di **nucleo verbale unico**, e dall'altro, costrutti con un altrettanto inequivocabile statuto bipartito di **verbo + modificatore**. Fra questi due poli troviamo una serie di costrutti a cui a volte è impossibile decidere quale statuto assegnare[72]. Vedi per esempio (96a)-(96e), testualizzazioni che costituiscono, a mio avviso, un passaggio dalla perifrasi verbale in (96a) con indiscutibile valore di singola u.i., alla evidente combinazione di verbo + esplicitazione di maniera in (96e), e fra di loro testualizzazioni di carattere più indefinito (96b), (96c) e (96d), in cui le scelte di segmentazione sono più arbitrarie:

(96a) / e cerca di non disturbare- / (IMB6)
(96b) / si sforza di non fare rumore / (ISA8)
(96c) / aveva cercato in un sacco di modi / di evitare i rumori / (IMB10)
(96d) / fa di tutto / per non far rumore / (IMB3)
(96e) / adottando ogni cautela / per essere il più silenzioso possibile / (ISA11)

Qui, come in molti altri casi, le difficoltà riguardo alla delimitazione scaturiscono in larga misura dal **carattere intrinsecamente scalare della lingua**, a livello di sistema e di *usus*. Come detto in cap. 2, la natura scalare della lingua costituisce un assioma di base nel presente lavoro, a cui si correlano i riferimenti sovente alle nozioni di **continuum** e di **prototipicità**. Però, anche se a livello sia teorico che descrittivo l'approccio scalare rende più giustizia ai reali fenomeni linguistici di quello bipolare, non c'è dubbio che, in una concreta situazione di analisi come la presente, ci pone di fronte a seri problemi: come trattare i fenomeni che si trovano a metà di un certo continuum?

---

[72]Vedi Halliday (1994:281): «Once again these forms [Hypotactic verbal group complex:conation] are related to tense and modality, the hypotactic verbal group complex being intermediate between the simple verbal group, as in *has done, has to do*, and the clause complex, as in, say, *by trying hard Alice reached the key*.»

Negli esempi seguenti il problema consiste nel decidere se la specificazione di una qualità di una certa entità vada considerata un'aggiunta di informazione (come sembrano indicare le testualizzazioni in (97a) e (97b)), o se la qualità in questione sia invece inerente nello stesso profilo nominale dell'entità (la lettura a cui sembrano spingerci invece gli esempi (97c)-(97g)):

(97a) / på et {lille stykke {<u>tyndt</u> papir} / (DMB2)
        [su un {piccolo foglio di {carta sottile}]
(97b) / attraverso un {foglio <u>trasparente</u>} / (ISA4)
(97c) / øhm hvor han lægger et stykke papir over, / det er så <u>kalker</u>papir / (DMB7)
        [ehm su cui posa un foglio di carta, / è poi carta copiativa]
(97d) / med sån et øhm hvad hedder det {<u>overtegnings</u>}papir / (DMB4)
        [con un tale ehm come si chiama carta {da ricopiatura}]
(97e) / con una carta {<u>velina</u>} / (IMB2)
(97f) / eh con un foglio di carta {<u>lucida</u>} / (IMB6)
(97g) / prende un {<u>lucido</u>} / (IMB3)

Come si vede dalle parentesi graffe, ho scelto di far valere le espressioni sottolineate come unità di informazione a sé stanti, ripiegando quindi in alcuni esempi sul concetto di **integrazione lessicale**. L'integrazione non è tanto forte negli esempi danesi (97c) e (97d), in cui, anche se integrati in un solo termine, sono ancora presenti i due elementi della messa in relazione; più spiccata invece nell'esempio italiano (97g), in cui il sostantivo (*foglio/carta*) indicante l'entità portatrice della qualità, è stato inglobato come elemento implicito nell'aggettivo (procedura molto comune in italiano).

I costrutti seguenti svolgono le stesse funzioni di specificazione di un'entità, e ci pongono gli stessi problemi. Nel primo tipo di costrutto è coinvolto l'uso dei **pronomi possessivi** (non a caso considerati spesso la controparte aggettivale dei pronomi personali). Come si è visto in molti degli esempi menzionati, espressioni come *il suo libro* e *la sua borsa* sono state messe fra parentesi graffe, trattate quindi come messe in relazione a sé stanti – interpretazione confermata da testualizzazioni parallele, vedi (98b) e (98c) e anche (99c), che esplicitano quale sia lo specifico rapporto di appartenenza fra il soggetto intrinseco al pronome possessivo e l'entità indicata dal sostantivo.

(98a) / sostituisce {il <u>suo</u> testo} con {quello del {vicino}} / (ISA6)
(98b) / arriva il, il guardiano-,/ a portare appunto {il <u>suo</u> li, il libro <u>che aveva richiesto</u>} / (IMB2)
(98c) / sostituisce il libro {<u>che aveva usato lui</u>} con quello {che, aveva avuto questo signore}/ (IMB1)

(99a) / tira fuori {dal ehm, dal suo eh, dalla <u>sua</u> valigetta} ehm portapenne... / (IMB9)
(99b) / allora, / eh mette una valigia, {la <u>propria</u> valigia}, eh tra sé stesso e l'altro {lettore} / (IMB5)

(99c) / quindi un tipo elegante / che entra / <u>tra, trasporta</u> una una valigia / (IMB13)

Dato che il pronome possessivo è usato spesso per riprendere in forma integrata una messa in relazione già data nel testo in maniera più specifica (come potrebbe essere per esempio il caso in (98a)), può forse sembrare ridondante (nonché atomizzante) considerare ogni pronome possessivo come indizio di un'unità di informazione a sé stante. Questo procedimento ci è comunque imposto dalla decisione metodologica di non distinguere fra unità di informazione nuove e riprese, dato che in entrambi i casi l'interlocutore deve evocare un'immagine mentale della messa in relazione in questione.

In alcuni casi, però, la presenza di un pronome possessivo non segnala una vera messa in relazione, ma rimanda invece a **relazioni concettualmente inerenti**, come, per esempio, quella fra un'entità e le sue singole parti (tipicamente fra un soggetto e le varie parti del suo corpo – vedi (100a), (101a) e (102a), da confrontare con le rispettive testualizzazioni parallele, in cui il riferimento esplicito è ridotto o alla parte o all'insieme:

(100a) / så / <u>hans kinder</u> bliver så tykke, øhm... /(DMB1)
[così che / le sue guancie diventano così gonfie, ehm]
(100b) / con la gob, con la bocca gonfia /(IMB2)

(101a) / il <u>suo viso</u> è anche abbastanza imbarazzato / (IMB13)
(101b) / ed è molto imbarazzato / (IMB4)

(102a) / <u>han</u> bliver blå <u>i hovedet</u> / (DMB7)
[diventa blu nella faccia]
(102b) / diventa paonazzo / (ISA9)

Molto simile all'uso dei pronomi possessivi, per la funzione di specificare un'entità rilevandone un rapporto di appartenenza con altre entità, è l'impiego del **sintagma preposizionale con *di*** [73]. Anche qui bisogna distinguere fra i casi in cui il costrutto esprima effettivamente, benché in maniera integrativa, una messa in relazione fra due elementi distinti e non relati in partenza, e i casi, invece, in cui il costrutto denoti un rapporto di inerenza concettuale, e di conseguenza non si qualifica come u.i.

In (103a)-(103e) e (104a)-(104d), la **non-inerenza concettuale** è confermata dalle testualizzazioni parallele sempre più spartitive, fino a costituire frasi finite:

(103a) {un'illustrazione <u>del</u> libro} (ISA1)
(103b) / som er en meget gammel bog / æh <u>med</u> fine billeder i / (DMB1)
[che è un libro molto vecchio / eh con belle illustrazioni dentro]
(103c) / una miniatura <u>presente nel nel</u> libro,/ (IMB9)
(103d) ... un disegno / <u>che c'è su</u> questo manuale /(IMB8)

---

[73]Vedi Serianni (1988/1997:71): «Il complemento di *specificazione* fornisce una determinazione aggiuntiva al nome da cui dipende [...] La preposizione impiegata è sempre *di*...»

(103e)   ... una delle foto [sic!] / che compaiono sul testo / (ISA10)

(104a)   {la cerniera del portapenne} (ISA8)
(104b)   / il l'astuccio, {eh con la cerniera lampo}... (IMB3)
(104c)   / e il portapenne, / portapenne naturalmente munito di cerniera / (IMB12)
(104d)   / et plastik penal hus / som har en lynlås, / (DMB8)
         [un'astuccio di plastica / che ha una cerniera][74]

Nei costrutti formalmente simili in (105)-(108), è evidente invece l'**inerenza concettuale**, confermata dal fatto che in nessun testo del corpus compaiono testualizzazioni parallele che esplicitino in maniera più spartitiva il rapporto fra i due elementi:

(105)   / rovina una pagina del libro / (ISA9)
(106)   / quanto rimasto attaccato alla rilegatura del libro / (ISA5)
(107)   / il foglio di carta {sul quale Mr. Bean scriveva}... (ISA11)/
(108)   / si trovi a colorare non la superficie di un foglio, / ma / il testo stesso / (ISA8)

Negli esempi seguenti (109a)-(109m), la specificazione dell'entità in questione viene fatta in base alla sua **collocazione spaziale** rispetto ad un'altra entità, codificata per di più con l'impiego delle locuzioni preposizionali *di fronte a* o *vicino a*. A rigore, questi esempi dovrebbero in effetti essere trattati in 6.3.3 (sui sintagmi preposizionali e le messe in relazione circostanziali). Dato che le difficoltà di delimitazione scaturite dall'integrazione dei correlati concreti (dettata spesso dalla reiterazione dell'informazione) sono comunque molto simili alle difficoltà discusse ora, mi sembra logico commentarli anche qui. In (109a), viene data in maniera molto spartita un'immagine mentale di due entità e di una relazione spaziale fra di loro (sulla decisione di considerare, almeno in esempi come questi, *sedere/sidde* come una specie di verbo locativo di supporto, parallelo al verbo *stare*, si veda 6.3.3):

(109a)   / e di fronte a lui ehm, è seduto un un signore / (IMB13)
(109b)   / il personaggio seduto di fronte a lui / (IMB1)
(109c)   / la persona che gli sta di fronte / (IMB13)
(109d)   / il signore che gli sta accanto / (ISA3)
(109e)   / il suo compagno di tavolo / (IMB13)
(109f)   / il suo vicino di tavolo / (IMB10)
(109g)   / il vicino del protagonista / (ISA4)
(109h)   / il suo vicino / (ISA4)
(109i)   / il vicino di banco / (ISA2)
(109j)   / il signore accanto / (ISA7)
(109k)   / il vicino / (ISA4)

---

[74] A proposito del parallelo fra *con* e *avere*, vedi Strudsholm (1999b:112-113).

(109l) quell'altro signore (IMB2)
(109m) questo signore qua (IMB2)

Gli esempi paralleli, (109b)-(109m), assolvono tutti alla stessa funzione: devono indicare, in maniera da non creare disguidi, un'altra persona presente nella biblioteca. Nei primi la presenza di una messa in relazione è evidente (vedi l'elemento verbale in (109b)-(109d), il pronome possessivo *suo* in (109e)-(109h)). Poi cominciano a ridursi gli elementi linguistici, e diventa sempre più difficile stabilire i presupposti per poter parlare di un profilo relazionale. E se il costrutto da un certo punto in poi (ma quale?) evoca in effetti solo un'entità, ha in effetti solo profilo nominale? Ho scelto di far valere come unità di informazione anche gli esempi ancora più integrati, (109i)-(109k), per il fatto che considero intrinseco, nello stesso termine di *vicino/accanto*, l'altro elemento della relazione (che in (109e)-(109h) è espresso dal pronome possessivo) – intrinseco allo stesso modo di un soggetto zero. In (109l) e (109m) i determinativi che indicano il riferimento ad una persona diversa da Mr. Bean, sono considerati invece di carattere puramente deittico (la messa in relazione di carattere spaziale è sparita), e perciò non danno luogo a unità di informazione a sé stanti.

Vorrei sottolineare che in genere non sono presi in considerazione elementi che adempiono funzioni di **quantificazione** e di **intensificazione**. Con riferimento ai paralleli rilevati nelle strutture del sintagma nominale e del sintagma verbale – rispetto sia a elementi di *grounding* nel senso di 'ancoraggio contestuale/situazionale'[75], sia a elementi di quantificazione[76] – la scelta di non far valere elementi quantificatori come messe in relazione autonome, equivale alla scelta di non considerare come u.i. a sé stanti specificazioni sul carattere aspettuale dell'azione verbale (estensione, puntualità, iteratività). Vedi Langacker (1991:421): «...progressive or perfect aspect has a **quantifying function** with respect to a verbs processual profile», come anche le discussioni in 6.3.1 sulle perifrasi fasali, e i commenti sotto sull'impiego di certi avverbi temporali e sulle indicazioni tempo-aspettuali date invece morfologicamente.

Per quanto riguarda i **quantificatori dei sostantivi**, si tratta di un gruppo eterogeneo di numerali, aggettivi/pronomi quantitativi e costrutti dal significato partitivo (vedi per esempio *to* sider in (36a), *hele* hans ansigt i (65), *un paio di* guanti in (78), *dell'*olio in (144b), *un mucchio di* tempo in (157), *pochi* istanti in (159), *una serie di* eventi in (165)). Questi elementi possono essere visti come una specie di varianti o elaborazioni del paradigma singolare/plurale del sostantivo (già codificato con la scelta morfologica di numero, nonché insito nella scelta di articolo; vedi Langacker (1991:150): «...even though not every nominal contains an overt quantifier, some aspect of quantification is always present»).

---

[75] Vedi Langacker (1991:549): «**Grounding**: A semantic function that constitutes the final step in the formation of a nominal or a finite clause. With respect to fundamental «epistemic» notions (e.g. definiteness for nominals, tense/modality for clauses), it establishes the location vis-à-vis the ground of the thing or process serving as the nominal or clausal profile.»
[76] Vedi Langacker (1987:258): «... close parallel that exists between the perfective/imperfective distinction for verbs and the elemental count/mass distinction for nouns (cf. Mourelatos 1981).»

Per quanto riguarda invece gli **intensificatori**, si tratta da un lato di **avverbi di quantità**[77] (come *assai, molto, tutto*), dall'altro di **avverbi qualificativi** (come *notevolmente, particolarmente*, cf. Serianni (1985/1997:153)) – vedi (110)-(113):

(110) / e- e così {<u>tutto</u> spaventato} cerca- mm, cerca il modo-... (IMB6)
(111) / lo guarda, eh / col fare <u>abbastanza</u> severo / (IMB5)
(112) / med en <u>temmelig</u> støvet / og mørk atmosfære / (DSA4)
         [con un assai polveroso / e buio atmosfera]
(113) / så / ender han med at / så zigzagge sig / <u>fuldkommen</u> vanvittigt / hen til, et bord / (DMB8)
         [poi / finisce per / poi 'zigzagarsi' / del tutto demenzialmente / fino ad, un tavolo]

Sia gli avverbi di quantità, che quelli qualitativi, contengono spesso una **sfumatura di valutazione soggettiva** rispetto alle aggiunte descrittive, avvicinandosi quindi all'intervento discorsivo (che tratteremo nel capitolo 7). Lo stesso vale per aggettivi qualificativi con funzione di intensificatori (funzione rispecchiata non di rado in italiano dalla loro anteposizione al sostantivo)[78].

Abbiamo visto come, nelle perifrasi verbali, è difficile a volte decidere se un'aggiunta di significato rispetto all'azione verbale vada letta come aggiunta solo tempo-aspettuale, da includere nel nucleo verbale, o se vada interpretata come specificazione di maniera e quindi come **u.i. indipendente**. Problemi simili emergono in alcuni casi di apparente quantificazione, che però, confrontati con testualizzazioni parallele, sembrano richiedere di essere lette come specificazioni di maniera più autonome; vedi gli esempi paralleli in (114a)-(114d); da notare anche che il sostantivo in questione è in effetti un deverbale.

(114a) / et {<u>kæmpe</u>}nys / (DMB5)
          [uno starnuto-{gigante}]
(114b) / un {<u>violento</u>} starnuto / (ISA8)
(114c) / starnutisce {<u>fragorosamente</u>} / (ISA13)
(114d) / nyser han dog {ganske <u>kraftigt</u>} / (DSA6)
          [starnutisce {assai violentemente}]

6.3.3 *Sintagma preposizionale versus messa in relazione circostanziale*
Le messe in relazione circostanziali rappresentate in superficie da sintagmi preposizionali concernono prototipicamente **la collocazione dell'evento centrale o di uno dei partecipanti rispetto a un determinato dominio spaziale o temporale**. Abbiamo accennato alle difficoltà a distinguere fra mere circostanze dell'evento e veri e propri partecipanti all'evento, come anche fra circostanze temporali

---
[77] Vedi per esempio la definizione di *assai* in Serianni (1988/1997:502): «*assai*: avverbio di quantità, spesso usato per intensificare un aggettivo di grado positivo...»
[78] Vedi a questo proposito la distinzione di Fleischman (1990:143ff) fra «external evaluation» e «internal evaluation»; fra gli espedienti linguistici correlati all'evaluazione interna la studiosa elenca tra l'altro «intensifiers, comparators, or otherwise value-marked vocabulary».

assolute e relative, di cui le ultime assolvono spesso funzioni simili alle messe in relazione di secondo grado. Rimando comunque la discussione dei casi problematici, dando prima alcuni esempi in cui la correlazione prototipica fra sintagmi preposizionali e messe in relazione circostanziali non sembra essere messa in gioco.

Partiamo dalle messe in relazione circostanziali implicanti domini spaziali. In (115)-(117), le unità di informazione imperniate sulla preposizione sottolineata designano la collocazione dell'intero evento in **un *setting* globale**. Gli esempi di questo tipo sono pochi nel corpus: tutti gli eventi si realizzano nello stesso ambiente, e buona parte delle azioni partono dal protagonista, Mr. Bean, che è praticamente sempre seduto allo stesso tavolo. Le poche circostanze 'globali' riguardano invece spesso la cornice metanarrativa e situazionale – vedi (115) e (116):

(115) / In questo {secondo filmato} / Mr. Bean entra in una biblioteca / (ISA13)
(116) / I denne her scene / der befinder han sig inde på et bibliotek / (DMB10)
[In questa scena qua / egli si ritrova dentro ad una biblioteca]
(117) / man skal jo være stille / på et bibliotek / (DMB6)
[si deve essere silenziosi / in una biblioteca]

Altre volte, benché venga designata sempre una circostanza dell'evento intero (cioè azione/attività e partecipanti), il dominio spaziale delimitato dal complemento della preposizione è più circoscritto e l'espansione preposizionale dipende in maniera più diretta dal nucleo verbale, senza arrivare però a creare dubbi riguardo al valore di unità d'informazione a sé stante. Si tratta sia delle messe in relazione che potremmo chiamare ***settings* locali**, sia dei **costrutti preposizionali con valore strumentale**, imperniati quasi sempre sulla preposizione *con/med* (in versione negativa *senza/uden*) – vedi (118)-(120):

(118) / og vil så prøve {på det her {gulnede papir}} {med det her {kridhvide masse}} at få slettet det her / (DMB3)
[e vuole poi cercare {su questo {foglio ingiallito} qua} {con questa {massa bianchissima} qua} di cancellarlo]
(119) / og så / begynder han at lakere negle, / uden på handskerne, / med kvajeblækket / (DMB8)
[e poi / comincia a 'smaltare' le unghie, / sopra ai guanti, / con il correttore]
(120) / så / begynder han bare at tegne videre / uden {kalker}papir / (DMB10)
[poi comincia a disegnare ancora / senza carta{velina}]

Negli esempi paralleli (121a)-(121c), il valore della relazione circostanziale fra l'evento [*il ricopiare un'illustrazione*] e l'entità in questione [*il foglio di carta*] oscilla fra lo **strumentale** in (121a) e lo **spaziale** in (121c), mentre (121b) si situa in una posizione **intermedia** fra di loro[79]. Questo a illustrare che qualsiasi rappresentazione di un evento, mentale o verbale, è sempre soggetto a un processo di interpretazione, per quanto l'*input* sensoriale/percettivo possa sembrare concreto e oggettivo.

(121a) / vuole appunto, ricopiare {con una {carta velina}} una {figura di questo libro} / (IMB2)

(121b) / comincia a ricopiare l'immagine / attraverso un {foglio trasparente} / (ISA4)

(121c) / og det vil han så tegne af der / på et lille stykke {tyndt papir} / (DMB2)
[e lo vuole poi ricopiare lì / su un piccolo foglio {di carta sottile}]

Che la preposizione possa essere interpretata come un *minor verb*, con la funzione di un *minor predicator* (vedi la definizione di Halliday citata sopra), viene confermato da testualizzazioni parallele come quelle negli esempi seguenti. Confrontando infatti (122) con (118) citato sopra, nonché (123a) e (123b) fra di loro, è evidente che, passando da un profilo relazionale atemporale a un profilo processuale, e recuperando così diversi tratti semantici di tempo/modo/aspetto andati perduti nell'integrazione preposizionale, non cambia pressappoco niente per quanto riguarda l'informazione ideazionale:

(122) / da / han så vil have- øh de her {tusch}stregninger væk, / så bruger han noget slettelak / (DMB6)
[quando / vuole poi togliere- eh questi disegni {di inchiostro} qui, / allora usa del correttore]

(123a) / e poi / addirittura con un taglierino / vuole rifilare questi fogli / (IMB3)

(123b) / per cui / utilizza un taglierino / per ehm, per / tagliarle bene / (IMB11)

Mi sembra utile a questo punto introdurre la distinzione di Langacker fra *location* e *setting* (1991:300): «We see [...] that both spatial and temporal expanses lend themselves to construal as the setting, which is global and wholly includes the event. By contrast, a *location* – which we can characterize as a fragment of the setting – may be the site of just a single participant at a certain moment.» Mentre i costrutti preposizionali finora citati fungono come *settings* più o meno globali, negli esempi seguenti (124a)-(124f) la collocazione spaziale designata dal sintagma

---

[79]Un esempio, **non tanto di spartizione, quanto di dispiegamento** delle varie fasi dell'evento presentato negli esempi (121a)-(121c), è dato dall'esempio seguente, che traduce in puri termini materiali/fisici quel momento interpretativo che è presente sempre nella designazione di qualcosa come argomento strumentale:
- / quindi prende un foglio di {carta trasparente}, / lo pone su questa figura / e inizia a ricopiarla / (IMB11).
In termini di informazione esplicita versus informazione implicita, è ovvio che in (121a) sopra, è dato per implicito il fatto che il protagonista **prenda** il foglio e lo **ponga** sulla figura...; mentre nell'esempio citato ora, è implicito invece l'**uso strumentale** del foglio.

preposizionale serve invece a specificare una determinata entità: è una messa in relazione **fra un'entità e un dominio spaziale ristretto**, non più fra l'evento *in toto* e un dominio spaziale. È evidente inoltre che gli elementi verbali messi in grassetto in (124c)-(124e), servono solo a supporto della preposizione, cambiando il profilo da atemporale a temporale[80], ma aggiungendo ben poco a livello semantico.

(124a)   ... over en af tegningerne / i bogen / (DSA4)
[...su uno dei disegno / nel libro]

(124b)   ... tegne tegningerne af / i bogen / (DMB6)
[ricopiare i disegni / nel libro]

(124c)   / una miniatura **presente** nel nel libro,/ (IMB9)

(124d)   ... un disegno / che **c'è** su questo manuale /(IMB8)

(124e)   ... una delle foto [sic!] / che **compaiono** sul testo / (ISA10)

(124f)   / som er en meget {gammel bog} / æh **med** {fine billeder} i / (DMB1)
[che è un libro molto {vecchio} / eh con {belle illustrazioni} dentro]

Vorrei soffermarmi un attimo sull'impiego di *med* (=*con*) in (124f), simile all'uso in (104b) che presentava molti paralleli con l'uso generico del verbo *avere*. In (124f) la preposizione non assume valore strumentale, ma designa invece un rapporto più generico di **accompagnamento**[81]. Il punto interessante, comunque, è che non è la preposizione *med* a fornire il valore semantico della messa in relazione – sebbene a livello formale costituisca l'elemento di connessione – ma invece la preposizione *i* (=*in*), che però, in questa sua posizione finale, viene spesso analizzata come un avverbio, non una preposizione. Confronta l'esempio simile (125), in cui, invece di *med*, vediamo uno dei tipici verbi di supporto 'posizionali', sui quali ritorneremo fra poco:

(125)   ...en {stor {fin {gammel bog}}} / hvor der **ligger** et bogmærke i /
(DMB8)
[un {grande {bello {vecchio libro}}} / dove ci 'è-orizzontalmente' un segnalibro dentro]

Questi esempi mi permettono di toccare brevemente la problematica riguardo alla difficile distinzione fra preposizioni e avverbi, o più precisamente, la sotto-categoria degli **avverbi locativi o direzionali** che, come le preposizioni, indicano collocazione spaziale di un'entità rispetto ad un evento o ad un'altra entità, ma che, a differenza delle preposizioni, non si costruiscono a diretta reggenza di

---

[80]Vedi anche Halliday (1994:241) che parla in certi casi di «zero alternation of the non-infinite verb *being*» e anche di «gradual loss of information, in the way a process is construed in the grammar, as one moves from the finite independent clause to the prepositional phrase».

[81]Lo stesso valore semantico di fondo della preposizione viene sfruttato anche in un altro tipo di costrutti imperniati su *con* – vedi sopra in (84)-(86a) – aventi la funzione di specificare la **maniera** di svolgimento di un'azione. Vedi anche Serianni (1988/1997:244) che parla appunto dell'uso modale/strumentale di *con*.

complemento[82]. Spesso lo stesso lessema svolge alternatamente funzioni di preposizione e di avverbio, e molte preposizioni improprie o complesse consistono in effetti di avverbi seguiti da preposizioni proprie. La ragione per collocare gli avverbi locativi in questo sottocapitolo (e non in quello precedente, insieme agli avverbi di maniera) è comunque soprattutto l'equivalenza a livello denotativo – un'equivalenza logico-semantica che mi sembra confermata dal confronto degli esempi precedenti. Nel presente lavoro la presenza o meno del complemento non sarà considerata criterio abbastanza forte per distinguere fra preposizioni e avverbi locativi. In (124f) e (125), un'entità con funzione di complemento è in effetti presente, ma per ragione di strutturazione testuale si trova in posizione 'dislocata' rispetto alla preposizione reggente. In altri esempi possiamo parlare invece di elisione formale, ma presenza implicita, come nelle frasi nominali in (126), dove il complemento implicito di *på* (=*su*) sono le mani del protagonista (confronta col verbo analitico *tage på* in (127)), mentre il complemento di *ind* (=*dentro*) è il libro. Vedi, a paragone, (128), in cui la stessa costruzione con avverbio locativo + preposizione *med* come puro elemento di connessione, è invece completa di complemento.

(126) / <u>På</u> **med** et par {hvide {plastikhandsker}}, / <u>ind</u> **med** det {store {røde bogmærke}}... / (DSA1)
['su' con un paio di {{guanti di plastica} bianchi}, / dentro con il {grande {segnalibro rosso}}...]

(127) / Og mens / han tager {sin jakke} <u>på</u> / (DSA1)
[E mentre egli mette {la sua giacca} 'su']

(128) / <u>Frem</u> **med** en hobbykniv <u>fra</u> den {uudtømmelige} taske, / (DSA1)
[Avanti con un coltellino dalla borsa {insvuotabile}]

Meritano uno studio approfondito le **divergenze fra l'italiano e il danese** per quanto riguarda le preposizioni e gli avverbi locativi[83]; divergenze nell'inventario (più folto nel sistema danese), nella semantica (spesso più dinamica e specifica nei termini danesi), e nelle funzioni sintattiche e possibilità combinatorie (la possibilità nel danese, per esempio, di collocare la preposizione in posizione isolata rispetto al complemento[84]; la combinazione molto produttiva di verbi analitici sul modello *verbo + prep./avv.loc.*; come anche l'uso frequente di preposizioni/avverbi locativi in frasi nominali, vedi (126)[85] e (128), e in frasi imperative).

---

[82]Vedi anche Jespersen (1924/1965:163): «If an adverb takes an object, the adverb becomes what is commonly termed a preposition [...] When a verb is followed by an adverb (preposition) with its object, the latter may often be looked upon as the object of the whole combination verb+ adverb...»
[83]Vedi infatti alcune riflessioni preliminari su questo tema in Jansen (2002b).
[84]Si vedano gli esempi (125) e (132), in cui il complemento è 'dislocato' rispetto alla preposizione/avverbio locativo; in entrambi i casi la traduzione più appropriata in italiano farebbe probabilmente uso del costrutto *preposizione + pronome relativo* anteposto al verbo, del tipo «in cui c'è un segnalibro» e «su cui si butta...»
[85]Vedi una testualizzazione parallela italiana, in cui le messe in relazione denotate in danese dal costrutto molto dinamico e inequivocabilmente predicativo, *prep.+ med + complemento nominale*,

La citazione di Langacker (1991:300) riportata sopra, sulla distinzione fra *location* e *setting*, procede così: «Though a setting can always be left implicit, some verbs require that a location be overtly specified...». Infatti, a volte, il senso compiuto del verbo è talmente dipendente dal sintagma preposizionale, o viceversa, il sintagma preposizionale è tanto legato al verbo, da costituire una vera **valenza verbale**, o un **caso preposizionale** (vedi Jespersen 1924/1965:162[86]). Negli esempi seguenti (129)-(132) è evidente che, a livello semantico, il sintagma preposizionale designa non una circostanza spaziale (neanche una *location*), ma invece un partecipante (oggetto indiretto). Di conseguenza non sarà trattato come u.i. a sé stante, ma come parte del nucleo verbale.

(129)   / parla (a gesti) <u>con il custode</u> / (ISA4)
(130)   / sta, lavorando <u>su un altro codice</u> / (IMB10)
(131)   / Han kigger {nysgerrigt} <u>på billederne</u> / (DSA2)
         [Lui guarda {curiosamente} alle immagini]
(132)   / og får overrakt et {værdifuldt {middelalder{codex}}} af bibliotikaren [sic!]/ <u>som</u> han så kaster sig {glædestrålende} <u>over</u> / (DSA4)
         [e 'riceve' consegnato un {prezioso {medievale {codice}}} dal bibliotecario/ che poi si butta {raggiante-di-gioia} 'su']

Negli esempi (133)-(136), il valore semantico della messa in relazione rimane invece inequivocabilmente spaziale: il sintagma preposizionale funge da *location* rispetto ad un'entità, non da oggetto/paziente rispetto ad una determinata azione espressa dal verbo[87]. Una delle ragioni di considerare il costrutto *verbo + sint.prep.* una singola u.i., è che il verbo non svolge in effetti altro che una **funzione di supporto** rispetto alla preposizione (propria o impropria). In vari esempi sopra citati, sono stati rilevati in grassetto verbi come, in (124d), *esserci*, o in (124e), *comparire*, che a livello ideazionale aggiungono ben poco al significato dato dalla preposizione, anche se l'aggiunta del verbo ovviamente dà alla messa in relazione un profilo temporale, mettendola così in rilievo rispetto al costrutto puramente preposizionale. Molto affini a questi verbi, sono i verbi danesi *stå*, *sidde*, *ligge* – vedi (125) – e, in misura più limitata, il verbo italiano *sedere*; tutti verbi in cui il significato aggiunto riguardo al carattere orizzontale, verticale o 'mista' della posizione, è spesso sbiadito oppure tanto vincolato dal contesto, da costituire non una distinzione semantica, quanto una costrizione idiomatica. In questi casi il costrutto *verbo + sint. prep.* sarà trattato come una u.i. – vedi gli esempi seguenti (133)-(136). Merita un commento a parte (136), in cui il verbo *sidde* ricopre in effetti due funzioni: una di verbo di supporto rispetto alla preposizione *ved*, e una di verbo di supporto nel costrutto perifrastico dal valore durativo *sidde og læse* (vedi 6.3.1), fornendo in definitiva **due unità di informazione**.

---

sono codificate invece da frasi non-finite imperniate su un participio passato:
 / Indossati i {guanti bianchi}, / messo il segnalibro, / (ISA14)

[86]Vedi Jespersen (1924/1965:162): «Instead of a case-form for the indirect object we often find a preposition, which loses its original local meaning...»

[87]Il termine *goal* di Halliday sembra invece coprire sia l'oggetto diretto tradizionale, che l'oggetto indiretto degli esempi sopra, come anche l'**oggetto locativo** degli esempi seguenti.

(133) / og der **står** en-øh, en bibliotekar, lige <u>indenfor</u> døren}/ (DMB7)
[e ci 'sta-verticale' un-eh, un bibliotecario, giusto 'all'interno' della porta]
(134) / der **sidder** stadigvæk noget tilbage <u>inde i</u> bogen / (DMB8)
[ci siede ancora qualcosa ... dentro il libro]
(135) / nella stessa stanza c'è- un signore / **seduto** a una biblioca, eh- <u>a</u> un tavolo / (IMB4)
(136) / <u>Ved</u> bordet **sidder** der en / og læser / (DSA#)
[Al tavolo ci siede uno / e legge]

I verbi ora discussi possono essere chiamati **verbi posizionali statici** (o intransitivi), per distinguerli dai **verbi posizionali dinamici** che designano anche **l'attuarsi** della collocazione spaziale indicata dalla preposizione/avverbio, o in maniera riflessiva/mediale, o in maniera transitiva. Negli esempi seguenti (137)-(141) sono illustrati alcuni dei più comuni verbi posizionali **riflessivi/mediali**, che non pongono grandi problemi per la lettura del sintagma preposizionale come argomento locativo (vedi anche il verbo analitico *tage på* in (127) sopra).

(137) / **si dirigono** <u>all'</u>uscita / (IMB2)
(138) / **si avvicina** <u>al</u>-, <u>al</u> bibliotecario / (IMB5)
(139) ...un uomo / che eh- **entra** <u>in</u> biblioteca / (IMB1)
(140) / **esce** <u>fuori</u> di scena / (IMB9)
(141) / **si è volto** <u>al</u> {suo vicino} / (ISA4)

I verbi posizionali dinamici denotano messe in relazione che sono ovviamente più complesse di quelle designate dalla sola preposizione o dalla preposizone accompagnata da un verbo posizionale statico. Questo vale in particolare per i verbi posizionali **transitivi**, in cui è **una terza parte** a collocare certe entità fra di loro. La complessità di questo tipo di messa in relazione non è comunque diversa da quella che scaturisce dall'uso di un verbo come *dare*, anch'esso a tre partecipanti[88]. In entrambi i casi si tratta di **argomenti essenziali** o necessari, che di conseguenza sono considerati parte integrante dell'u.i. imperniata sul verbo. I verbi che in maniera più palese rientrano in questa categoria – indicando **il portare in posizione** praticamente senza sfumatura di maniera – sono da una parte **verbi 'semplici'** come *porre, mettere, placere, stille, sætte, lægge*[89], come anche le controparti negative *togliere* e *fjerne*; dall'altra parte, **verbi analitici** (particolarmente frequenti in danese) in cui al verbo, dalla semantica di solito assai generica, è aggiunto un avverbio locativo, come *mettere via, tirare fuori* (vedi l'equivalente verbo sintetico: *estrarre*), *tage op* (=*prendere 'su'*), *tage frem* (=*prendere 'avanti'*), *finde frem* (=*trovare 'avanti'*)[90].

[88]Il passaggio da relazione statica – «il segnalibro è nel libro» – ad una 'equivalente' relazione dinamica – «Mr. Bean mette il segnalibro nel libro» – corrisponde grosso modo al passaggio da «Mr. Bean ha un libro» a «Il bibliotecario dà a Mr. Bean un libro».
[89]*Stille, sætte* e *lægge* sono infatti i corrispettivi dinamici dei verbi posizionali statici *stå, sidde* e *ligge*.
[90]Vedi anche Halliday (1994:207): «Phrasal verbs are lexical verbs which consist of more than just the verb word itself [...] Experientially, a phrasal verb is a single Process, rather than Process plus circumstantial element.»

I **verbi 'semplici'** – vedi gli esempi (142)-(144c) – richiedono di norma un argomento locativo; vedi però la testualizzazione in (144b) che, benché rara, è del tutto accettabile. Da notare in oltre, in (144c), l'uso molto generico del verbo posizionale *sætte*.

(142)   / **mette**, eh a fianco di sé la {sua borsa} / (IMB2)
(143)   / **toglie** un filo dal libro / (ISA3)

(144a) / **mettendo** l'olio a un portapenne / (IMB10)
(144b) / la cerniera non funziona bene, / credo che **metta** dell'olio / (IMB2)
(144c) / han, **sætter** lidt olie på lynlåsen / (DMB2)
        [egli, 'pone-verticalmente' un po' d'olio sulla cerniera]

I **verbi analitici** (cioè verbo + avverbio locativo) occorrono invece altrettanto spesso in presenza quanto in assenza dell'argomento locativo, senza che ciò sembri intaccare la completezza del costrutto – confronta gli esempi in (145)-(148) con gli esempi (149)-(151).

(145)   / le **mette** via nella {sua borsa} / (IMB1)
(146)   / e comincia ad **estrarre** dalla borsa i fogli / (ISA7)
(147)   / han **tager** så {sin taske} op, på skødet / (DMB7)
        [prende poi la {sua borsa} 'su', sul grembo]
(148)   / så / **finder** han handsker frem, {hvide handsker} frem fra tasken / (DMB8)
        [poi trova guanti 'avanti', {guanti bianchi} 'avanti' dalla borsa]

(149)   / appunto apre, la borsa, / **tira** fuori tutte le {sue cose} / (IMB12)
(150)   / apre la sua valigetta,/ ed **estrae** un taccuino / (IMB7)
(151)   / først / **tager** han alle {sine ting} frem / (DMB5)
        [prima prende tutte le {sue cose} 'avanti']

La completezza sembra essere legata in gran parte alla presenza dell'avverbio locativo che soddisfa in qualche modo la valenza locativa, fornendo un riferimento sottinteso a un'entità o a un dominio spaziale a cui correlare l'oggetto diretto; presenza ricostruibile dal co-testo immediato, vedi *borsa* e *valigetta* in (149) e (150), o da un contesto più largo, vedi (151) dove le nostre conoscenze generali ci fanno intendere che si tratti, con ogni probabilità, di una borsa.

Ho scelto quindi di trattare il costrutto come **un'unica unità di informazione** a prescindere dalla presenza o meno dell'argomento locativo – così come anche costruzioni rispettivamente attive e passive di un verbo come *dare* vengono considerate equivalenti in termini di u.i., benché la costruzione passiva spesso elimini il riferimento concreto all'agente (vedi 6.3.1). La completezza del costrutto anche in assenza del sintagma preposizionale, fa però sì che questo viene spesso percepito come un'aggiunta di informazione – si vedano le pause e gli incisi che, non di rado nei testi parlati, precedono l'argomento locativo (vedi (147) e (148)). L'argomento locativo, benché **argomento** del verbo e **partecipante** all'evento o allo stato designato dal verbo, costituisce così un primo passo verso la messa in relazione circostanziale.

Bisogna però fare attenzione ai casi in cui un'effettiva espansione circostanziale può essere scambiata per un argomento locativo. Nell'esempio seguente, (152a), il verbo *tirare fuori* è sprovvisto di un argomento; mi sembra però abbastanza evidente la presenza di **due messe in relazione** posizionali dinamiche: «le cose» sono prima tirate fuori <u>da</u> qualcosa (non esplicitato), e poi poste <u>su</u> qualcosa (il tavolo) – vedi in (152b) la testualizzazione parallela:

(152a)   / inizia a **tirare** <u>fuori</u> le {sue cose} / <u>sul</u> tavolo,/ (IMB1)
(152b)   / ad un certo punto ehm apre la valigia, / prende dei fogli,/ li **pone** <u>sul</u> tavolo / (IMB13)

Riassumendo quanto detto ora su questi costrutti, in vista dell'eventuale impatto operazionale sulla segmentazione dei testi, vanno rilevati i punti seguenti:

a) gli argomenti locativi sono considerati partecipanti inerenti al verbo di supporto e non si qualificano quindi allo statuto di u.i. A volte, però, quando il confronto concreto dei testi ne indica la pertinenza, nella lista di informazioni virtuali si segnalerà se i partecipanti sono stati specificati o meno (procedura parallela a quella menzionata sopra per messe in relazione in cui l'impiego di un verbo come *dare* in certi testi risulta nella specificazione di tre partecipanti, mentre altri testi con costruzioni passive o con scelte lessicali alternative scelgono di specificarne di meno);

b) in termini di correlazione prototipica i costrutti con *verbo + preposizione/avverbio locativo*, specialmente se il verbo è di carattere dinamico, non andranno trattati come semplici casi di spartizione rispetto a testualizzazioni con un semplice sintagma preposizionale. Infatti, anche se verbi di supporto, l'aggiunta esplicita di dinamicità, di cambiamento della situazione, li distingue dalle messe in relazione che denotano solamente una collocazione statica di certe entità rispetto ad altre.

c) la presenza di una preposizione/avverbio locativo segnala (praticamente) sempre una messa in relazione di carattere spaziale, anche quando il complemento della preposizione è 'dislocato' o sottinteso. Finché il verbo non indichi altro (o poco altro) che posizionalità (statica o dinamica) – come in *entrare +/- nella biblioteca* (=*komme ind +/- på biblioteket*) – questo non costituisce un problema per la delimitazione delle unità di informazione. Le difficoltà sorgono nel momento in cui il verbo reggente esprima, non solo posizione o movimento, ma anche **maniera**. L'esplicitazione della maniera del movimento all'interno del verbo è strategia lessicale tipica del danese, mentre l'italiano tende invece a 'inglobare' nel verbo di movimento la direzione – vedi verbi come *entrare, uscire, salire, scendere* – creando divergenze interessanti in prospettiva interlinguistica.

Confrontiamo le testualizzazioni parallele in (153a) e (153b). Designano le stesse due messe in relazione, una posizionale dinamica che collega un'entità ad un dominio spaziale (sottinteso), e una che denota la maniera di questo 'portarsi in posizione'. La segmentazione dell'esempio italiano (153a) non ci pone problemi, mentre in (153b), per evidenziare la presenza di due u.i., ci troviamo costretti a isolare la preposizione/avverbio locativo. La legittimità di questa soluzione mi sembra confermata dalle testualizzazioni parallele in (153c)-(153e) che – benché considerevolmente più lunghe a causa della specificazione dell'oggetto locativo in (153c) e (153d), e della ripetizione di unità d'informazione in (153c) e (153e) – riportano le stesse due messe in relazione[91].

(153a) / **entra** / in punta di piedi / (ISA2)

(153b) / så han lister / ind / (DMB8)
[allora lui 'cammina-in-punta-dei-piedi' / 'dentro']

(153c) / mister Bean **arriva** in biblioteca, / ed **entra** / già in punta di piedi / (IMB11)

(153d) / hvor man-øh... ser [...] Mr. Bean **komme**-øh {listende} ind på biblioteket / (DMB1)
[dove si-eh... vede [...] Mr. Bean venire-eh {camminando-in-punta-dei-piedi} dentro alla biblioteca]

(153e) / og han **kommer** ind / og han lister / og han lister / (DMB2)
[ed viene dentro / e cammina-in-punta-dei-piedi / e cammina-in-punta-dei-piedi]

Il problema in casi come questi consiste nel decidere se l'indicazione di maniera del 'portare/portarsi in posizione' sia abbastanza specifica da giustificare la segmentazione in due unità di informazione. Qui, come altrove, è impossibile trarre un confine preciso fra verbi di puro supporto, e verbi dalla semantica invece più specifica, come *liste* oppure i verbi in (154) e (155). In parecchi casi sarà il confronto concreto dei testi a indicarci l'una o l'altra soluzione.

(154) / tilsidst så ender han med / at så **zigzagge sig** / fuldkomment vanvittigt / hen til, et bord / (DMB8)
[alla fine finisce / per 'zigzaggarsi' / del tutto demenzialmente / fino a un tavolo]

(155) / han **hopper og springer** / hele vejen hen på {sin plads} / (DMB10)
[salta e zompa / tutto il tratto fino al {suo posto}]

Lasciamo ora i sintagmi preposizionali di carattere spaziale e passiamo alle **espansioni circostanziali temporali**. Se non sono ancora state menzionate, è perché sono di carattere un po' diverso rispetto ai sintagmi preposizionali strumentali e spaziali – diverso specialmente per i profili degli elementi che vengono messi in relazione nell'u.i. Riprendendo il commento di Langacker (1990:77), la preposizione correla prototipicamente due entità dal profilo nominale, come negli esempi riportati finora, dove la messa in relazione ha riguardato sempre persone, oggetti e domini spaziali più o meno circoscritti. Nelle

---

[91]La stessa procedura di segmentazione sarà adottata anche negli esempi seguenti, citati già in 6.3.1.
- / l'uomo si appresta / ad uscire / (ISA8)
- / Mr. Bean skynder sig / ud, / (DMB5)

espansioni circostanziali temporali, invece, **almeno uno** degli elementi della messa in relazione è un evento, e ha quindi un profilo non nominale, ma temporale e già di per sé relazionale[92].

Abbiamo menzionato prima l'opportunità di distinguere fra espansioni temporali **assolute** e espansioni temporali **relative**. Va detto che tale distinzione non è sempre facile; le espansioni temporali costituiscono infatti una delle aree più complicate nella delimitazione concreta di u.i., e richiederebbero un trattamento più approfondito di quanto permette il presente lavoro.

Nelle **espansioni assolute**, uno degli elementi messi in relazione denota un evento o uno stato (il profilo processuale), mentre l'altro, consistente nel sintagma preposizionale, specifica la durata o la collocazione temporale di questo evento in termini assoluti, cioè senza riferimento ad un'altra messa in relazione. A livello lessicale questo corrisponde di solito a costrutti con termini di tempo, vedi gli esempi seguenti (156)-(161). Da notare in (160) e (161) l'uso spartitivo del verbo *gå* (=*passare*) che sostituisce, a mio avviso, la preposizione temporale *efter* (=*dopo*) senza aggiunta di informazione alcuna.

(156)   / resistendo in quella {buffa posizione}, / per diversi secondi / (ISA13)
(157)   / trattiene il fiato / per un mucchio di tempo / (IMB3)
(158)   / så prøver han at holde vejret, / i cirka... fem minutter / (DMB10)
         [poi cerca di trattenere il fiato, / in circa... cinque minuti]

(159)   / dopo pochi istanti, / inizia a singhiottare / (ISA10)
(160)   / og da der så er gået en ti femten sekunder, / begynder det jo at blive lidt pinsomt for ham / (DMB1)
         [e quando poi sono passati un dieci quindici secondi, / poi comincia a diventare un po' fastidioso per lui]
(161)   / så er minuttet eller hvor meget {han nu skal sidde og holde vejret} det er så gået / (DMB3)
         [poi il minuto o quanto {deve stare a trattenere il fiato} questo poi è passato]

Come espansioni temporali assolute andranno trattati anche i sintagmi preposizionali in (162)-(164) che contribuiscono indubbiamente alla connessione temporale a livello testuale, non facendo comunque riferimento ad altri eventi, ma solo a determinati 'punti' su una traiettoria temporale.

(162)   / In conclusione / tenta di dare la colpa al {suo vicino} / (ISA2)
(163)   / all'ultimo momento / decide di-, decide di sostituirlo col {libro dell'altro...} / (IMB6)
(164)   / alla fin fine / non ha più il singhiozzo / (IMB7)

Se confrontiamo (162)-(164) con (165) e (166), l'equivalenza a livello semantico è evidente.

---

[92]Vedi Langacker (1990:77) che parla della preposizione come elemento relatore di «*things*» e della congiunzione invece come elemento relatore di «*events*».

(165)   / finisce per / combinare una serie di eventi / (ISA12)
(166)   / og, øh det ender med / han smører det ud over det hele / (DMB4)
        [e, eh finisce con / egli lo mette dappertutto]

Infatti, costrutti come *finire per + verbo* (=*ende med at + verbo*) sono considerati perifrasi di *modulation* (vedi 6.3.1), in cui l'aggiunta di significato concerne circostanze dell'evento espresso dal verbo (da valutare quindi come u.i. a sé stante)[93], e non solo elementi temporali/modali/aspettuali, esprimibili anche morfologicamente, che, a livello semantico, si collegano solo alle varie fasi o ai vari gradi di realizzazione dell'azione/attività verbale di per sé.

Questa distinzione fra elementi circostanziali e elementi intrinseci allo stesso attualizzarsi dell'evento verbale (illustrata bene, a mio avviso, dal confronto fra la perifrasi 'modulatrice': *finire per + verbo* e la perifrasi invece fasale: *finire di + verbo*), è importante anche nella scelta di **non** far valere come u.i. avverbi temporali quali *ancora, già, ora, sempre*, dato che anch'essi esprimono solo elementi tempo-aspettuali (cioè elementi di **'quantificazione' temporale**, vedi sopra cap. 6.3.2).

Nelle **espansioni temporali relative** il sintagma preposizionale non solo colloca un determinato evento nel tempo, ma lo colloca **relativamente a un altro evento**, designando così una messa in relazione di secondo grado[94]. Bisogna distinguere fra costrutti che hanno assunto lo statuto di congiunzione temporale (del tipo *nel momento in cui*, o l'equivalente a livello testuale *In quel momento*), e costrutti invece fortemente integrati (del tipo *nell'attesa*), in cui l'integrazione per via del sostantivo deverbale è accompagnata dall'uso integrativo della preposizione *in* per designare una messa in relazione di contemporaneità. Vista la stretta affinità di questi costrutti con le messe in relazione codificate da vere e proprie congiunzioni, ho scelto di trattarli nel sottocapitolo seguente.

6.3.4 *Congiunzione versus messa in relazione di secondo grado*

Passiamo ora ai costrutti imperniati su **congiunzioni o locuzioni congiuntive**, la testualizzazione prototipica o canonica delle messe in relazione di secondo grado, cioè la soluzione 'di grado zero', che crea meno problemi nella segmentazione dei testi. In questo capitolo le molte opzioni a disposizione del locutore saranno messe a confronto e si discuterà, in base a testualizzazioni concrete, il loro grado di integrazione o spartizione[95].

---

[93]Vedi anche l'esempio (154) in cui all'avverbiale temporale *tilsidst* (=*alla fine*) fa 'eco' una delle dette perifrasi verbali di *modulation*. In casi di segnalazione 'doppia' di norma si calcola solo la presenza di **una** u.i.

[94]Vedi Eva Skafte Jensen (1999:145): «...avverbiali temporali sono usati prevalentemente in funzione intertestuale per portare avanti la narrazione, e fungono da connettori fra proposizioni» (traduzione mia dal danese).

[95]Il *continuum of explicitness of linking* di Lehmann (1988:213) illustra bene le difficoltà legate a individuare e collocare, nella nostra graduatoria, i vari costrutti esprimenti relazioni di secondo grado, costrutti che rientrano in diverse categorie della graduatoria presentata sopra (frasi finite, costrutti non-finiti, sintagmi preposizionali, avverbi connettivi, vere congiunzioni, subordinatori universali tipo *che*, ecc.).

Dato che qui interessa l'informazione ideazionale, saranno trattate solamente quelle congiunzioni (e locuzioni congiuntive) che servono a rendere più coerente e/o più completa la rappresentazione mentale di un frammento della realtà extralinguistica. Non rientrano nell'analisi né congiunzioni con pura funzione di introduttore (subordinante o coordinante), né congiunzioni con pura funzione testuale e/o interpersonale (definite spesso pragmatiche in opposizione a quelle semantiche).

Meno problematiche sono le congiunzioni che esplicitano **rapporti temporali** fra gli eventi. Possiamo distinguere fra relazioni temporali **contingenti** (di contemporaneità o non-contemporaneità) e relazioni temporali **necessarie** in cui la temporalità è dettata da rapporti di causa-conseguenza (consecutività, causalità, finalità)[96]. Sulla scorta di Winters (1991:465) che parla di «**Logical sequence relations**: relations between successive events or ideas whether actual or potential», il concetto di temporalità può essere ampliato a comprendere anche relazioni dal valore ipotetico, concessivo e avversativo, alla cui base è individuabile sempre un qualche rapporto di causa-conseguenza, ma con in aggiunta la segnalazione di modalità irreale o negativa[97]. Il tipo di testo rappresentato nel corpus è prevalentemente narrativo, e non può quindi sorprendere che le relazioni temporali e causali siano le più frequenti.

Un'altra delimitazione, sia per le congiunzioni tradizionali che per gli altri espedienti per segnalare messe in relazione di secondo grado, riguarda il grado di esplicitezza semantica. Il valore semantico, infatti, deve essere abbastanza preciso da poter valere come **informazione esplicita**, mentre quegli elementi linguistici che forniscono solo indizi di una qualche relazione logico-semantica fra eventi e stati, rientrano nell'**informazione implicita**, da ricostruire da parte dell'interlocutore. Non è facile, comunque, stabilire il confine fra l'uno e l'altro gruppo, e saranno discussi in seguito vari casi limite che rendono difficoltosa la segmentazione. Per quanto concerne la distinzione fra esplicito ed implicito rispetto a fenomeni di connessione, va sottolineato che i termini sono impiegati qui diversamente da come li impiega Skytte (1999b)[98].

Fatte queste premesse, passiamo ai costrutti che sono considerati correlati concreti prototipici delle messe in relazione di 2. grado. All'interno delle relazioni temporali contingenti, qui si distingue solo fra relazioni di **contemporaneità** e relazioni di **non-contemporaneità**. La solita distinzione fra posteriorità e anteriorità dipende dal rapporto fra frase principale e frase subordinata[99], e riguarda

---

[96]Una distinzione simile si ritrova in Skytte & Korzen (2000:668-686) fra «temporale konnektorer» (connettivi temporali) e «rationale konnektorer» (connettivi razionali).
[97]Vedi anche Serianni (1988/1997:399) che, seguendo Tekavčić (1980:448), raccoglie nella categoria generale di proposizioni causali, non solo le vere e proprie causali, ma anche le finali e le consecutive, nonché le ipotetiche e le concessive.
[98]Come connessione implicita la Skytte categorizza elementi linguistici quali paraconnettori e avverbiali temporali che nel mio quadro figureranno invece come unità di informazione esplicite, in quanto **correlati concreti** di messe in relazione di secondo grado; le divergenze terminologiche, scaturite da impostazioni diverse delle analisi, non influisce però sul fatto che fondamentalmente concordo nella lettura della Skytte dei diversi espedienti connettivi, per quanto riguarda sia la loro equivalenza, che i limiti di tale equivalenza.
[99]Vedi per esempio Serianni (1988/1997:421): «Proposizioni temporali... precisano quale relazione di tempo sussista con **la proposizione reggente**, che può indicare un'azione contemporanea [anteriore o posteriore] a quella **della subordinata**» (grassetto mio).

quindi l'organizzazione testuale delle informazioni, non l'informazione ideazionale: [*x prima di y*] equivale infatti a [*y dopo x*].

Correlati prototipici sono ovviamente i membri della tradizionale categoria di **congiunzioni (e locuzioni congiuntive) temporali**. Altrettanto prototipici e altrettanto facili da delimitare nel testo, sono i membri di un assai grande gruppo di **avverbiali di tempo** (avverbi e sintagmi preposizionali) che, per quanto riguarda l'apporto ideazionale, sono assolutamente paralleli alle congiunzioni temporali. Partono spesso dalla stessa base lessicale, e anche se sono sprovvisti di un elemento subordinante (quale un *che* o un *di*), contengono comunque un **aggancio relazionale** (anaforico) all'evento o allo stato precedente, codificato per via pronominale o lessicale (si tratta appunto delle **circostanziali di tempo relative** menzionate prima)[100].

Gli esempi seguenti vogliono illustrare l'uso di congiunzioni, di locuzioni congiuntive, e di quegli avverbiali che – seguendo l'indicazione in DISC (1997) – potremmo chiamare congiunzioni testuali, che esprimono tutti, con lo stesso grado di esplicitazione, messe in relazione temporali. In (167)-(170) vediamo prototipiche congiunzioni di contemporaneità:

(167) / **mentre** / aspetta / eh-m gli, gli vengono dei singhiozzi / (IMB2)
(168) / **Mens** / han venter på [...] trækker mr. Bean forskellige ting op af {sin mappe} / (DSA1)
[mentre / aspetta che [...] Mr. Bean tira diverse cose 'su' dalla {sua borsa}]
(169) / **quando** / finalmente / gli passa / si infila dei guanti / (IMB1)
(170) / **da** / han skal sætte sig ned / trækker han stolen ud / (DMB1)
[quando / deve sedersi / tira fuori la sedia]

Gli esempi (171)-(176) illustrano l'uso equivalente di **locuzioni congiuntive comuni** formate sul modello *preposizione + articolo definito + sostantivo di tempo + in cui (di)* (vedi Serianni 1988/1997:422), e congiunzioni testuali *in quel momento, nel frattempo* e *frattanto*[101]. Confronta inoltre (176) con la testualizzazione parallela in (167). Lo stesso discorso sull'equivalenza a livello ideazionale dei vari espedienti congiuntivi vale anche per gli esempi danesi in (177) e (178).

(171) / eh- **nel momento in cui** / esce il bibliotecario / il signore, scambia, i libri / (IMB9)
(172) / **al momento di** / andarsene / lo riconsegna / (IMB1)
(173) / **in un momento** / di disattenzione / scambia il {suo} con {il libro del {vicino}} / ISA3)
(174) / naturalmente ci soffia sopra, / **in quel momento** / però / arriva il, il bibliotecario / (IMB12)

---

[100]Questo gruppo coincide più o meno alla categoria di paraconnettori di Skytte (1999b).
[101]*Frattanto* è indicato in DISC (1997) come 'congiunzione testuale' e messo appunto come sinonimo di *nel frattempo* e *contemporaneamente*.

(175) / che risulta così totalmente scomposto. / **Frattanto** / il guardiano gli fa notare / (ISA10)

(176) / aspetta il libro / ma **nel frattempo** / inizia a singhiozzare / (IMB11)

(177) / og han prøver så {**samtidig med at** / han fingerer et nys / og et host} at rive.../ (DMB2)
[e cerca allora {contemporaneamente a che / finge uno starnuto / e un colpo di tosse} di strappare...]

(178) / og nu er halvdelen af bogens sider løse! / Og **i det samme** / kommer bibliotekaren... (DSA3)
[e ora la metà delle pagine del libro sono staccate! / E nello stesso / arriva il bibliotecario]

Passiamo ora a messe in relazione di **non-contemporaneità** (premettendo però che anche il passaggio da contemporaneità a non-contemporaneità procede per gradi[102]).

Elenchiamo prima alcuni esempi in cui viene accentuato il fatto che un evento succeda **dopo** un altro, a prescindere però da eventuali rapporti di subordinazione sintattica.

(179) / **dopo che** / le ha strappate / si rende conto che... (IMB11)

(180) / dà un'oliata alla {cerniera dell'astuccio}, / **dopodiché** / può aprirlo / (ISA1)

(181) / mm tenta, **dopo**→ insomma, di essersi creato una barriera, / tra lui e il su, e il {lettore} / con la {sua borsa}, / **dopodiché** / s- strappa queste pagine / (IMB9)

(182) / si siede ad un tavolino. / **Successivamente** / apre la {sua borsa} / (ISA3)

Il caso di riformulazione in (181) illustra molto bene l'equivalenza della preposizione *dopo* usata come congiunzione subordinante, e della congiunzione testuale *dopodiché*. Il locutore, infatti, vista sicuramente la lunghezza della subordinata introdotta da *dopo*, ri-esplicita il rapporto temporale con la congiunzione testuale *dopodiché*, ottenendo un testo forse inappropriato dal punto di vista sintattico, ma efficace da quello comunicativo. Essendo una procedura di riformulazione, non saranno comunque prese in considerazione entrambe le congiunzioni.

Negli esempi danesi, la congiunzione *efter at* (*dopo che/di*) in (183) ha come equivalenti semantici gli avverbiali temporali *hvorefter* e *derpå* in (184) e (185), composti entrambi da un elemento relativo, *hvor* e *der*, che costituisce l'aggancio

---

[102]Vedi Serianni (1988/1997:422-423) che all'interno delle relazioni di contemporaneità distingue fra «simultanee», «incoative» e «terminative», così come si potrebbe distinguere ulteriormente anche all'interno delle relazioni di non-contemporaneità. Tali distinzioni non sembrano però di grande pertinenza nel presente contesto; l'unico fatto di interesse potrebbe essere la difficoltà, in certi casi, a capire se l'elemento congiuntivo segnali in effetti contemporaneità o invece successione molto ravvicinata degli eventi (Serianni ibid:423), problema incontrato nell'uso delle congiunzioni prototipiche *quando/når/da*.

anaforico, e da una preposizione *efter* (*dopo*) e *på* (*su*) che indica invece la successione degli eventi[103].

(183)   / hvor han, {**efter at** / have afleveret en {lille, {hvid seddel}}}, får anvist en plads af bibliotekaren (DSA6)
[dove egli, {dopo / aver consegnato un {piccolo, {bianco foglio}}}, viene indicato un posto dal bibliotecario]

(184)   / han hælder simpelthen bøtten ud, / øh **hvorefter** / han tager kosten / (DMB1)
[svuota semplicemente il recipiente, / eh dopodiché / prende il pennellino]

(185)   / tager {sine ting} op af tasken [...] og begynder {**derpå**} at hikke / (DSA6)
[tira le {sue cose} su dalla borsa [...] e comincia {dopo-ciò} a singhiozzare]

L'esempio (186) illustra come, a livello di segnalazione della relazione temporale fra i due eventi, il primo elemento del costrutto correlativo *først...siden* (*prima...poi*) sia 'pleonastico', per cui non sarà presa in considerazione di per sé.

(186)   / **Først**→ prøver han med et viskelæder, / **siden** / kommer retteblækket frem / (DSA1)
[prima→ prova con una gomma da cancellare, / poi / viene tirato fuori il correttore]

Riassumendo, quando una relazione di secondo grado è rafforzata dall'uso 'raddoppiato' di congiunzioni o locuzioni congiuntive – o perché rientranti in un costrutto correlativo, o per ragioni di ridondanza o riformulazione – sarà preso in considerazione solo uno degli elementi (all'elemento pleonastico sarà aggiunta invece una freccetta).

Negli esempi seguenti (187)-(190) viene rilevata invece la **precedenza** di un evento rispetto ad un altro. Non mi sembra necessario soffermarmi ulteriormente a commentarli, visti i paralleli evidenti con gli esempi appena discussi. Vorrei far notare solamente che in (189) e (190) la segnalazione di anteriorità avviene non solo tramite gli avverbiali temporali, ma anche tramite il tempo composto[104]. Discuteremo sotto sull'inopportunità di coinvolgere tratti morfologici come correlati concreti di messe in relazione di secondo grado.

(187)   / **prima che** / gli arrivi questo libro, / eh è anche, ha anche l'inconveniente / di aver un sin, di aver il singhiozzo / (IMB6)

---

[103]L'uso della preposizione *på* è uno dei tanti esempi di trasposizione metaforica dal dominio spaziale a quello temporale.
[104]Le messe in relazione segnalanti anteriorità sono molto meno frequenti, sicuramente perché meno iconiche rispetto alla successione cronologica degli eventi; forse perciò necessitano spesso di una segnalazione doppia.

(188) / Si infila {meticolosamente} un paio di {guanti bianchi} / **prima** / di ricevere il libro / (ISA5)
(189) / prende uno dei fogli / che aveva tirato fuori {**prima**} / (IMB1)
(190) / rovinosamente / lo vuota sulla pagina / già {**precedentemente**} rovinata / (ISA3)

Passiamo ora alle **messe in relazione** in cui i rapporti temporali esplicitati non sono solo contingenti, ma anche necessari in termini **di causa-conseguenza**. Anche qui i correlati concreti comprendono, oltre alle congiunzioni e locuzioni congiuntive, le congiunzioni testuali, e anche qui – per il fatto di non discernere fra lo statuto di reggente e di subordinato – la differenza fra relazioni di consecutività e di causalità si riduce ad una questione di diversi punti di vista, che non intacca il valore semantico di fondo. Questo fatto è illustrato bene dal confronto fra gli esempi di sopra, (56e)-(56h), dove la relazione di causa-conseguenza era codificata con elementi segnalanti **consecutività**, e l'esempio seguente, (191), che impiega invece la congiunzione **causale** *poiché*:

(191) / {**poiché**} starnutisce / il foglio vola via (ISA3)

Riporto vari esempi di codificazione del rapporto **causa-conseguenza**, esempi che – anche se non rientranti tutti a pieno diritto nella categoria tradizionale delle congiunzioni – sono tutti prototipici e non pongono seri problemi per la delimitazione. Sebbene il rilevare rispettivamente la consecutività o la causalità derivi soprattutto dal punto di vista, sembrano sussistere sottili sfumature riguardo al grado di 'necessità' della relazione. La relazione consecutiva sembra più contingente e più vicina alle relazioni puramente temporali. Alcune congiunzioni consecutive tipiche (come *quindi* e *så*) ricoprono infatti sia valore consecutivo che di pura successione, e spesso nel contesto concreto è difficile capire esattamente con quale valore vadano interpretate (ritorneremo sull'uso di *så*[105]). Va detto che per quanto concerne le congiunzioni testuali, esse vengono spesso raggruppate in una sola categoria, vedi p.es. Serianni (1988/1997:517-518) che le denomina tutte «conclusive».

I correlati concreti in (192)-(194) e (195a) e (196a), oltre ad illustrare l'equivalenza a livello ideazionale delle congiunzioni tradizionali ed altre espressioni, rientrano appunto nella categoria delle relazioni di causa-conseguenza meno 'forti', come anche negli esempi paralleli danesi (195b) e (196b).

(192) / olia, la {cerniera del, del portapenne},/ ehm **in modo tale**, da / non creare un rumore / (IMB9)
(193) / fa / volare via il foglio [...] / **in tal modo** / egli si ritrova a scrivere ... (ISA5)
(194) / continua a-a colorare / e- **così**, / macchia il foglio / (IMB1)

---

[105]Vedi Skytte (1999b) che parla della polifunzionalità di *så* determinata dalla posizione sintattica: 1) interproposizionale, connettivo consecutivo, 2) intraproposizionale in prima posizione, paraconnettivo con valore di successione temporale, e 3) inserito nel sintagma verbale, particella modale con funzione interazionale.

(195a) / scambia i libri, / eh **in modo che** ←così [...] lui ha il {libro integro} / (IMB4)

(196a) / eh- si riprende insomma il {suo segnalibro} [...] e- **in questo modo, insomma,** / si scopre... (IMB9)

(195b) / bytter han bøgerne ud... øhm... / **således at** / den anden får den ødelagte bog (DMB1)
[scambia i libri... ehm... / così che / l'altro riceve il {libro distrutto}]

(196b) / kommer ind / for / at hente {sit bogmærke} [...] og afslører {**dermed**} sig selv (DMB1)
[entra / per / prendere il {suo segnalibro} [...] e {con-ciò} si tradisce]

Negli esempi seguenti sono impiegate invece classiche congiunzioni e locuzioni congiuntive **causali**, che creano un legame di interdipendenza più stretta fra i due eventi o stati in questione.

(197) / mister Men non se ne accorge, / **perché** / è troppo preoccupato... / (IMB12)

(198) / **siccome**-, / sono rimaste sfrangiate queste pagine, / cerca di tagliarle / (IMB12)

(199) / proprio **a causa** / delle {occhiate torve} dell'altro lettore, / si distrae /(ISA6)

(200) / E **dato che** / la cerniera fa rumore [...] è necessario «oliare» tale cerniera (ISA4)

(201) / la comicità / è **data**→ proprio **grazie al**{l'uso di ciò} / che costituisce l'essere in una biblioteca / (ISA4)

(202) / får et {anerkendende} blik fra bibliotekaren / **fordi** / at bogen- øh er er helt øh... (DMB1)
[riceve uno sguardo {approvante} dal bibliotecario / perché / il libro- eh è è tutto eh...]

(203) / Hikken glemmes dog {hurtigt}, / **for** / nu kommer {hans bog} / (DSA1)
[Il singhiozzo viene dimenticato {presto} / 'perché' / ora arriva il {suo libro}]

(204) / kommer bibliotekaren forbi / og Mr. Bean lukker {**derfor**} bogen / (DSA3)
[il bibliotecario passa / e Mr. Bean chiude {'per-ciò'} il libro]

Prima di passare alle relazioni di finalità, vorrei menzionare un paio di costrutti da prendere anch'essi in considerazione come correlati concreti di relazioni consecutive/causali. Sono, da un lato, i costrutti correlati, vedi (205) e (206), in cui il termine *talmente/så* è posto nella reggente, mentre un *che/at* (o alternatamente, come qui, l'introduttore polifunzionale *så*) introduce la subordinata, costrutti classificati da Serianni (1988/1997:407-408) come la variante 'forte' delle locuzioni del tipo *tanto che*, vedi (207). La relazione semantica esplicitata in (205) è molto simile a quella in (207), che impiega però una costruzione che Serianni (ibid:403) classifica causale.

(205)   / è {**talmente**} maldestro / ←**che** il foglio gli cade / (IMB4)
(206)   / men / så / er han selvfølgelig {så} dum / ←**så** han kommer tilbage / (DMB4)
[ma / poi / naturalmente è {**così**} stupido / ←**che** ritorna]
(207)   / di grande valore, / **tanto che** / egli si infila un paio di guanti / (ISA13)
(208)   / Dum {**som**} han er, / putter Mr. Bean nu {i desperation} slettelak på bogen / (DSA1)
[Stupido {**come**} è / Mr. Bean mette ora {in disperazione} il correttore sul libro]

Le messe in relazione **finali** sono affini a quelle consecutive, solo che contengono sempre un elemento di intenzionalità o volontà (Serianni ibid:407). Le finali possono infatti essere definite come relazioni di causa-conseguenza in cui la conseguenza è vista come non ancora avverata, come effetto desiderato, intenzionale di un qualche altro evento, e implicante perciò la presenza di qualcuno che può porsi dei fini. L'affinità a livello semantico è rispecchiata anche a livello dell'inventario; ritroviamo infatti numerose congiunzioni e locuzioni congiuntive consecutive impiegate anche per designare finalità, mentre l'irrealtà della conseguenza è segnalata, in italiano, dall'uso del modo congiuntivo; vedi gli esempi seguenti.

(209)   / di dare un po' di olio alla {cerniera del {suo portapenne}} / **affinché** / non cigoli / (ISA13)
(210)   / eh- cerca di- di trattenere il respiro, / per- per-, **perché** / passi / (IMB6)
(211)   / vuole rifilare questi fogli / **in modo che** / nessuno se ne accorga / (IMB3)
(212)   / **per** / coprirsi da questo signore qua / mette, eh a fianco di sé la {sua borsa}, / **così che** / quel signor non potesse vedere... (IMB2)
(213)   / utilizzando anche un tagliacarte / **per** / non lasciare segni (ISA14)

(214)   / og så / bytter han bogen ud [...] / **så** / han ikke får skæld ud / deroppe / (DMB6)
[e poi / scambia il libro [...] / così / non viene sgridato / lassù]
(215)   / han kommer tilbage / **for** / at hente {sit, {store {afskyelige bogmærke}}} / (DMB4)
[ritorna /per / prendere {il suo, {grande {disgustoso segnalibro}}}]

Gli esempi (213) e (215) illustrano la segnalazione di una messa in relazione di secondo grado tramite una semplice preposizione. Va sottolineato che solo le costruzioni *per/for* + *infinito* sono prese in considerazione, dato che il valore semantico di finalità della preposizione è (di solito) abbastanza preciso da qualificarsi come u.i. esplicita. Nella maggior parte dei costrutti simili (vedi *di*, *a*, *da* + *infinito*), però, la preposizione ha praticamente solo funzione di introduttore delle forme infinitivali, cioè di segnale di subordinazione, e non si qualifica allo statuto di u.i. Anche qui troviamo diversi casi limite (come, per esempio, *da* + *infinito* in italiano, e *ved at* + *infinito* in danese), in cui solo un confronto delle diverse testualizzazioni di messe in relazione uguali ci può fornire la soluzione nella fase di segmentazione.

Bisogna prendere in considerazione un altro tipo di sintagmi preposizionali, *prep. + art.def. + sostantivo deverbale*, un esempio di **testualizzazione molto integrata** di due unità di informazione. Alla riduzione dell'elemento verbale a sostantivo (o infinito sostantivato, come spesso in italiano) si accompagna la riduzione dell'elemento congiuntivo a preposizione.

Serianni (1988/1997:242) dà la seguente definizione del possibile valore temporale di *in*: «tempo continuato, per definire lo spazio di tempo entro il quale si svolge un evento». In (216), tale spazio di tempo è definito in termini di un altro evento, codificato però in forma sostantivale, e ci troviamo così ad operare con due u.i., una di primo grado e una di secondo grado (confronta gli esempi quasi paralleli, che impiegano la congiunzione prototipica *mentre* e una forma verbale finita):

(216) / **nell'**{attesa} / sembra imbarazzato e impacciato / (ISA7)
(217) / **mentre** / è in attesa [...] viene sorpreso dal singhiozzo / (ISA5)
(218) / **mentre** / aspetta [...] gli viene il singhiozzo / (IMB3)

In (219) e (220) il valore temporale di *in* è meno durativo, e potrebbe essere 'tradotto' piuttosto dalla congiunzione *quando*, mentre in (221) il valore temporale acquista sfumature addirittura causali:

(219) / la cerniera fa rumore / **nel** / tentativo di aprirlo / (ISA4)
(220) / **Nel** / cercare di riprodurre un {dipinto nel libro} / finisce per / combinare una serie di eventi... (ISA12)
(221) / si è volto al {suo vicino} / **nel** / timore {di averlo disturbato} /(ISA4)

Negli esempi (222)-(224) la semantica di fondo delle preposizioni *con* e *med*, di accompagnamento e di strumentalità, acquista valori che vanno dal temporale al causale a seconda del contesto specifico (a proposito di *con*, vedi Serianni ibid:244). Nota inoltre (222) che ripropone una piccola sequenza ormai nota.

(222) / **con** {uno starnuto} / il {foglio trasparente} gli, gli vola via / (IMB8)
(223) / eh-m gli, gli vengono dei singhiozzi, / e- e inizia così→, {**con** {i singhiozzi}} a disturbare un un {signore vicino} / (IMB2)
(224) / øh, han bliver så henvist til- øh... læsepladserne.../ øhm, **med** / en tyssen fra bibliotekaren / (DMB1)
[eh, viene poi 'assegnato' ai- eh... posti di lettura.../ ehm, con / uno zittio del bibliotecario]

I costrutti imperniati su *con/med* ora presentati sono, almeno a prima vista, difficili da discernere dai costrutti preposizionali che segnalano invece qualità/maniera (vedi 6.3.2) o circostanze dell'evento o di un partecipante. La differenza importante è che per qualificarsi come u.i. di secondo grado, il complemento della preposizione deve contenere un elemento verbale.

I costrutti *prep. + art. def. + sostantivo deverbale* sono evidentemente **casi limite** di integrazione (d'altronde poco frequenti nel nostro corpus[106]). Come detto sopra, l'integrazione porta spesso alla perdita di elementi informativi, rendendo l'unità d'informazione in questione meno specifica, e a volte così imprecisa da diventare **puro indizio** di una messa in relazione, sfociando quindi nell'implicito. Il problema di questi costrutti consiste nel discernere fra le espressioni che sono vere esplicitazioni di unità informative (di secondo grado), e le espressioni che invece indicano solamente la presenza di una relazione, lasciando però la ricostruzione di essa all'interlocutore.

Questo ci porta a quello che potrebbe essere chiamata **integrazione morfologica** di due unità di informazione (parallela all'integrazione lessicale menzionata sopra). Si tratta dei casi in cui l'indizio di una messa in relazione di secondo grado è dato dalla morfologia del verbo, dall'**uso di forme non finite** – si veda (225), non a caso tratto da un testo scritto, in cui spicca l'impiego di gerundi e participi passati:

(225)   / decide a questo punto / di strappare il foglio, / <u>celando</u> il rumore / <u>provocato</u> / con un {finto starnuto} / e <u>rifilando</u> quanto / <u>rimasto attaccato</u> alla rilegatura del libro / con un taglierino / <u>riducendo</u> {in tal modo} il libro in pezzi (ISA5)

Non c'è dubbio che sussista una forte similitudine semantico-funzionale fra le forme non finite e i costrutti in cui la relazione di secondo grado è espressa da costrutti preposizionali come quelli appena descritti, cioè *prep. + sostantivo deverbale* (mentre l'impiego di una congiunzione è quasi sempre più preciso, da un punto di vista sia semantico che sintattico[107]). I due costrutti dimostrano più o meno lo stesso grado di riduzione del materiale linguistico e di conseguente perdita di elementi significativi (riguardo ai partecipanti e all'ancoraggio situazionale). Nonostante i tratti simili, ho scelto però di non far valere i connettivi morfologici (cioè il gerundio e i participi) come u.i. di secondo grado, da una parte a causa dell'atomizzazione del testo che ne conseguirebbe, dall'altra a causa della vaghezza semantica di questi connettivi. La segnalazione di quali

---

[106]Vedi Halliday (1994:159) che parla di «difficulties in identifying circumstantial elements» nei casi di: «(i) prepositional phrase as participant; (ii) preposition attached to verb; (iii) prepositional phrase (as Qualifier) inside nominal group; (iv) prepositional phrase as Modal or Conjunctive Adjunct (that is, they are outside the transitivity group); (v) abstract and metaphorical expressions of circumstance. **In the modern elaborated registers of adult speech and (especially) writing, the circumstantial elements have evolved very far from their concrete origins – especially the spatial ones**» (grassetto mio).

[107]Vedi Langacker (1991:425): «*While* is thus a true, explicit connector, whereas *-ing* is basically an atemporalizer deriving non-processual structures suitable for subordinate use» e (1991:426): «*While*-type connectors render their connecting function maximally salient and explicit: they go so far as to profile the interclausal relationship (e.g. temporal inclusion) [...] By contrast, the connecting function of *-ing* is at best an indirect reflection of its meaning.»

correlati concreti siano scelti a codificare le varie messe in relazione virtuali, ci indica però in larga misura la presenza di forme non finite e ci dà quindi un indizio della misura in cui la connessione temporale sia realizzata con mezzi morfologici.

Faccio un brevissimo accenno anche ad un altro genere di segnalazione morfologica di rapporti temporali, cioè **la variazione dei *tempora* verbali** – vedi (226a)-(226b) e (227), in cui rispettivamente l'imperfetto, il trapassato prossimo e il futuro, in un contesto dominato da tempi presenti, serve a correlare gli eventi fra di loro come non-contemporanei.

(226a) / han får bragt bogen / han bad om / (DSA3)
        [gli portano il libro / che richiedeva]
(226b) / il guardiano della biblioteca gli porta il {testo antico} / che aveva chiesto / in consultazione / (ISA10)
(227)   / per / prendere delle cose / che a quanto pare gli serviranno / (ISA1)

La *variatio temporum* non sarà comunque considerata segnalazione esplicita di relazioni temporali fra gli eventi, ma è collocata invece a carico dell'impegno inferenziale dell'interlocutore.

Per il loro scarsissimo apporto di valore semantico (ideazionale), le congiunzioni meramente coordinanti non saranno considerate correlati concreti. Come per la coordinazione asindetica[108], le relazioni di secondo grado di cui le congiunzioni coordinanti sono indizi, sono di solito facilmente interpretabili (almeno in testi narrativi) per l'isomorfia fra la successione testuale degli enunciati e la successione cronologica dei fatti narrati (iconicità temporale) [109].

Più problematiche sono invece certe congiunzioni di successione temporale, specialmente quelle dal valore semantico vago, oscillante fra successione tanto ravvicinata da diventare contemporaneità, successione in termini più generici, o successione invece con sfumature di consecutività. Esemplare per la sua vaghezza è la congiunzione polifunzionale danese *så*, che nella funzione temporale è equivalente a volte a *poi*, a volte a *allora* o *quindi*. Appunto perché l'iconicità temporale rappresenta la soluzione più 'naturale'[110], la testualizzazione di grado zero, il fatto di segnalare pura successione temporale non costituisce una grande aggiunta di informazione. Questa è sicuramente la ragione per cui, spesso, congiunzioni come *så*[111], *allora*[112] e *quindi*, perdono gran parte della loro funzione

---

[108]Vedi Van Dijk (1977:212): «In general, asyndetic coordination may be used to 'express' either a natural consecution of events, a causal relationship, co-occurrence, or a natural sequence of speech acts (assertion + explanation, assertion + addition, assertion + conclusion).»

[109]Cfr. Lombardi Vallauri (1996:114): «Dino [Compagni] può esimersi dalla segnalazione esplicita di quale sia la relazione semantica fra clausole adiacenti, proprio quando questa è la relazione di successione temporale; perché nel genere testuale in cui la sua opera si colloca (la narrazione quasi «pura»), quella di tempo è per così dire la relazione semantica «*di default*» fra clausole successive.»

[110]Vedi Fleischman (1990:132): «Linguistic definition of narrative are generally founded on the assumption that iconic sequence is the default clause order, or narrative norm.»

[111]Anche in posizione iniziale (e non solo calata in mezzo alla frase) il valore semantico di *så* può essere così affievolito da segnalare praticamente solo l'introduzione di una nuova frase; specialmente nel parlato, che non si può avvalere delle indicazioni date dalla punteggiatura nello scritto, questa funzione è abbassanza evidente.

[112]Vedi Sabatini (1985:166): «L'avverbio *allora* con valore non temporale ma consecutivo ha un largo

di relatori a livello ideazionale, convertendosi invece in segnali discorsivi con funzioni prevalentemente testuali.

Dopo questa parentesi su vari casi limite (per il loro grado estremo di integrazione e/o per la loro vaghezza semantica), passiamo ora a costrutti che, rispetto alla soluzione prototipica, portano, non all'integrazione, ma invece alla **spartizione** del correlato concreto. Possono essere considerate già un primo passo in direzione della spartizione, sia le locuzioni congiuntive subordinanti (*nel momento in cui* o *di modo tale che*), che le locuzioni che assolvono le stesse funzioni logico-semantiche a livello però interfrasale (*In quel momento* o *In tal modo*). Abbiamo rilevato gli elementi che hanno la funzione di **aggancio relazionale** fra i due eventi, quali pronomi (*in cui, che, hvor, der*), come anche lessemi intrinsecamente anaforici (*stesso, tale, samme*). Nelle espressioni in (228)-(233), comprendenti sia costrutti preposizionali che frasi finite, l'aggancio relazionale è costituito invece da una **proforma lessicale** sostantivale o verbale (vedi anche 5.2.2).

(228) / der {igennem hele <u>seancen</u>} har måttet døje... (DSA6)
[che {attraverso tutta la sessione} ha dovuto sopportare...]

(229) / **Midt i** <u>operationen</u> / kommer bibliotekaren forbi / (DSA5)
[In mezzo all'operazione / passa il bibliotecario]

(230) / Ma / proprio **mentre** <u>è all'opera</u>, / arriva un uomo / (ISA9)

(231) / tutto questo <u>avviene</u> **sotto** {lo sguardo del {vicino} / (ISA8)

(232) / infine / strappa la pagina in questione / ma / **così** <u>facendo</u> / la rilegatura cede / (ISA7)

(233) / **det næste** <u>han</u> så <u>gør</u> det er / han tager- nogle {hvide handsker} op / (DMB4)
[il seguente che poi fa è / tira su- dei {guanti bianchi}]

Mentre in (228)-(233) la spartizione concerne l'aggancio relazionale, negli esempi seguenti viene spartito invece l'elemento che porta il valore semantico della relazione, in quanto la congiunzione viene sostituita da un verbo. Spesso all'impiego di questo tipo di correlati non prototipici di relazioni di secondo grado, si accompagna la rappresentazione altrettanto poco prototipica delle relazioni di primo grado, con strategie integrative basate sull'uso di sostantivi deverbali – vedi (234)-(237). Confronta inoltre l'uso causativo del verbo *gøre* (=*fare*) in (238) con la locuzione congiuntiva *per il fatto che*.

(234) / si dirige al tavolo di lettura / **suscitando** / un principio di insofferenza nel {suo vicino di posto} / (ISA10)

(235) / **ciò contribuisce** / alla comicità della scena / (ISA4)

(236) / **accompagna** / la visione di ogni pagina / ←**con** {buffissimi sguardi} ammirati / (ISA11)

impiego, non soltanto come correlativo di una causale [...] ma come elemento riassuntivo e conclusivo che introduce o segue domande, ordini, affermazioni categoriche, con il significato di 'insomma', 'stando così le cose' e simili, quindi come avverbio frasale che funge da segnale demarcativo del discorso.»

(237) / men / **det resulterer** blot i / en endnu større udtværelse af / det tegnede / (DSA10)
[ma / questo risulta solo in / un ammaccamento ancora più grande del / designato]

(238) / nå men så / nyser han {pludselig}, / og det er jo ikke så smart / fordi / **det gør jo at** / bogen bliver lidt beskidt / (DMB2)
[ma allora {all'improvviso} starnutisce, / e ciò non è molto furbo / perché / fa che / il libro diventa un po' sporco]

Per quanto riguarda la spartizione delle messe in relazione di secondo grado, è forse opportuno distinguere fra il parlato e lo scritto. Nel parlato, infatti, la scelta spartitiva di solito rientra in quella strategia generale di spartizione che è caratteristica del discorso parlato e che gli esempi finora citati illustrano molto bene. Nello scritto la spartizione dei correlati concreti delle relazioni di secondo grado, è invece una conseguenza di quell'integrazione deverbalizzante che i correlati delle messe in relazione di primo grado hanno subito; in altre parole, gli eventi sono messi sullo sfondo, mentre le relazioni fra gli eventi, in particolare quelle di causa-effetto sono messe in primo piano. Un aumento delle metafore grammaticali (nel senso hallidayiano) che significa un allontanamento dalla rappresentazione prototipica.

Meritano un breve commento anche le messe in relazione di secondo grado di carattere **avversativo**. Anche se, come detto sopra, diventa sempre più difficile sostenere lo statuto ideazionale o rappresentazionale delle relazioni di secondo grado quanto più ci allontaniamo dalle relazioni strettamente temporali e causali, è sembrato pertinente prendere in considerazione anche congiunzioni quali *ma*, *se non che*, *solo che*, *invece*, *però* e i corrispettivi danesi, che esprimono contrasto o apparente incompatibilità fra le azioni o gli eventi evocati dal testo (vedi Van Dijk (1977:212) sull'uso di *but*: «*But* may denote (i) unexpected consequence; (ii) unfulfilled conditions; and (iii) contrast»). Con questi costrutti ci troviamo senza dubbio al confine fra informazione ideazionale e informazione testuale e/o interpersonale (Van Dijk (1977:212) distingue fra avversità «fattuale» e avversità piuttosto «attitudinale»[113]). Uno dei motivi per includerli ciononostante, è la ricorrenza con cui appaiono in specifici punti della rappresentazione degli eventi; un secondo motivo sono le indicazioni indirette che le congiunzioni avversative ci danno sulla stessa macrostruttura del testo[114] (vedi gli esempi concreti in 8.1.4, e i commenti a proposito).

---

[113]Vedi Van Dijk (1977:212) sugli usi rispettivi di *but* e di *yet*: «...*but* essentially relates two events which are, as such, somehow incompatible, in the sense that the second fact is an 'exception' to the normal consequences of the first fact» mentre *yet* è impiegato «when actual knowledge is incompatible with justified expectation of the speaker», rientrando piuttosto nel dominio delle funzioni testuali e interpersonali.

[114]Vedi Menin (1996:53): «La normalità dei mondi implicati è in generale una risorsa di informazioni e dati concettuali cui il testo accede continuamente per la sua strutturazione coerente. Ciò non significa però che ogni testo presenti eventi e situazioni sempre assolutamente *prevedibili e probabili*, ma semplicemente che tenderà a segnalare in vari modi, anche esplicitamente, l'accesso a mondi *anormali*, cioè imprevedibili. Uno strumento sintattico usato in questo senso è l'uso dei controgiuntivi, come «ma», «invece», «tuttavia», «comunque», «ciononondimeno», «eppure», «anzi» ecc.»

6.4 Riassumendo: correlazione prototipica e sinonimia sintattica

Ho cercato in questo capitolo di definire i **criteri necessari e sufficienti alla delimitazione** di una unità di informazione (informazione di carattere ideazionale, data esplicitamente nel testo). Ho tentato in seguito di illustrare, tramite esempi del corpus, quali possano essere i **correlati concreti**, raggruppandoli in base all'elemento che fa da 'perno' nella messa in relazione codificata dal costrutto in questione. Elementi dotati di valore di 'perno', o, in termini langackeriani, capaci di imprimere un profilo relazionale, sono, oltre ai **verbi** di forma sia finita che non finita, anche le **preposizioni**, le **congiunzioni**, gli **avverbi** e gli **aggettivi**. Sono tutti capaci di mettere in relazione fra di loro più entità e/o qualità, ma si distinguono per una serie di tratti, di carattere semantico, sintattico e pragmatico, nonché per pura estensione materiale.

A livello semantico/cognitivo le varie categorie di correlati concreti sono prototipicamente legate a certe messe in relazione. Questa correlazione scaturisce dal fatto che le categorie che raccolgono le *partes orationis*, denotano **prototipicamente** una certa categoria di elementi nella realtà extra-linguistica (o nella nostra rappresentazione mentale di essa). Un sostantivo rimanda prototipicamente ad una entità circoscritta nello spazio; un verbo ad un evento/processo/ azione, cioè a qualcosa di circoscritto nel tempo; un aggettivo ad una qualità dell'entità 'spaziale'; l'avverbio ad una qualità dell'avvenimento temporale; la preposizione a relazioni fra entità spaziali; e la congiunzione a relazioni fra avvenimenti temporali. L'appartenenza di un certo lessema ad una certa classe di parole, implica che tale lessema come tratto semantico di base includa il riferimento o piuttosto l'evocazione di una determinata categoria di elementi extra-linguistici. Studi recenti di stampo cognitivista (come appunto quelli di Langacker[115]), ma meno recenti, e purtroppo spesso trascurati (come quelli del linguista danese Viggo Brøndal), puntano il loro interesse sulla semantica delle *partes orationis*, ma la discussione non è affatto conclusa, e va a toccare anche il grado di esistenza universale delle categorie e il grado di universalità delle correlazioni prototipiche[116].

La presenza delle categorie dei sostantivi e dei verbi, che denotano rispettivamente entità 'spaziali' e eventi/processi in cui tali entità sono coinvolte, sembra un dato di fatto praticamente in tutte le lingue (a prescindere dalle divergenze da lingua a lingua riguardo all'inventario concreto). Passando però alle altre categorie, ecco che cominciano a sovrapporsi per quanto riguarda l'inventario, e a confondersi per quanto riguarda le messe in relazione denotate. La natura meno

---

[115] Vedi Langacker (1990:20): «Crucial to the claim that grammatical structure resides in symbolic units alone is the possibility of providing a **notional characterization of basic grammatical categories**, nouns and verbs in particular. The impossibility of such a characterization is a fundamental dogma of modern linguistics, but the standard arguments that appear to support it are not immune to criticism. For one thing they presuppose an objectivist view of meaning, and thus fail to acknowledge sufficiently our capacity to construe a conceived situation in alternate ways. Consider the argument based on verb/noun pairs which refer to the same process, e.g. *extract* and *extraction*. Such pairs demonstrate the impossibility of a notional definition only if one assumes that they are semantically identical, yet this is not a necesssary assumption when meaning is treated as a subjective phenomenon. It is perfectly coherent to suggest that the nominalization of *extract* involves a **conceptual reification of the designated process**, i.e. the verb and noun construe it by means of contrasting images» (grassetto mio).

[116] Vedi Jansen (2001) e (in corso di pubblicazione).

univoca e meno universale di queste categorie ci costringe ovviamente ad essere cauti nella postulazione di paralleli diretti fra due lingue riguardo, per esempio, costrutti preposizionali. Nel presente lavoro, però, considerando che le affinità fra il danese e l'italiano in quanto sistemi linguistici, superano le divergenze, mi sembra legittimo partire dalla presupposizione che le categorie nelle due lingue sono più o meno equivalenti.

Torniamo alla nozione di **correlazione prototipica**, e cerchiamo di chiarirne il rapporto con un'altra nozione introdotta nei capitoli precedenti, quella di **testualizzazione di grado zero**. In una testualizzazione di grado zero, le varie messe in relazione riguardo all'argomento del testo sono codificate, prevalentemente, con correlati concreti prototipici, che quindi rispecchiano la gerarchizzazione 'naturale' inerente alla nostra percezione del mondo a noi circostante. Nella percezione della realtà extra-linguistica, il rilievo 'naturale' che, *ceteris paribus*, riserviamo a eventi, processi, azioni, viene infatti corrisposto in termini sintattici dall'uso del verbo, che spicca per il suo valore dinamico, predicativo, potenzialmente assertivo e autonomo rispetto agli altri elementi del discorso. La tendenza, altrettanto generale e naturale, di dare meno peso, porre meno attenzione a quegli elementi extra-linguistici che aggiungono tratti descrittivi alle entità o all'evento a cui le entità partecipano – tratti qualitativi e circostanziali – trova invece la sua controparte nella codificazione per via di costrutti meno autonomi e meno dinamici, imperniati sulle preposizioni e sulle congiunzioni da una parte, sugli aggettivi e sugli avverbi di maniera, dall'altra.

È quindi legittimo parlare, nelle testualizzazioni di grado zero, di una correlazione fra la **gerarchizzazione naturale** inerente alla nostra percezione di diversi tipi di messe in relazione, e le **strategie sintattiche** di *foregrounding e backgrounding* che mettiamo in atto nella rappresentazione testuale delle messe in relazione. Comunque, non è solo il carattere più o meno dinamico o predicativo a determinare il grado di messa in rilievo nel testo, ma anche **la quantità stessa di materiale linguistico**. Più spartiti sono i correlati concreti, più dispendiosi sono materialmente, e più pertinenza ricevono nel testo (vedi il «*quantity principle*» di Givón 1984/1990:969).

La correlazione prototipica, però, anche se non si riduce a puro postulato teorico, si manifesta nei testi concreti sempre solo fino ad un certo punto. I locutori, infatti, sovrappongono alla presentazione di grado zero determinate strategie discorsive, a seconda della situazione comunicativa e degli scopi che si prefiggono di realizzare con il loro testo. Gli espedienti sintattici di *foregrounding* e *backgrounding*, invece di rispecchiare la gerarchizzazione 'naturale', possono essere usati anche a segnalare il grado di **pertinenza pragmatica** che il locutore assegna ad una data messa in relazione in quel dato contesto comunicativo. Se un dato evento è stato già evocato, se non è giudicato molto importante contestualmente, se è in qualche misura già implicito al contesto, o se il testo in generale non mette in rilievo quel tipo di messe in relazione, il locutore può scegliere di 'sopprimere' la pertinenza naturale, e codificare l'evento con una forma non finita, un derivato deverbale o addirittura un sintagma preposizionale, anziché col verbo finito, come vorrebbe il principio della correlazione prototipica[117].

Alla correlazione prototipica va quindi contropposta quello che potremmo chiamare la **sinonimia sintattica**, il che presuppone che al di sotto delle diverse testualizzazioni parallele ci sia in effetti una **equivalenza semantica di base**[118]. Come indica l'aggiunta 'di base', la nozione di sinonimia sintattica va trattata con cautela: è ovvio che le variazioni sintattiche, come quelle trattate nei capitoli precedenti, hanno un impatto semantico di non poco conto, imprimendo sulle messe in relazione diversi profili e diversi punti di vista (come conseguenza specialmente di cambiamenti nell'ordine dei costituenti), e determinando così l'immagine mentale finale evocata dall'interlocutore (vedi la distinzione langackeriana fra *conceived situation* e *construal*[119]). Le variazioni sintattiche partono comunque dagli stessi elementi extra-linguistici (e in larga misura anche dalle stesse relazioni fra di essi). Questi elementi extra-linguistici rimangono quelli di **base** nell'immagine mentale evocata, rispetto ai quali le indicazioni riguardo a specifici profili o punti di vista costituiscono una parte delle **istruzioni d'uso** – di carattere meno discorsivo, modale, pragmatico di quelle sul valore illocutorio, sull'atteggiamento del locutore, sulla strutturazione del testo di per sé, ecc.

Premesso che sussista questa equivalenza semantica di base, va aggiunto però che l'integrazione e la conseguente riduzione di materiale linguistico non di rado comporta una riduzione degli elementi di significato all'interno dell'u.i. A volte tale riduzione è così forte da portare alla quasi-soppressione o quasi-omissione di u.i., avvicinandosi quindi ad una strategia riassuntiva, e mettendo in gioco anche la stessa equivalenza semantica. In testi molto integrativi, la compattezza materiale e la vaghezza semantica che ne consegue, può complicare la segmentazione, come abbiamo visto sopra nei casi di messe in relazione di secondo grado segnalate da costrutti preposizionali con complemento deverbale. L'impiego della spartizione (come certe perifrasi verbali ed anche certi verbi di supporto di locazione), può, al contrario, sconfinare a volte nell'**aggiunta di informazione**, e portarci quindi in direzione di vere e proprie strategie di dispiegamento. Insomma, più il testo si allontana dal testo di grado zero, in direzione sia dell'integrazione che della spartizione, più diventa difficile la segmentazione dei testi in unità di informazione.

La seguente figura, che riprende e amplia la graduatoria presentata sopra nella figura 6.2, cerca di riassumere le varie interrelazioni e correlazioni discusse ora:

---

[117]Possiamo parlare però ancora di un rapporto 'iconico', in quanto il *backgrounding* sintattico rispecchia una gerarchizzazione pragmatica/retorica anziché 'rappresentazionale'; vedi anche cap. 2.
[118]Vedi Jakobson (1959/1971:262) citato in Seiler (1995): «Equivalence in difference is the cardinal problem of language and the pivotal concern of linguistics.»
[119]Vedi Langacker (1991:515): «Semantic input of grammatical structure is primarily a matter of construal (as opposed to specific conceptual content).»

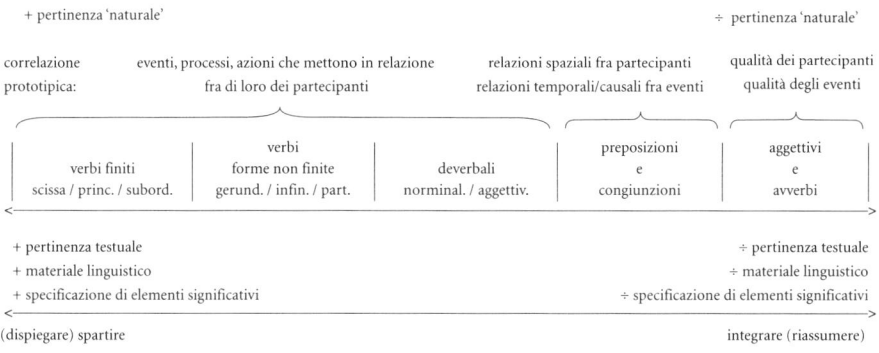

(figura 6.5)

Come traspare dalla figura – e come è emerso dagli esempi concreti – le diverse categorie di correlati concreti sono caratterizzate da una considerevole **non-omogeneità**, riguardo tanto la loro comparsa materiale, quanto la natura delle messe in relazione da loro denotate (confronta la delimitazione di un singolo avverbio locativo come correlato concreto di una u.i., con i casi in cui la u.i. consiste di un verbo finito con tutte le sue valenze, spartita forse ulteriormente in una frase scissa).

Se i capitoli precedenti per molti versi si presentano come un catalogo di problemi di categorizzazione morfo-sintattica, questo deriva anche dalla **natura scalare della lingua**. Questa fa sì che la maggior parte delle categorie con cui si cerca di descrivere la lingua (sia sistema che uso) sono categorie dai **confini non discreti**, ma invece graduali: un costrutto può appartenere di più o di meno ad una categoria, può soddisfare di più o di meno i requisiti all'appartenenza, ed esserne quindi un rappresentante più o meno tipico/prototipico. La gradualità comporta che il passaggio da una categoria all'altra sia costituito per forza di una zona intermedia, contenente costrutti periferici rispetto al nucleo di entrambe le categorie. I casi di difficile delimitazione su cui mi sono soffermata, sono quasi tutti casi limite fra una categoria ed un'altra[120], e rientrano quasi tutti fra i problemi centrali nelle discussioni degli addetti ai lavori: lo statuto unitario o meno delle perifrasi verbali, lo statuto 'valenziale' o meno di certi costrutti preposizionali, la distinzione fra '*nexus*' e '*junction*' per diverse combinazioni aggettivali, il valore 'doppio' di preposizione e congiunzioni di certi lessemi, la definizione del concetto di ellissi, il grado di grammaticalizzazione di certi lessemi e certi costrutti, lo statuto ideazionale o piuttosto testuale/interpersonale di larga parte delle congiunzioni, ecc.

Praticamente tutte le difficoltà sorte nel tentativo di circoscrivere l'unità di informazione sembrano far parte di problematiche assai note, il che dimostra la

---

[120] Vedi Prandi (1998:433): «Malgré les apparences, ce sont souvent les phénomènes de frontière et de transition, caractérisés par la perte du toute affinité élective entre structures et fonctions et par la contamination et par le conflit entre critères d'analyses, qui permettent de mieux éclairer les faits complexes.»

pertinenza della *quaestio*. Avendo però sempre in mente che le discussioni definitorie e teoriche, per quanto interessanti per sé, dovrebbero sfociare in termini operazionali, la notorietà dei problemi di categorizzazione non mi è di grande aiuto nella fase concreta di segmentazione.

Rimarrà così sempre un certo numero di casi specifici in cui i criteri generali presentati sopra non sono sufficienti a indicarci una soluzione interamente soddisfacente da un punto di vista teorico. Comunque, un tale margine di arbitrarietà è inevitabile, ed è, a mio avviso anche legittimo in un lavoro come il presente, premesso che sia ridotto ad una percentuale accettabile (10-15 %), e che la maggioranza delle altre soluzioni sia invece chiaramente consistente e non-arbitraria. In casi in cui è difficile stabilire il limite inferiore o superiore dell'unità informativa, l'unico approccio possibile consiste nel confronto dei testi stessi. Questa soluzione, esplicitamente contingente, si basa soprattutto su una **valutazione della tendenza generale** nei testi a percepire una data combinazione di elementi significativi come una messa in relazione o meno.

7.
LE PARTI DEL TESTO 'NON-INFORMATIVE'

7.0 Diluizione vista come intervento verticale nel percorso narrativo
7.1 Una categorizzazione degli espedienti di diluizione
       7.1.1 *Diluizione tramite commenti del locutore*
       7.1.2 *Diluizione tramite segnali/operatori con funzioni testuali e/o interpersonali*
7.2 Frammentazione e ridondanza versus coesione e efficacia. Il testo parlato

7.0 Diluizione vista come intervento verticale nel percorso narrativo
Passiamo ora alla **terza fase dell'analisi** che si prefigge di cogliere la quantità di materiale linguistico nel testo che **non veicola informazione ideazionale, ma assolve invece funzioni di carattere testuale e interpersonale**, avendo nondimeno una portata decisiva sulla densità informativa, come vorrei mostrare nel presente capitolo.

L'informazione ideazionale si basa sulla capacità della lingua di rappresentare ed evocare immagini mentali della realtà extra-linguistica, ed è legata quindi ad **aspetti di cognizione**. Le 'informazioni' testuali e interpersonali veicolate dal testo fanno leva invece sulle **funzioni comunicative** della lingua. Le funzioni **interpersonali** si collegano all'atto comunicativo, visto come rapporto di interazione fra locutore e interlocutore (come sinonimo di 'interpersonale' troviamo spesso il termine 'interazionale'). Le funzioni **testuali** riguardano invece la strutturazione concreta degli elementi linguistici al fine di renderli pertinenti e conformi alla specifica situazione comunicativa e al valore illocutorio che si vuole dare al testo. Le funzioni testuali, anziché puntare su un frammento della realtà extra-linguistica o sul contesto comunicativo, si ripiegano sul testo di per sé, e sono definite infatti spesso 'metatestuali'[1].

Con la dicotomia cognizione/comunicazione siamo ritornati al carattere duplice di qualsiasi testo (e qualsiasi enunciato), che consiste sempre dell' **evocazione** di un insieme di concetti, e dell'**istruzione d'uso** rispetto ad essi. Bisogna, però, ricordando quanto detto sopra sulle '**istruzioni d'uso di base**', sottolineare che le scelte sintattiche (e lessicali) legate alle strategie di testualizzazione, servono ad istruire l'interlocutore su **come strutturare** una certa immagine mentale a partire dall'insieme di concetti di base (vedi la distinzione fra *conceived situation* e *construal*). Esse non servono quindi tanto a istruire l'interlocutore su **come usare** questa immagine mentale rispetto al contesto comunicativo, o rispetto all'organizzazione globale del testo.

La distinzione fra evocazione e istruzione d'uso corrisponde a grandi linee alla distinzione fra **argomento** e **modalità**, illustrata nella figura 5.3. Per rendere operazionale questa bipartizione, cioè per poter discernere – in maniera non

---

[1] Vedi Koch & Oesterreicher (1990:51): «...kann der textuell-pragmatische Bereich bestimmt werden als der Bereich derjenigen sprachlichen Elemente, die ausschliesslich auf Instanzen und Faktoren der Kommunikation **verweisen** (Kontakt zwischen Produzent und Rezipient, ihre Gesprächsrollen, Diskurs/Text, 'Formulierung', deiktische Konstellationen, Kontexte und Emotionen) oder aber selbst eine Instanz der Kommunikation **sind** (Diskurs/Text).»

troppo arbitraria – fra le parti del testo che sviluppano l'argomento e quelle che segnalano invece una modalità rispetto all'argomento (modalità interpersonale o testuale), bisogna prendere in considerazione anche **la tipologia testuale** in cui si iscrive lo specifico testo. Nei testi del corpus è abbastanza facile delimitare gli elementi che costituiscono l'argomento del testo. Trattandosi di un testo fondamentalmente narrativo, essi sono infatti quegli elementi che rappresentano il corso degli eventi, combinati con un certo numero di elementi descrittivi e/o esplicativi. Tutto quello che non si ricollega alla narrazione (commenti valutativi e glosse di vario genere) rientra invece nella funzione modalizzante[2]. In un testo appartenente ad un altro genere o tipo testuale, gli elementi che nel testo narrativo hanno valore prevalentemente modalizzante, possono costituire invece l'argomento, e viceversa: in una recensione letteraria o di cinema, i commenti interpretativi e attitudinali costituiscono così il contenuto centrale, mentre eventuali passaggi narrativi adempiono piuttosto a funzioni testuali e interpersonali, cioè a rendere più facile, più coeso, più allettante il testo.

Gli elementi con funzione modalizzante possono essere visti come **tagli verticali** rispetto all'evolversi orizzontale dell'argomento: verticali rispetto ad una orizzontalità concettuale-rappresentazionale, in quanto '**interrompono' il corso degli eventi**; e verticali rispetto ad una orizzontalità sintattico-formale, dato che larga parte di questi elementi sono **intercalati in mezzo a costrutti sintattici**[3]. Si veda la citazione seguente della Skytte (1999b:451): «La demarcazione discorsiva sarà considerata come una funzione che si svolge a un livello esteriore della testualizzazione lineare o orizzontale in quanto essa serve a marcare un intervento verticale sulla produzione testuale da parte del mittente con funzione **metatestuale** e/o **interazionale** (cfr. Bazzanella 1994)». Nell'analisi della Skytte il termine di **demarcazione discorsiva** va a coprire espedienti di riformulazione, segnali interazionali e commenti metatestuali, categorie che grosso modo corrispondono alla raggruppazione adoperata nel presente lavoro.

A questo ultimo parametro in base al quale cogliere la densità informativa, ho scelto di dare la denominazione di **diluizione** – vedi la definizione di *diluire* nello Zingarelli 11.ed: «rendere meno concentrata una soluzione aggiungendovi un solvente; rendere meno densa una sostanza con l'aggiunta di un liquido». Con questo termine vorrei rilevare, metaforicamente, che si tratta di due «sostanze» di natura diversa, di cui una è considerata un mero «solvente», aggiunto per rendere appunto meno densa l'altra.

---

[2]Vedi anche Fleischman (1990:6): «...attemps to distinguish between elements of a text with strictly **narrative** functions – those that relate to the content of the story (paralleling my **referential** functions) – and those with **extranarrative** functions. The latter domain includes statements serving as «stage directions» (Barthes 1967) for the text (analogous to my **textual** functions) as well as «explanatory, justificatory» statements whose function is «ideological» (Genette 1980; in my terms, **expressive**).»

[3]Vedi Voghera (1994:132-133) che parla, a proposito dello studio del parlato, di «a) difficoltà di delineare i rapporti sintagmatici tra gli elementi di una sequenza verbale; b) difficoltà di delimitare le unità linguistiche pertinenti per l'analisi linguistica» e, commentando un esempio tratto da una conversazione parlata, dice: «il turno di B presenta marcati problemi di segmentabilità a causa della **frequente inserzione di incisi e intercalari, ripetizioni e autocorrezioni** che non permettono di delineare chiaramente dove cominciano e dove finiscono i costituenti sintattici. Di fatto non é possibile una lettura lineare del brano...»

Si potrebbe a questo punto far menzione del concetto di «*lexical density*» (Jean Ure 1971[4]), che Halliday, in una descrizione delle divergenze fondamentali fra lo scritto e il parlato, contrappone al concetto di «*grammatical intricacy*». La nozione di **densità lessicale** si basa sulla distinzione (vedi De Mauro et al. 1993:123, e Simone, 1996:43) fra parole lessicali, o piene, che comprendono verbi, sostantivi, aggettivi ed avverbi, e parole grammaticali, o vuote, che comprendono invece congiunzioni, preposizioni, articoli e pronomi[5]. Il gruppo di parole vuote può essere esteso a elementi linguistici difficilmente collocabili nelle categorie tradizionali, quali interiezioni, particelle modali, e vari tipi di elementi riempitivi che, benché in larga parte derivati da parole lessicali e soprattutto grammaticali, assolvono ormai funzioni prevalentemente discorsive[6].

Il concetto di densità lessicale, basata sul **rapporto fra parole piene e parole vuote**, è pertinente non solo in questa fase dell'analisi che tratta gli espedienti di diluizione, ma anche nella descrizione delle strategie spartitive. Presenta però, nelle due fasi, caratteristiche ben diverse per il modo in cui si realizza. Nella **spartizione** di un'unità di informazione, la densità lessicale cala perché il materiale linguistico che viene ad aumentare il correlato concreto, è costituito in larga misura di parole grammaticali. Una frase scissa consiste di poche parole piene e molte parole grammaticali, però tutte interrelate fra di loro, in modo da formare quella particolare struttura sintattica[7]. Nel processo di **diluizione**, invece, la maggioranza delle parole vuote con funzione testuale o interpersonale, anche quando originariamente grammaticali, non assolve a vere funzioni grammaticali, non partecipa cioè strutturalmente ai costrutti sintattici che codificano le messe in relazione[8]. Le parole impiegate a fini diluitivi, sono spesso intercalate in mezzo ai correlati concreti (di solito con funzione interpersonale), oppure poste ai confini fra un correlato concreto e l'altro (di solito con funzione testuale). Va detto subito che, come elementi di diluizione, sono presi in considerazione non

---

[4]Vedi Halliday (1987:60): «As Jean Ure showed in 1969 (Ure, 1971), the lexical density of a text is a function of its place on a register scale which she characterized as running from most active to most reflective: the nearer to the «language-in-action» end of the scale, the lower the lecixal density. Since written language is characteristically reflective rather than active, in a written text the lexical density tends to be higher; and it increases as the text becomes further away from spontaneous speech.»

[5]Alla luce delle riflessioni precedenti sul significato delle categorie lessicali, si può discutere quanto sia opportuno chiamare '**vuote**' le categorie delle preposizioni e delle congiunzioni, che come abbiamo visto comportano l'evocazione di un'immagine mentale di relazioni spaziali o temporali. È evidente però, che il loro valore semantico, nel senso di delimitazione di elementi 'denotativi', è di carattere più astratto, più schematico che per le altre classi di parole menzionate.

[6]Vedi Koch & Oesterreicher (1990:51): «Derartige 'Wörter', die direkt [und ausschliesslich] auf Instanzen und Faktoren der Kommunikation verweisen, nennen wir **Gesprächswörter**», e sotto (ibid:71): «Es dürfte aus der vorausgehenden Zusammenstellung klar geworden sein, dass es sich bei der Mehrzahl der diskutierten textuell-pragmatischen Signalisierungen um Elemente handelt, die kaum in die traditionelle Wortartensystematik passen. Deshalb wurde sogar als neue Wortart die Kategorie **Gesprächswort** vorgeschlagen (vgl. Burkhardt 1982)...» (sottolineatura mia). È discutibile, però, se sia opportuno parlare di una classe di parole autonoma, dato che è quasi impossibile fissare dei criteri comuni (tanto formali, quanto funzionali), oltre alla funzione globalmente discorsiva.

[7]Vedi Halliday (1987:61): «In other words, the lexical density increases not because the number of lexical items goes up but because the number of non-lexical items – grammatical words – goes down; and the number of clauses goes down even more.»

[8]Vedi Bazzanella (1995:228): «...i segnali discorsivi rimangono esterni al contenuto proposizionale (non contribuiscono cioè al valore semantico dell'enunciato) e non fanno parte, sintatticamente, della frase.»

solo parole 'discorsive' (della categoria eterogenea dei **segnali o operatori discorsivi**), ma anche elementi più consistenti (semanticamente e sintatticamente).

7.1 Una categorizzazione degli espedienti di diluizione

All'interno della distinzione fra contenuto ideazionale e non-ideazionale, necessaria a cogliere la relazione reciproca in termini di materiale linguistico, serve una categorizzazione più dettagliata che consideri sia funzioni che inventario, in modo da poter rendere conto delle ragioni che spingono i locutori a diluire il testo, e delle conseguenze di tale scelta per la 'tessitura' del testo. La categorizzazione che ora propongo, è fatta soprattutto in vista dei suddetti fini operazionali, e non mira assolutamente a fornire una descrizione sistematica di questo campo di studio, complicato quanto interessante. Mi sono ispirata a diversi studi – Bange & Kern (1996), Bazzanella (1995, 1994, 1985), Koch & Oesterreicher (1990) e Skytte (1999b) – usando i loro criteri in modo assai generale ed eclettico, senza discutere i punti in cui divergono le tassonomie proposte.

Parto da una distinzione preliminare in **due categorie generali**, che si distinguono soprattutto dal punto di vista 'materiale', cioè dell'inventario:

– diluizione realizzata con veri e propri **commenti** che non rientrano nella presentazione narrativa degli eventi, ma:
a) esprimono una qualche valutazione o riflessione del locutore rispetto all'argomento, cioè alla narrazione;
b) ci dicono qualcosa sulla situazione comunicativa immediata, cioè sullo stesso processo di codificazione;
c) rimandano al contesto un po' più ampio, cioè alla 'cornice situazionale', costituita qui dalla ricezione del filmato con Mr. Bean da parte dei locutori;

– diluizione realizzata con vari tipi di **segnali/operatori** (linguistici, ma anche paralinguistici) relati:
a) alla contestualizzazione del discorso (espedienti che servono a rendere esplicita la presenza del locutore e dell'interlocutore, in termini di prospettive e atteggiamenti rispetto al narrato);
b) alla pianificazione del discorso (espedienti che servono a controllare e a dare tempo al processo di codificazione e di decodificazione).

Come si vede già qui, entrambe le categorie possono essere suddivise ulteriormente in base a quale delle due funzioni, quella interpersonale e quella testuale, sia predominante. Questo potrebbe indicare l'opportunità di operare invece con due grandi gruppi, uno di elementi interpersonali, l'altro di elementi testuali. Se ho scelto nondimeno di partire dalle due categorie – commenti e segnali – questo, da una parte, è dovuto alla spiccata **polifunzionalità** degli espedienti linguistici in questione, che rende spesso difficile individuarne una funzione univoca e unica[9]; dall'altra, è dovuto a considerazioni di carattere pratico, circa la **segmentazione** del testo, in quanto i commenti metatestuali spesso sono segmentati in forma di proposizioni intere[10] che precedono o seguono le unità narrative, mentre i segnali, di dimensioni in genere più ridotte, fanno irruzione non solo nella struttura narrativa, ma anche in quella sintattica.

Passiamo ora alla presentazione di esempi concreti, mettendo a prova l'operazionalità delle suddette categorie generali, e studiando al contempo quali sottocategorie possano essere pertinenti all'analisi del corpus.

7.1.1 *Diluizione tramite commenti del locutore*

Commenti del locutore sono, quindi, quegli elementi extra-narrativi che si presentano in forma abbastanza autonoma, che sono dotati, cioè, di una struttura sintattica frasale, e che – benché non contribuendo alla presentazione dell'argomento del testo – hanno nondimeno statuto di evocazione di immagini mentali. Si tratta di informazione **di per sé ideazionale**, che però, inserita in questo specifico testo, acquista **funzioni invece testuali e/o interpersonali**. I commenti possono essere considerati il versante più spartito degli interventi testuali/interpersonali, che mediante diverse strategie integrative (legate spesso a processi di grammaticalizzazione) finiscono per perdere la loro capacità evocativa (ideazionale), e si riducono a puri segnali discorsivi.

Se vogliamo suddividere i vari tipi di commento, quelli di solito più difficili da scindere dalla narrazione sono, non sorprendentemente, quelli che si imperniano proprio su di essa. Ho scelto di distinguere fra commenti **metanarrativi** e commenti **narrativi**. I **commenti metanarrativi** esplicitano il macroatto linguistico o la scelta di genere testuale, e forniscono inoltre giudizi e valutazioni generali che segnalano in quale chiave vada interpretato il testo globale.

Negli esempi seguenti (239)-(244), i commenti metanarrativi si collegano a fattori **superstrutturali e macrostrutturali** del testo (vedi cap. 2). Essi rimandano al modello narrativo astratto-universale, oppure riassumono gli eventi in termini così generali e generici da non evocare più l'immagine mentale di una sequenza di eventi azioni processi concreti, ma solo uno scheletro, uno schizzo del corso degli eventi (spesso anche a fini di strutturazione[11]).

---

[9]Per quanto riguarda i segnali discorsivi veri e propri, la polifunzionalità sembra una delle caratteristiche fondamentali della categoria, fino a costituire quasi un criterio di definizione; vedi Bazzanella (1995) e Koch & Oesterreicher (1990).

[10]Vedi ancora Skytte (1999b:468): «Trattiamo qui brevemente i commenti metatestuali non introdotti da indicatore e sintatticamente proposizioni indipendenti, appartenenti ad uno strato esteriore della testualizzazione. Già in precedenza abbiamo accennato alla presenza dei commenti metatestuali come indicatori di tratti generali della testualizzazione, p.es. del punto di vista e del macroatto, e la loro funzione per indicare cambiamenti nella strutturazione testuale.»

[11]Da notare anche il rimando più succinto al modello generale narrativo in 'locuzioni' discorsive come le seguenti, che hanno sia funzione strutturante di enfasi, sia funzione indiretta di connettivo temporale di successione (vedi anche sopra 6.3.4.):
- chiude il libro e **cosa accade, che** dopo quando lo riapre le due pagine si erano incollate no? (IMB2)
- og **der sker** selvfølgelig **det at** det tværer ud (DMB7)
  [e succede ovviamente 'quello' che questo si sparge]

(239)   eh racconta, eh la storia di- un, signore... (IMB5)
(240)   racconta le vicissitudini di un uomo (ISA9)
(241)   e- da questo momento in poi cominciano tutte le sue, peripezie, ehm... (IMB12)
(242)   e le sue disavventure continuano (IMB8)
(243)   og- øh klimakset her det er så at (DMB3)
        [e- eh il climax qui è poi che]
(244)   ma non sarebbe una comica se non avessimo, l'epilogo finale, veramente divertente... (IMB5)

Dall'altra parte troviamo invece i commenti metanarrativi relativi all'**interpretazione globale**. Negli esempi seguenti viene messa in rilievo soprattutto la natura comica del testo, vedi (245)-(247), ma anche quei tratti del carattere del protagonista da cui scaturisce la comicità, vedi (248), (249) e *pazzerello* in (254); spesso sono 'fusi' commenti super- o macrostrutturali e commenti interpretativi, vedi in (244) sopra e in (246) sotto:

(245)   Ciò contribuisce alla **comicità** della scena... (ISA4)
(246)   L'apice della **comicità** viene raggiunto nel momento in cui... (ISA2)
(247)   det **sjove**, altså altså det er jo selvfølgelig hans mimik (DMB4)
        [ora il divertente, insomma insomma é ovviamente la sua mimica]

(248)   il fatto è che a lui **non va mai bene nulla** (IMB12)
(249)   Uheld på uheld synes at regne ind over vor **tumbede** ven (DSA2)
        [Disgrazia su disgrazia sembra piovere sul nostro amico scemone]

Commenti **narrativi semplici** sono considerati invece quegli interventi che, anche se fuoriescono dalla schietta narrazione, si legano però in maniera più diretta a singoli elementi ed eventi di essa. Consistono di giudizi e valutazioni di eventi concreti (spesso tanto ricorrenti da farne le veci, nella lista di u.i. virtuali, di u.i. descrittive, vedi (250) e (251)), oppure di commenti individuali di carattere associativo legati ad eventi appena narrati, vedi (255) e (256):

(250)   egli si sposta molto **comicamente** attraverso la biblioteca (ISA3)
(251)   sniger han sig afsted henover gulvet på en **dum** slow-motion måde, som kun han kan gøre det. Han tager store og lange skridt... (DSA8)
        ['striscia' attraverso il pavimento in una stupida maniera da slow-motion, come solo lui può farlo. Fa dei passi grandi e lunghi...]
(252)   ha la **balorda** idea di voler ovviare a questo inconveniente trattenendo spasmodicamente il respiro (ISA10)
(253)   lo guarda, con curiosità, perché certo **non è normale** comportarsi in questo modo (IMB3)
(254)   ma, errore **fatale**, il segnalibro che il **pazzerello** vi aveva lasciato rivela la sua colpevolezza (ISA7)

Densità informativa

(255) L'elemento di paradosso qui è costituito da un astuccio di plastica **del tipo di quelli usati dai bambini delle elementari** (ISA4)

(256) heriblandt et pennalhus **af den type, børn får med på deres første skoledag** (DSA1)
[tra le altre cose un astuccio del tipo che i bambini si portano il loro primo giorno di scuola]

Passiamo ora ai commenti che si riferiscono alla **cornice situazionale** costituita dalla ricezione del video. Come si vede dagli esempi (257)-(263), essi esplicitano il ruolo di spettatore del locutore e rimandano alla natura cinematografica della fonte d'informazione:

(257) godt, øhm... **videoteks... øh videostykket, starter med-øh overskriften biblioteket hvor man-øh... ser en person** som vi kender som Mr. Bean (DMB1)
[bene, ehm... il testo del video... eh la scena del video, comincia con-eh il titolo la biblioteca dove si-eh... vede una persona che conosciamo come Mr. Bean...]

(258) comincia- la sua consultazione che, con delle espressioni facciali molto esagerate, **fa comprendere al, allo spettatore** di essere interessantissimo (IMB5)

(259) e poi fan mm, **le immagini fanno vedere**... (IMB5)

(260) eh va bè, mm ci sono mm, **si vede sempre** appunto ... (IMB10)

(261) ved det samme bord som personen **fra åbningsbilledet** (DSA1)
[allo stesso tavolo della persona dell'immagine d'apertura]

(262) altså **der fokuserer kameraet så på ham** (DMB3)
[insomma lì la cinepresa mette poi fuoco su di lui]

(263) e comunque va bè, **scena dopo** (IMB3)

Anche se questo genere di commenti è specifico dei testi di questo corpus, per la circostanza particolare del filmato come stimolo del resoconto verbale, interventi verticali che mettono in evidenza la fonte da cui sono tratti gli eventi narrati – l'accesso ai fatti, la veridicità dei fatti, i limiti al sapere del locutore – sono però ricorrenti in tutti i tipi di testo, e rimandano al classico problema narratologico del punto di vista narrativo. Negli esempi seguenti si può parlare ancora di commenti: il riferimento al locutore stesso come spettatore è abbastanza esplicito (è lui/lei a *comprendere*, *vedere*, *sentire*) ed è ancora possibile evocare l'immagine mentale di una concreta situazione di ricezione:

(264) e già **si comprende**, ehm che-, ehm dal fare del tipo che entra appunto, ehm che- si tratterà di una comica (IMB5)

(265) og **man kan se** at den anden han får da nogle problemer (DMB2)
[e si vede che l'altro lui incontra allora dei problemi]

(266) og der er sådan et... et-øh... trægulv, som, højst sandsynligt knirker **man kan ikke** rigtig **høre det** (DMB7)

[e c'è uno di questi... un-eh... pavimenti di legno, che, molto probabilmente scricchiola non si sente veramente bene]

Non è lungo, però, il passo da commenti di questo genere al gruppo di segnali/operatori discorsivi chiamati da Bange & Kern (1996) «opérateurs de perspective»[12], e da Skytte (1999b) segnali con funzione «metafattuale», una «modalità di documentazione/prova», di riflessioni sullo statuto dei fatti. Negli esempi seguenti, (267)-(269), il soggetto logico, cioè l'agente incluso nella semantica originaria dei verbi *se* (=*vedere*) e *formode* (=*supporre*) è praticamente scomparso: viene espressa solo modalità, non più contenuto ideazionale. Si veda inoltre, negli esempi italiani (270)-(272), le varie funzioni sintattiche assolte dalla parola *sembra* (senza specificazione dell'esperiente), mentre a livello semantico il valore modalizzante rimane invariato (ritorneremo sui segnali metafattuali sotto):

(267)   så synes han han lige må øh lakere negle **det ser ud som om** han skal lakere negle (DMB5)[13]
[allora 'pensa' che deve eh 'giusto' mettere smalto sulle unghie sembra che deve mettere smalto sulle unghie]

(268)   det er noget drabeligt han skal i gang med fordi **han ser** sådan lidt drabelig **ud** i ansigtet (DMB7)
[è qualcosa di drastico che sta per fare perché ha l'aria così un po' drastica in faccia]

(269)   og han holder **formodentligt** vejret (DMB4)
[e trattiene presumibilmente il fiato]

(270)   il libro che gli portano **sembra** molto antico e di gran valore (ISA13)
(271)   poi **sembra** voler tracopiare (ISA7)
(272)   un lettore che- sta studiando **sembra** molto attentamente (IMB9)
(273)   che **a quanto pare** gli serviranno (ISA1)

Passiamo ora all'ultima sottocategoria dei commenti discorsivi, i più facili da scindere dalla narrazione vera e propria, ma, al contempo, i più difficili da scindere dai **segnali** discorsivi. Si tratta dei commenti che si riferiscono al **processo di testualizzazione** in sé, commenti con cui il locutore rende partecipe l'interlocutore delle difficoltà incontrate al momento di allestire il suo discorso (difficoltà di evocazione, di collocazione nel testo, di scelte lessicali ecc.):

(274)   e- il, il guardiano della biblioteca, **chiamiamolo così**, eh- gli fa segno... (IMB2)

---

[12]Vedi Bange & Kern (1996:91): «Quant aux marqueurs de perspective (ex. «wir sehen», «es scheint», «glaube ich», «apparemment»), nous les interprétons comme l'**expression d'une incertitude sur l'état de choses décrit**, d'un refus d'affirmer le statut narratif d'un état de choses. Ils indiquent que le monde raconté n'a pas de cohérence interne, qu'il n'existe pas de manière autonome, mais tire son existence de l'image» (grassetto mio).
[13]Vedi qui come dalla presentazione di una messa in relazione dal punto di vista del protagonista Mr. Bean (cioè esperienza interna altrui), si passi alla presentazione della stessa messa in relazione dal **punto di vista esterno** rispetto ai fatti narrati, con le riserve epistemiche che ne conseguono.

(275) arriva il signore che porta il libro, con molto... **diciamo così**, rispetto (IMB3)
(276) cerca di di tracopiare la figura, ehm... e poi, dunque eh, che **non mi ricordo** eh-... e mentre tracopia [sic!]... (IMB2)
(277) perché la cerniera non funziona bene, **credo** che metta dell'olio no?
(278) l'altro lettore che **abbiamo detto** essere lì vicino (IMB5)
(279) Libro pregiato, **come si diceva** (ISA1)

(280) med sån et øhm **hvad hedder det** overtegningspapir (DMB3)
[con così un ehm come si chiama carta ricopiativa]
(281) et, sådan et stort læderbogmærke **det glemte jeg at fortælle** som han lagde i bogen allerførst med sådan nogen **jeg tror** det er indianere på eller sådan et eller andet (DMB7)
[un, così un grande segnalibro in pelle ho dimenticato di raccontare che aveva posto nel libro all'inizio con così degli credo che sono indiani o qualcosa del genere]
(282) **jeg ved ikke om** det... om den er håndskrevet eller det er gotiske bogstaver (DMB7)
[non so se... se è scritto a mano o se sono lettere gotiche]
(283) han er trådt ud af biblioteket, eller gerningsstedet **om man vil** (DSA4)
[egli è uscito dalla biblioteca, o il luogo del delitto se si vuole]

Che a volte commenti sulla testualizzazione e commenti sulla situazione di ricezione (esprimenti riserve di carattere epistemico) si sovrappongano, è abbastanza evidente; vedi in particolare gli esempi danesi (281) e (282). Anche per gli interventi sulla testualizzazione il passo da commento a segnale – con funzioni più o meno equivalenti, ma svuotato dell'elemento 'evocativo' – è breve e soprattutto graduale.

Prima di parlare dell'altra categoria di interventi discorsivi, quella dei segnali/operatori testuali o interpersonali, vorrei riassumere brevemente quanto detto sui vari tipi di commento, partendo dai vari **ruoli assunti dal locutore** rispetto al suo testo:

– i commenti sulla testualizzazione mettono in rilievo **il locutore come parlante/voce** (chi parla, come parla, cosa sceglie di dire, come lo dice); rimandano alla situazione comunicativa immediata, alla stessa **cornice enunciativa**;
– i commenti sulla ricezione del filmato mettono in rilievo (soprattutto) il **locutore come spettatore/occhio** (chi vede, cosa può vedere, come vede ecc.); rimandano alla **cornice situazionale** costituita dal video;
– i commenti metanarrativi sull'appartenenza del testo ad un certo genere e sull'attribuzione al testo di certi valori esplicitano **il locutore come narratore**, colui che gestisce la narrazione; forniscono una **cornice tipologica ed inter-**

pretativa che segnala all'interlocutore la chiave in cui vanno interpretati i fatti narrati[14].

– come quelli metanarrativi, anche i commenti narrativi-semplici mettono in rilievo il locutore come narratore. I motivi di distinguere fra questi e quelli sono prevalentemente operazionali, a) a volte sembra pertinente collocare i commenti narrativi-semplici nella lista di unità di informazione virtuali; b) spesso commenti di questo genere sono molto individuali e sono quindi difficili da confrontare con gli altri testi[15].

Per quanto riguarda la strutturazione concreta, in molti testi, in apertura (e non di rado anche in chiusura), troviamo una sequenza di commenti che segnalano esplicitamente le varie cornici, e quindi i vari ruoli del locutore, tipicamente nell'ordine **parlante** – **spettatore** – **narratore**[16]; vedi la figura seguente:

parlante	spettatore	narratore/gestore	la narrazione vera e propria
dunque,	il- video che abbiamo visto,	raccon mm, eh racconta, eh la storia di- (un, signore) --->	che entra in una biblioteca (IMB5)
eh, va bè	c'è in questa-, in questo filmato c'è		un signore, che probabilmente deve- bè innanzitutto entra in una biblioteca (IMB10)
dunque	questo-, sketch si apre con		eh eh l'entrata del eh <--- (protagonista) in una biblioteca (IMB7)
	il titolo di questo video «The Library» indica il luogo	in cui svolgono le avventure del protagonista, (Mr. Bean) --->	che si reca in biblioteca (ISA14)
	Il video	racconta le vicissitudini di (un uomo) --->	che si reca in una biblioteca (ISA9)

(figura 7.1)

---

[14]Queste tre «cornici» corrispondono in larga misura ad una tripartizione, proposta da Menin (1996:40), degli elementi che «agiscono in qualche modo *dall'esterno sui testi*» opposto a quello che io chiamo 'argomento', da lui indicato come «contenuto concettuale», vedi: «Un testo non è infatti un semplice costrutto semantico, ma è una strategia comunicativa complessa (*azionalità*) inserita in un preciso *environment* (*situazionalità*) e che obbedisce a caratteristiche tipologiche evidenti (*intertestualità*). **Il contenuto concettuale** di un testo è solo una parte, anche se importante, dell'intero processo.» (grassetto mio)

[15]Vedi Fleischman (1990:143) che opera una distinzione non dissimile: «A strategic component of effective narration, **evaluation operates both at the global level of the text as a whole and at the local level of individual elements**. At the local level, narrators will use evaluation to «modalize» particular elements of a text – events, agents, settings – in order to ensure that those elements considered noteworthy will come across as such, and to forestall differences in interpretation that might result from impartial «phenomenological» reporting.»

[16]Vedi anche Skytte (1997:168): «Questi 'strati' [strati contestualizzanti che vengono a circondare/a sovrapporsi alla struttura informativa vera e propria] sono paragonabili alla nozione di **modus** della linguistica classica. In tempi recenti la teoria sulla polifonia di Ducrot (1984) è fra i modelli descrittivi più appropriati.» (traduzione mia dal danese)

Densità informativa

Da notare che solo nei parlati sembra necessario esplicitare la presa di parola, cioè l'attacco del discorso (indicato da **segnali** discorsivi, anziché da commenti).

7.1.2 Diluizione tramite segnali/operatori con funzioni testuali e/o interpersonali

Il confine fra commento e segnale consiste in un passaggio graduale; ciò non toglie però che sia possibile individuare una serie di **segnali/operatori prototipici** che si distinguono nettamente dai commenti.

Ho distinto sopra fra operatori segnalanti **contestualizzazione del discorso** da una parte, cioè elementi linguistici che rimandano prevalentemente alla presenza degli interlocutori in termini di prospettive, atteggiamenti, aspettative rispetto al narrato, e dall'altra parte, segnali legati prevalentemente alla **testualizzazione in corso**, ossia elementi che non rimandano a qualcosa al di fuori del testo, ma che si ripiegano invece su di esso, cercando di renderlo più funzionale ed efficace possibile.

Rientranti nel primo gruppo (assolventi prevalentemente funzioni **interpersonali**) sono gli elementi fatici, quale l'appello diretto all'interlocutore del tipo *no?*, *ik'* e *giusto* degli esempi seguenti:

(284) quindi fa molto ridere questa scena qua **no**? (IMB2)
(285) cerc, fa finta invece di mettersi lo smalto **no?** di usare il bianchetto come smalto sulle sulle, sulle dita (IMB2)
(286) nå, så, begynder han at smøre noget på ☺ på neglene uden på handsken **ik'**... (IMB4)
[allora, poi, comincia a mettere qualcosa su ☺ sulle unghie sopra al guanto, no?...]
(287) si avvicina con cautela-, **giusto** e- cerca di non disturbare- il vicino... (IMB6)

Nel primo gruppo troviamo anche diversi tipi di operatori modalizzanti o modulatori: da una parte quelli che segnalano aspettative o conoscenze condivise con l'interlocutore[17], come si vede negli esempi seguenti. Da notare in (288) e (289) l'esplicitazione degli operatori discorsivi tramite veri e propri commenti discorsivi, rilevati con sottolineatura (e da notare anche la 'traduzione' della particella modale *jo*[18] in un *ora* anteposto con funzione discorsiva, vedi l'esempio (247) sopra):

---

[17]Vedi Bazzanella (1995:237): «Fanno parte di questo gruppo (i fatisimi) anche i segnali discorsivi che sottolineano la «conoscenza condivisa», cioè l'insieme di conoscenze comuni al parlante in corso e agli interlocutori, relativamente sia al contesto situazionale e linguistico, che a fatti del mondo: *capisci, sai, come sai... eh?*.» Vedi, per il danese, Skafte Jensen (1999) sull'uso di *selvfølgelig, naturligvis, altså, da, dog* ecc.
[18]Vedi Koch & Oesterreicher (1990:68): «Das markanteste Ausdrucksverfahren in diesem Bereich sind die sog. **Abtönungspartikeln** oder auch modalpartikeln. Sie gelten als besonders typisch für das Altgriechische und das Deutsche...» E, bisogna aggiungere, per il danese.

(288) så klister siderne **naturligvis** det kender vi jo alle sammen, at så er en stor klistermasse og at der er blevet sådan sommerfugle ud af det (DMB3)
[allora le pagine si incollano naturalmente ora lo conosciamo tutti, poi è una grande massa di colla e che ne escono 'così' farfalle]

(289) den her lynlås den siger **jo** så som bekendt som en lilås lynlås siger (DMB3)
[ora, questa cerniera qua 'essa' dice come è noto come una cirniera cerniera dice]

(290) et plastikpenalhus som har en lynlås, denne lynlås knirker **selvfølgelig** (DMB8)
[un astuccio di plastica che ha una cerniera, questa cerniera ovviamente scricchiola]

(291) strappa le pagine, di questo libro che **naturalmente** dovrebbe essere antico, ah- strappa le pagine (IMB4)

(292) **ovviamente** entra in una biblioteca vuole fare il meno, eh rumore possibile (IMB10)

(293) e questo provoca **ovviamente** il riso, da parte del, del pubblico (IMB13)

(294) il suo vicino però lo lo guarda, con curiosità, perché **certo** non è normale comportarsi in questo modo (IMB12)

Modalizzanti sono anche gli operatori metafattuali che segnalano riserve epistemiche[19] (o il contrario) rispetto allo statuto dei fatti narrati; vedi appunto Bazzanella (1995:238-239) che parla di segnali discorsivi impiegati per «rafforzare o mitigare il contenuto proposizionale» oppure per «diminuire o aumentare il grado di impegno a sottoscrivere l'enunciato», elencando espressioni quali: *praticamente, appunto, davvero, proprio, direi, mi sembra, forse, magari, certamente* e *naturalmente*:

(295) han går sån lidt, frem og tilbage han har **vist** ikke noget han skal (DMB5)
[va così un po', avanti e indietro non ha evidentemente niente che deve (fare) lui]

(296) hvor han så ser et eller andet som han **åbenbart** er interesseret i for han tager **i hvert fald** kalker fa papir frem, og begynder og-øh og kalkere over **måske** en tegning eller sån noget (DMB5)
[dove poi vede qualche cosa che evidentemente gli interessa perché tira in ogni caso fuori della carta fo copiativa, e comincia a-eh a ricopiare forse un disegno o qualcosa del genere]

(297) con, eh anche lui un libro aperto, e lo sta studiando **evidentemente** (IMB5)

---

[19] Vedi Eva Skafte Jensen (1999).

(298) un libro che è un codice miniato, comunque ci sono delle miniature e-, ed è **sicuramente** un libro molto antico (IMB10)

(299) in un libro di questo tipo, mol che-, **decisamente** è molto vecchio (IMB10)

Non rientranti a rigore nella categoria di veri e propri segnali discorsivi, ma con funzione in larga misura equivalente, cioè di contestualizzazione interazionale, sono diversi elementi deittici (*denne her*, *her/der*, *sådan*, *så*[20]) che, in combinazione sia con sostantivi, che con verbi, aggettivi ed avverbi, acquistano spesso sfumature fatiche, rimandando o presupponendo o ipotizzando un contesto deittico comune[21]:

(300) nå, så kommer bibliotekaren frem, med **denne her** bog, og Mr. Bean tager hvide handsker på [...] og bladrer **sådan** fint og han, **sådan** trækker mundvigene nedad og, hans tunge [parla con la lingua di fuori] kommer ud **sådan**... (DMB7)
[allora, poi appare il bibliotecario, con questo libro qua, e Mr. Bean si mette guanti bianchi [...] e sfoglia 'così' delicatamente e egli, 'così' tira in giù gli angoli della bocca e, la sua lingua [parla con la lingua di fuori] esce 'così']

(301) og vil **så** prøve på **de her** gulnede papir med **det her** kridhvide masse at få slettet **det her** han har gang i **her** og ... (DMB3)
[e vuole 'poi' provare su queste qua ingiallite carta con questa qua bianchissima sostanza di riuscire a cancellare questo qui che sta facendo qua e]

(302) så har han **så** en lille oliekande **der** i sin taske (DMB2)
[poi ha 'poi' una piccola boccetta d'olio lí nella sua borsa]

(303) han, han prøver at lave **sådan** en undvigemanøvre, **sådan** han, han-øh... han er **sådan** ved og og **sådan** kigge på et eller andet **sådan** (DMB7)
[egli, egli cerca di fare 'così' una scappatoia, 'così' egli, egli-eh... egli sta 'così' eh 'così' guardando qualche cosa 'così']

(304) og så finder han **så** endelig [tamburella sul tavolo] **sådan** en sti bom bom **der** frem ad (DMB3)

---

[20]A proposito della polifunzionalità di *så*, vedi la distinzione di Skytte (1999b:467), citata sopra in cap. 6. Qui ci interessa il *så* intercalato nella frase, o addirittura nel sintagma verbale, dove «*så* è un segnale debole interazionale di **accordo sul valore conclusivo/logico** o **consecutivo/temporale** del predicato, frequentissimo nel parlato, e soprattutto nel parlato narrativo, tanto da assumere il ruolo di 'tic'.»

[21]Vedi anche Berruto (1985:126), che parla del «*così* intensificativo 'tuttofare', senza alcun valore deittico effettivo» e di «l'impiego di deittici con valore enfatico-rafforzativo o allusivo, e non dimostrativo. Troviamo sia aggettivi/pronomi dimostrativi sia particelle deittiche privi dello specifico valore appunto deittico e contrastivo rispettivamente, ma o con un semplice valore di ripresa e rinforzo anaforico o con un generico rimando descrittivo».

[e poi trova poi finalmente [tamburella sul tavolo] 'così' un sentiero bom bom qui avanti]

(305) quindi fa molto ridere **questa** scena **qua** no? (IMB2)
(306) inizia a scrivere su **questo** foglio che ha posto... (IMB10)
(307) e- anche qui quell'altro signore vede **questo** taglierino **qua** (IMB2)
(308) poi, per coprirsi da **questo** signore **qua** (IMB2)

Oltre alla funzione in qualche modo 'deittica' e perciò contestualizzante, è evidente anche la funzione riempitiva di questi elementi (vedi in particolare l'esempio (303)). Si tratta infatti di un meccanismo di 'espansione' del costituente in questione, accompagnato spesso da procedure dislocative con ripresa pronominale immediata, vedi (309)-(310), procedura adoperata altrettanto spesso da sola, vedi (311)-(313)[22]:

(309) **den her lynlås den** siger jo så som bekendt (DMB3)
       [questa cerniera qua essa dice...]
(310) fordi **ham den anden han** (DMB3)
       [perché lui quell'altro egli...]

(311) og **Mr. Bean han** åbner den (DMB2)
       [e Mr. Bean egli lo apre]
(312) **tungen den** kører rundt i munden på ham (DMB4)
       [la lingua essa gira nella bocca a lui]
(313) e **lui, il suo** intento è quello (IMB3)

Menzione brevissima meritano anche altri fenomeni con funzione (soprattutto) interpersonale che, purtroppo, non saranno trattati a dovere in questo lavoro. Sono da una parte gli **operatori paralinguistici**, quali elementi **onomatopeici** e anche **mimici**, che possono svolgere funzioni fatiche, deittiche e rafforzative (vedi (300) e (304)), quale la risata (vedi la segnalazione ☺ in (286), (329) e (336)) che può accompagnare o addirittura sostituire commenti sulla comicità degli eventi, o anche sulla 'comicità' di certi *lapsus* di testualizzazione. E sono dall'altra parte i **tratti prosodici**, che sono evidentemente importantissimi, nel parlato, per rafforzare, strutturare e esprimere anche valutazione, ma che, come detto sopra, non sono presi in considerazione in questa analisi (come non sarà preso in considerazione neanche l'uso, nello scritto, per molti versi parallelo, dei tratti grafici (vedi Skytte 1999b)).

Passiamo ora ai segnali discorsivi più nettamente testuali, di carattere strutturante e/o riempitivo rispetto al testo stesso. I segnali discorsivi con funzioni strutturanti servono alla demarcazione discorsiva, segnalanti all'interlocutore apertura/proseguimento/chiusura di sequenze testuali, riaggancio a sequenze

---

[22]La testualizzazione di un singolo costituente sostantivale può variare dal riferimento con soggetto zero, con pronome, con sostantivo articolato o meno, con elementi rafforzativi deittici, e con strategie dislocative; una serie di operazioni integrative/spartitive **all'interno delle u.i.**, interrelate fra di loro e relate al grado di densità informativa generale, alle quali, però, il presente lavoro non dedica molto spazio.

precedenti, ed elaborazione del testo in forma di ripetizione, parafrasi, correzione, digressione o esemplificazione. Mentre l'inventario delle particelle modali pare più folto e variegato per il danese, l'italiano sembra invece disporre e far uso di più segnali discorsivi con funzioni strutturanti[23]. Gli esempi concreti in questo corpus testimoniano in ogni caso il ricorso ad un ampio ventaglio (*dunque, appunto, comunque, anzi, cioè,* ecc.).

(314) e inizia a scrivere, **cioè** appoggiando il foglio sopra al al- eh ad una pagina, ah prima di fare questo il signore aveva messo in una pagina precedente un segnalibro rosso eh, **appunto** inzia a scrivere su questo foglio che ha posto sulla, sulla pagina del libro, eh (IMB10)

(315) è un codice miniato, **comunque** ci sono delle miniature (IMB10)

(316) e con massima cura, **anzi** pulisce l'angolo del libro che è leggermente sporco (IMB12)

(317) cercano di-, di mettersi a posto, **insomma** di rivestirsi, di mettere via le cose nelle loro borse... (IMB10)

(318) derefter så får han hikke, jeg kan ikke huske hvornår det er han får den bog **men** han han øh hovedpersonen får hikke øh (DMB5)
[dopo ciò 'poi' gli viene il singhiozzo, non mi ricordo quando è che riceve quel libro ma lui lui eh al protagonista gli viene il singhiozzo eh]

(319) og Rowan Atkinson prøver så på at få denne her hikke til at gå over, og **det vil sige at** han tager en dyb indånding og holder vejret... (DMB8)
[e Rowan Atkinson cerca poi di far passare questo singhiozzo qua, e cio vuol dire che ispira profondamente e trattiene il fiato...]

(320) og så lægger sådan et stykke-øh kardus **eller** sådan et stykke madpapir ind (DMB3)
[e poi pone 'così' un pezzo-eh di velina o così un pezzo di carta da cucina tra...]

(321) hvor man sån hører højtidelig musik i baggrunden **iøvrigt** øh virker det som et sted der er meget stille (DMB8)
[dove si sente 'così' musica solenne nello sfondo tra l'altro eh sembra come un posto che è molto silenzioso]

È stato già rilevato, a proposito di quasi tutti i tipi di segnali discorsivi, la loro funzione spesso anche riempitiva (o 'intercalare'), la funzione cioè di colmare con materiale linguistico quelle pause nella testualizzazione (prevalentemente nel parlato) che sorgono per il fatto che il processo di pianificazione e il processo di produzione (nonché il processo di ricezione) siano più o meno coestensivi o simultanei. Il bisogno di materiale riempitivo che permetta al locutore di indugiare e riflettere – anche solo una frazione di secondo – prima di continuare il suo discorso, si può risolvere comunque in altri modi. Accanto alle pause mute troviamo pause sonore (*eh, ehm, øhm, øh, mmm*) e prolungamento di vocale finale (rimando agli esempi presentati sopra, vedi in particolare (257), (264), (276),

---

[23]Chiamati *Gliederungssignale* in Koch & Oesterreicher (1990).

nonché (324) sotto); e troviamo vari tipi di ripetizione, dalla reiterazione letterale a livello del singolo lessema e di parti della frase, alla ripresa letterale o variata di intere frasi, o, più pertinente nel presente contesto, di intere unità di informazione.

La reiterazione letterale di segmenti circoscritti della frase assolve quasi esclusivamente a funzioni riempitive, non distinguendosi granché dalle pause sonore, se non per il fatto di essere più articolata. Come espediente di diluizione sembra impiegato con più frequenza nei testi italiani, mentre i locutori danesi in genere ripiegano sulle pause sonore:

(322) **come, come** al solito, **la la** sfortuna eh... continua ad essere con lui (IMB12)
(323) che va in **una biblioteca, una biblioteca** dove si (IMB8)
(324) **che sta, che sta** studiando eh-... sì... eh- qui, sì... eh **nel... nel** fare ciò (IMB6)
(325) **è scoperto da, è scoperto dal, dal** bibliotecario (IMB6)
(326) **prende l'altro, prende l'altro** libro (IMB7)

(327) og der er sådan **et... et**-øh... trægulv (DMB7)
[e c'è 'così' un... un-eh... pavimento di legno]
(328) **han, han** prøver at lave sådan en undvigemanøvre, sådan **han, han**-øh... han er sådan ved **og og** sådan kigge på et eller andet sådan (DMB7)
[egli, egli cerca di fare 'così' una 'scappatoia', 'così' egli, egli-eh... egli sta così eh 'così' guardando qualche cosa 'così']
(329) ...da han så endelig finder- øh bordet **med en med en** stol, så så knirker stolen eller så ☺ da han skal hive stolen ud så larmer det også (DMB4)
[quando lui poi finalmente trova- eh il tavolo con una con una sedia, allora allora la sedia o poi ☺ quando deve tirare fuori la sedia allora anche ciò fa rumore]

Per quanto riguarda la ripetizione di intere unità di informazione, ne abbiamo già discusso vari aspetti sopra (vedi cap. 5), rilevando, accanto alla natura riempitiva, anche altre funzioni[24] come quelle di enfasi e di riaggancio. Ad illustrazione rimando agli esempi in 5.2.2, nonché a (314) e (318); si notino i segnali discorsivi che spesso accompagnano le ripetizioni (*appunto* e *men*).

Anche fra ripetizione e parafrasi il passaggio è graduale. Infatti, non è facile – specialmente a livello operazionale – distinguere fra i casi di vera ripetizione in cui la quantità e la qualità dell'informazione rimangono sostanzialmente inalterate, e i casi di parafrasi in cui avviene un'elaborazione di informazione. Mentre la ripetizione più o meno letterale si manifesta soprattutto nei testi italiani, sembra che l'uso della parafrasi – che di fatto spesso corrisponde ad un **dispiegamento**, anche piccolissimo, del corso degli eventi – sia più diffuso in danese. Rispetto alla riduzione della densità informativa del testo le due strategie di ripetizione e di

---

[24] Vedi la tassonomia molto dettagliata delle tante macro- e micro-funzioni della ripetizione, proposta da Bazzanella (1993:290-291) e riportata in (1997:51).

parafrasi sono in larga misura equivalenti[25]. Va sottolineato però che, per quanto graduale il passaggio, la ripetizione di una u.i. sarà considerata elemento di diluizione (riguardo alla segnalazione concreta nei reticolati di u.i. ripetute, vedi 8.1.3), mentre la parafrasi sarà considerata come aggiunta di informazione, e quindi come elemento dispiegativo.

La maggior parte dei fenomeni menzionati adesso, di 'indugiamento', di esitazione, di presa di tempo per rendere più appropriata la sequenza testuale seguente[26], rientra nella categoria di *covert repair*, di «riformulazione a sinistra» o di «monitoring pré-articulatoire», seguendo la terminologia di Bange & Kern (1996). Passiamo ora a quei fenomeni che potremmo chiamare **espedienti diluitivi non-intenzionali**, cioè i punti del testo in cui il locutore non fa in tempo ad evitare lo 'sbaglio', ed è quindi costretto a operazioni di *overt repair*, di «riformulazione a destra» o di «monitoring post-articulatorio» (sempre Bange & Kern 1996)[27]. Vedi gli esempi seguenti, che vanno dall'autocorrezione di un articolo sbagliato, alla riformulazione di sintagmi o di frasi intere (accompagnata non di rado da segnali di riformulazione o da pause sonore, rilevati con sottolineatura):

(330)   l'altro signore è rivolto verso **la,** gli scaffali dove ci sono i libri (IMB2)
(331)   dopo un po' però- **con la gob,** con la bocca gonfia (IMB2)
(332)   scambia, i due libri, prendendo lui quello integro dell'altro, e dando all'altro **quello,** eh, **quello non-**, quello strappato diciamo, (IMB5)
(333)   mm quindi, **inizia** insomma lo apre (IMB9)
(334)   **come- apre-** eh, come comincia ad aprire la cerniera (IMB12
(335)   allora lui **per camuffare** eh- **questa-**, **per non farsi per**, perché **non**, l'altro lettore non si accorga di questo pasticcio (IMB5)
(336)   **si sveste,** cioè si veste ☺ (IMB1)

(337)   og **bliver an...** øh... beder om at få udleveret en bog (DMB1)
        [e viene as... eh... chiede di 'ricevere' consegnato un libro]
(338)   så **f-år han** øh så tager han nogle hvide handsker på (DMB5)
        [poi ri-ceve eh, poi si mette dei guanti bianchi]

---

[25]Voghera (1992:162-166) discute dettagliamente le funzioni della ripetizione e della parafrasi, dicendo fra l'altro: «Tanto la ripetizione quanto la parafrasi, che ne rappresenta un caso particolare, sono considerate tratti tipici della testualità del parlato [Duranti e Ochs 1979; Morel 1985a; Tannen 1987; 1989]. Tannen ritiene la ripetizione uno dei meccanismi più caratteristici della conversazione, e più generalmente del parlato, sia perché favorisce l'automaticità dei meccanismi di produzione e comprensione sia perché serve da espediente di coerenza testuale e interazionale.» E prosegue sotto: «La ripetizione e la parafrasi ricorrono con maggiore frequenza nei testi prevalentemente monologici o nelle sequenze lunghe comprese in un unico turno. Esse permettono una progressione dell'informazione che non è lineare.»
[26]Vedi Koch & Oesterreicher (1990:60): «Man spricht hier von **Überbrückungsphänomene** (*hesitation phenomena*).»
[27]Vedi la definizione della nozione di riformulazione in Skytte (1999b:451): «Ispirandomi all'esempio di Bange e Kern (1996) [...] intendo per **riformulazione** tutti i **meccanisimi regolatori** nella testualizzazione risultanti dal **controllo** esercitato dal parlante sulla produzione testuale allo scopo di assicurare che il messaggio pianificato venga testualizzato conforme alle intenzioni della comunicazione.»

(339) og bibliotekaren kommer med- øh, med den bog han har ønsket og **lægger den-**<u>**øh**</u> **ud**, lægger den åben foran mister Bean (DMB1)
[e il bibliotecario arriva con- eh, con il libro che ha desiderato e lo mette eh 'su', lo mette aperto davanti a mister Bean]

(340) og **han slår så op midt i** <u>eller</u> den bliver lagt udbredt på ham (DMB8)
[e apre poi a metà o anzi esso viene posato 'dischiuso' su lui]

Se si riprendono alcuni degli esempi citati – vedi (260), (266), (276), (281) e (296) – si osserva una tendenza generale all'accumularsi, o piuttosto al combinarsi in vere e proprie catene di segnali discorsivi[28], assolventi varie funzioni (fatiche, riempitive, strutturanti e modulatrici)[29], accompagnati spesso da commenti del locutore, e/o inseriti in contesti molto spartiti (frasi scisse, perifrasi verbali, verbi copulativi e di supporto ecc.).

Riporto un ultimo esempio – l'inizio di un testo parlato assai lungo – in cui l'impiego di vari espedienti di diluzione testimonia in modo esemplare il **carattere on-line** del (tipico) discorso parlato. I segnali discorsivi sono rilevati con *corsivo*, i commenti del locutore non sono rilevati, le ripetizione di intere u.i. sono riportate con piccolo, pause sonore e 'sviste' di formulazione con molto piccolo, mentre le vere e proprie unità di informazione sono presentate con **grassetto**. Come si vede, il materiale linguistico '**non-informativo**' supera chiaramente il materiale linguistico veicolante informazione: più della metà del testo assolve funzioni testuali e interpersonali, rapporto che però cambia in favore delle funzioni narrative man mano che il locutore si convince di aver fatto le riserve necessarie e dato le indicazioni interpretative pertinenti, ed è quindi in grado di 'immedesimarsi' nei fatti narrati.

(341) ... *dunque*, il- video che abbiamo visto, raccon mm, eh **racconta**, eh **la storia di- un, signore che entra in una biblioteca,** eh **in cui...** *tra l'altro* richie, vedremo poi **più avanti che richiederà, un libro- molto antico,** entra in questa biblioteca e- già si comprende, ehm che-, ehm **dal fare del tipo che entra** *appunto*, ehm che- si tratterà di una-, ehm specie di **comica** *insomma*... **e che** *comunque* **il video sarà comico,** eh- *dunque* **questo nostro personaggio entra, si avvicina** al-, **al bibliotecario** ehm **in un clima di-, assoluto- silenzio fa vedere a lui,** eh **la richiesta- del proprio-, del libro,** ehm **intanto si avvicina al tavolo** eh, **si siede, e si vede che c'è un altro- lettore lì vicino, con,** eh **anche lui un libro aperto, e lo sta studiando** *evidentemente*, eh in questo-silenzio eh- il nostro che si avvicina a quel tavolo, **comincia a singhiozzare e allora, da qui in avanti, assistiamo ad un sussegguirsi,** eh

---

[28]Vedi Bazzanella (1995:231): «I segnali discorsivi tendono a ripetersi più volte all'interno di uno scambio comunicativo [...] e, a volte, nello stesso enunciato [...] Possono essere giustapposti linearmente, formando delle «catene»...[...] ...specialmente nella funzione di «riempitivi».»

[29]Vedi, sempre sulla **polifunzionalità** dei segnali discorsivi, Bazzanella (1995:232): «La tassonomia che segue deve essere intesa non in modo rigido, dati sia la polifunzionalità dei segnali discorsivi (v.1.1.), che il principio di «composizionalità pragmatica» (l'insieme cioè degli elementi rilevanti dal punto di vista contestuale e che incidono sulla costituzione del significato complessivo). Il valore di un singolo segnale discorsivo dipende sempre dal significato originario, ma si costituisce in base al contesto e all'influenza degli altri indicatori di «forza illocutoria», cioè il modo in cui un enunciato deve essere inteso (v.I.1.1.).»

di gags comiche *appunto* ehm- singhiozzerà **e poi** fan mm, le immagini fanno vedere come, eh **egli tenti di trattenere, il fiato per più tempo e** *tra l'altro* le sue espressioni sono molto, ehm- estreme *diciamo*, ehm quindi suscitano l'ilarità dello spettatore... eh *dunque* il personaggio trattiene il fiato per più tempo, ehm **e poi alla fine fa un enorme sospiro che-**, eh **gli permette finalmente di riprendere fiato**... (IMB5)

7.2 Frammentazione e ridondanza versus coesione e efficacia. Il testo parlato

Prima di concludere questo capitolo con alcune considerazioni sulle connotazioni negative che tradizionalmente sono legate alle strategie di diluizione, vorrei aprire una piccolissima parentesi su quello che si potrebbe chiamare la **retorica del prolisso**, una strategia di diluizione che si riscontra prevalentemente nello scritto. La retorica del prolisso ha la peculiarità, rispetto agli espedienti diluitivi menzionati finora, di **non** alleviare affatto l'impegno richiesto da parte dell'interlocutore. Anzi, può facilmente portare a problemi di comprensione, e in questo senso contraddice l'ipotesi di fondo di questo lavoro: cioè, più materiale linguistico nel veicolare le informazioni, meno impegno nel processo di decodificazione. Lo scrivere ricercato lavora soprattutto a livello del vocabolario, e mette in atto una specie di 'spartizione lessicale' che evita l'impiego di termini semplici e quotidiani[30]. Anche se in alcuni dei testi del corpus si nota una tendenza al prolisso, è assai difficile circoscrivere con precisione gli espedienti impiegati; perciò, nonostante il carattere palesemente ridondante, la retorica del prolisso non sarà presa in considerazione nel computo di espedienti diluitivi (vedi 8.2.3).

Tornando ora alle parti del testo 'non-informative' illustrate e discusse nelle pagine precedenti, esse compaiono comunque, se non esclusivamente, certamente con più frequenza nel parlato (vedi il brano riportato sopra, nonché gli altri esempi del capitolo). Questo vale ovviamente per i vari fenomeni considerati caratteristici *tout court* del parlato (diversi segnali discorsivi ed elementi chiaramente riempitivi come pause sonore e ripetizioni), ma anche, almeno nei testi analizzati, per una parte dei commenti situazionali e metanarrativi.

Nella trattazione delle strategie di diluizione, ho usato a volte termini che sembrano forse confermare la tradizionale svalutazione di questi espedienti, che diventa anche spesso svalutazione della struttura stessa del parlato. Ho parlato infatti di **tagli** verticali, di **interruzione** a livello sia concettuale che sintattico, di **scarsa partecipazione strutturale**, di parole **vuote**, di elementi **privi** di portata sul **contenuto ideazionale**, di **ridondanza**, di elementi **riempitivi**. Vorrei sottolineare subito che questi termini negativi, o almeno le loro connotazioni negative – che fanno pensare ad un testo 'frammentario' o 'fragmentato' pieno di elementi 'superflui' – derivano da un'ottica che non condivido, ma al cui vocabolario è

---

[30]Vedi il citatissimo esempio di un verbale scritto, fatto in seguito ad un esposto orale, nell'articolo *L'antilingua* di Calvino (1980); e vedi inoltre Piemontese (1996:141-142), che fra «i criteri principali che consentono a chi scrive di farsi capire» elenca una serie di categorie di parole da preferire o, al contrario, da evitare.

nondimeno difficile sottrarsi[31]. L'ottica è quella tradizionale che affronta il testo parlato e la strutturazione di esso, partendo da un modello linguistico/testuale basato sul tipico testo **scritto**, con il risultato di vedere il parlato come una versione sprovveduta, difettosa e sgrammaticata di tale ideale; vedi Halliday (1987:67): «We look at spoken language through the lens of a grammar designed for writing. Spoken discourse thus appears as a distorted variant of written discours, and not unnaturally is found wanting.»

Le summenzionate strategie di diluizione (come anche parte di quelle spartitive trattate nel capitolo precedente), anziché essere interpretate e descritte nei termini negativi di frammentazione e di ridondanza, vanno rivalutate invece come assolventi funzioni fondamentali di **coesione** e di **efficacia comunicativa** del testo parlato. Sono strategie importantissime per agevolare la dinamicità del rapporto interpersonale, per garantire che l'intento comunicativo sia captato, per assicurare il fluire ininterrotto del discorso[32]. Sono, in breve, strategie indispensabili per far funzionare il testo nelle fasi di pianificazione, di verbalizzazione e di ricezione che, come accennato sopra, nel discorso parlato sono più o meno coestensive[33]. È questa simultaneità delle fasi di codificazione e di decodificazione, insieme ovviamente ad altri fattori situazionali/funzionali, che determina la **struttura caratteristica del parlato**, definita a volte «epicicloidale»[34], a volte «coreografica»[35], in opposizione all'andamento testuale invece «cristallino» o «a conglomerati»[36] di testi scritti poco diluiti e fortemente integrati.

La ragione per cui il termine 'frammentato' sia così diffuso, va vista comunque anche alla luce della maniera in cui spesso (anche nel presente lavoro) sono affrontati i testi parlati. Si fa ricorso infatti alle trascrizioni scritte, invece di studiare direttamente le registrazioni sonore, trascurando così tutti gli aspetti prosodici che sono fra gli espedienti più importanti per la coesione nei testi parlati[37]. Come dice Halliday (1985:XXIV): «... speech was not meant to be written down, so it often looks silly, just as writing often sounds silly when it is read aloud;

---

[31]Vedi Koch & Oesterreicher (1990:72): «Abwertende (traditionelle) Bezeichnungen wie 'Füllwörter', 'Flickwörter', *explétifs*, *riempitivi*, *muletillas* usw. sind lediglich Ausfluss eines Sprachverständnisses, das sich einseitig am Distanzsprechen orientiert.»

[32]Vedi Beaman (1984:6): «This greater use of filler words and the characteristic of chaining numerous clauses together with *and* can be attributed to speaker's lack of tolerance for silence.»

[33]Vedi Berruto (1985:133) che parla della «**pianificazione del discorso, che com'è noto nel parlato è presumibilmente contemporanea, o certo immediatamente precedente, senza tempi di elaborazione mnestica, alla formulazione verbale**»; e Koch & Oesterreicher (1990:60): «Der Produzent [del testo parlato] kann sich daher damit begnügen, einen weniger geplanten, 'vorläufigen' Diskurs mit ungleichmässigem Informationsfortschritt zu formulieren. Dies liegt aber auch im Interesse des Rezipienten, der bei **simultaner Produktion und Rezeption (physische Nähe in zeitlicher Hinsicht)** einen zu raschen Informationsfluss nur mit erhöhten 'Aufwand' verarbeiten kann.» (grassetto mio in entrambe le citazioni).

[34]Cfr. Voghera (1992:24) che cita Cardona: «Cardona (1983) parla di **andamento epicicloidale** dei testi orali che consiste nel fatto che le informazioni non vengono ordinate gerarchicamente, come nello scritto, ma vengono inserite sempre a partire dalla ripetizione parziale dell'informazione precedente.»

[35]Vedi Halliday (1987:66): «I have usually had recourse to metaphors of structure versus movement, saying for example that the complexity of written language is **crystalline**, whereas the complexity of spoken language is **choreographic**.»

[36]Vedi Jansen (1991) e Jansen (1998).

[37]Vedi Lavinio (1990:17): «Invece nell'oralità la coesione è garantita fondamentalmente dalla prosodia (intonazione ed enfasi).»

but the disorder and fragmentation are a feature of the way it is transcribed. Even a sympathetic transcription [...] cannot represent it adequately, because it shows none of the intonation or rhytm or variation in tempo and loudness.»

Quali che siano i fattori situazionali più importanti, e quali che siano i termini più appropriati a descrivere il parlato, in questa sede mi preme solamente rilevare che il tipico testo parlato si presenta come si presenta, con questa sua 'tessitura' particolare, non in maniera casuale o caotica e non per deficienza, ma obbediente invece ad una serie di criteri di funzionalità che, benché diversi, sono ben definiti, sistematici e logici, non meno di quelli che portano alla buona riuscita del testo scritto[38].

---

[38]Vedi Halliday (1987:69): «Spoken and written language do not differ in their systematicity: each is equally highly organized, regular, and productive of coherent discourse.»

8.
OMOLOGAZIONE E ANNOTAZIONE DELLE UNITÀ INFORMATIVE

    8.0 Vantaggi e limiti del modello d'analisi
    8.1 Elaborazione della lista di u.i. virtuali
        8.1.1 *Omologazione e vari tipi di sinonimia*
        8.1.2 *U.i. alternative e u.i. individuali*
        8.1.3 *Variazione cronologica: oscillazione, ripristino e ripetizione*
        8.1.4 *Inserimento nella lista virtuale di u.i. di 2. grado*
        8.1.5 *Inserimento dei commenti del locutore*
    8.2 Presentazione concreta dei testi
    8.3 Criteri di annotazione delle scelte dei locutori
        8.3.1 *Esplicitazione o meno delle u.i.*
        8.3.2 *Tipo di correlato concreto della u.i.*
        8.3.3 *Impiego di espedienti di diluizione*

8.0 Vantaggi e limiti del modello d'analisi

I seguenti sottocapitoli trattano le modalità del confronto concreto. L'intento è di elaborare un modello d'analisi che permetta un confronto sistematico e complessivo dell'uso dei tre parametri di densità informativa. Tratterò prima l'omologazione delle unità informative che ci porta all'elaborazione della lista virtuale, cioè il *tertium comparationis* operazionale; discuterò in seguito la presentazione concreta dei testi, presentando infine i criteri di annotazione adoperati nei reticolati in appendice.

Lo scopo principale dei reticolati è di fornire una **visione d'insieme immediata**, sia del rapporto fra unità informative esplicitate e non esplicitate nei singoli testi, sia della distribuzione dei vari correlati concreti con cui sono presentate le u.i. esplicitate. È chiaro che, volendo fornire una visione d'insieme e al contempo immediata, non si possano evitare soluzioni a volte grossolane e/o riduttive, sia per quanto riguarda i criteri di annotazione, che per quanto riguarda l'applicazione di tali criteri. I reticolati sono innanzitutto una 'scorciatoia', un primo rilevamento di possibili correlazioni, che vanno poi riconfermate in base al confronto dei testi specifici.

Va sottolineato di nuovo che il trattamento a cui vengono sottoposti i testi – cioè l'elaborazione di una lista di u.i. virtuali e il confronto (almeno preliminare) in base ad essa – è possibile in larga parte grazie al carattere particolare di questo corpus. Ciò non toglie però che le discussioni nei capitoli precedenti (sul rapporto fra implicito ed esplicito, sul carattere dell'unità informativa, sul concetto di correlazione prototipica ecc.ecc.) e i risultati del confronto concreto che saranno esposti brevemente nel cap. 9, possano fornirci da una parte dei parametri utilizzabili e pertinenti nel rilevamento della densità informativa, e dall'altra parte degli indizi sulle correlazioni generali fra variazione diamesica e variazione interlinguistica e le strategie legate alla densità informativa.

8.1 Elaborazione della lista di u.i. virtuali

Per procedere al confronto dei testi, bisogna innanzitutto ricostruire la fonte di informazione, cioè l'insieme di informazioni virtuali a cui i locutori hanno attinto nella produzione dei testi. È chiaro che anche se ciò è possibile per i testi del corpus Mr. Bean (sia perché l'*input* visivo è identico per tutti, sia per il carattere del video e dell'istruzione data ai locutori, vedi cap. 3), la ricostruzione resterà comunque parziale. Come detto sopra, non posso infatti usare l'*input* visivo come *tertium comparationis* senza trascriverlo per renderlo commensurabile ai testi verbali, e una tale trascrizione non sarebbe altro che una **mia** selezione, una **mia** interpretazione. Dall'altra parte, però, non è possibile entrare nella mente dei singoli locutori e decidere quali siano le informazioni da loro individuate come virtuali, ma ciononostante non incluse nelle loro testualizzazioni.

Ho scelto perciò di basarmi sui testi concreti: l'insieme di informazioni virtuali sarà definito come **la somma totale di informazioni esplicite rilevate in tutti i testi analizzati**. Questa lista complessiva di unità di informazioni virtuali (di cui, nei singoli testi, alcune sono esplicite, altre implicite, e altre ancora omesse) costituisce, a mio avviso, una accettabile base di confronto, e la sua evidente parzialità rispetto alla miriade di informazioni – in teoria rilevabili dal video, ma in pratica non rilevate da nessuno – da una parte è un vantaggio nell'analisi concreta, dall'altra illustra quella «incompletezza da un punto di vista ontologico» che è il presupposto per riuscire a codificare, decodificare, e mettere in uso qualsiasi rappresentazione verbale[1].

Infatti, tutte le informazioni virtuali incluse nella lista sono state considerate abbastanza pertinenti da essere esplicitate almeno una volta da più di uno dei locutori, e, come si vedrà dal confronto dei testi, se non esplicitate, molto spesso sono date comunque dal locutore in maniera implicita. Ci sono sicuramente anche informazioni insite nel video che sono state prese in considerazione da molti locutori e che in effetti si potrebbero ricostruire dal testo tramite inferenze. Il consenso unanime a non esplicitarle nel testo indica però che, o sono prive di pertinenza rispetto al senso globale, o sono talmente ovvie o obbligatorie, da figurare come praticamente inerenti alla semantica dei lessemi o dei costrutti del cotesto (vedi la nozione di «entailed conceptual information» in 5.2.3). In entrambi i casi mi sembra legittimo non prenderne nota nell'analisi concreta.

In vista dell'inevitabile lunghezza di una tale lista – i testi più lunghi analizzati superano le novanta righe e una singola riga può contenere 2, 3 o addirittura 4 unità d'informazione a seconda del grado di integrazione e della quantità di materiale 'non-informativo' – ho effettuato una prima suddivisione generale in base agli **eventi chiave** della sequenza narrativa. Confrontando i testi fra di loro, è abbastanza facile individuare una serie di unità informative centrali, intorno a cui si raggruppano altre unità informative dipendenti da loro. L'intera sequenza narrativa si può suddividere così in tanti piccoli episodi, indicati con le maiuscole (A)-(S), a cui potremmo dare i seguenti titoli (vedi anche Jansen 1999:186-187):

---

[1] Cfr. Jansen (1999) in cui viene elaborata una lista virtuale simile, ma con divergenze nondimeno importanti dovute sia al fatto che le riflessioni metodologiche sono state approfondite dalla stesura del detto articolo, sia e soprattutto al fatto che nel presente contesto sono stati inclusi anche i testi danesi e sono state prese in considerazione anche le messe in relazione di 2. grado.

(A) Cornice
(B) Entrata
(C) Andare al tavolo
(D) Sedersi al tavolo
(E) Preparativi
(F) Singhiozzo
(G) Guanti

(H) Libro in mano
(I) Starnuto
(J) Gomma per cancellare
(K) Correttore
(L) Macchia nel libro
(M) Borsa come scudo
(N) Strappo delle pagine
(O) Taglio delle pagine

(P) Chiusura della biblioteca
(Q) Scambio dei libri
(R) Riconsegna dei libri
(S) Tradimento

(figura 8.1)

Per ognuno di questi episodi si può elaborare una lista di unità informative virtuali che costituerà l'asse verticale dei **reticolati** nei quali sarà effettuato lo spoglio dei singoli testi. In caselle a lato dell'unità d'informazione virtuale saranno annotati, in un primo momento, l'eventuale manifestazione concreta o meno nel singolo testo, e in un secondo, il tipo di correlato concreto scelto dal locutore (i criteri di annotazione saranno precisati in 8.3.1 e 8.3.2.). Da queste annotazioni si procederà al confronto del grado di dispiegamento/riassunto nella prima serie di reticolati ('reticolati 1'), e del grado di spartizione/integrazione nella seconda serie ('reticolati 2').

I reticolati in appendice e i commenti scaturiti dal confronto delle annotazioni in essi, servono innanzitutto a illustrare (a modo di *exemplum*) il carattere anche pratico delle riflessioni teoriche e definitorie. Vogliono mettere a prova **l'operazionalità** delle nozioni e dei parametri introdotti nei capitoli precedenti e intendono, come detto sopra, rilevare eventuali **tendenze di correlazione** fra densità informativa e scelta diamesica da una parte, e fra densità informativa e impiego del codice danese o italiano dall'altra.

Per i limiti imposti al presente lavoro non sarà possibile effettuare uno spoglio esaustivo di tutto il corpus. Ho scelto invece di trattare una sequenza più limitata, consistente di quattro piccoli episodi imperniati su quattro eventi chiave: (P) *La chiusura della biblioteca*, (Q) *Lo scambio dei libri*, (R) *La riconsegna dei libri*, e (S) *Il tradimento* in cui si scopre la colpevolezza del protagonista. I quattro episodi costituiscono la parte finale della trama, il che è segnalato, in quasi tutti i testi, da vari tipi di interventi 'verticali' da parte del locutore. Si potrebbe forse ottenere una maggiore rappresentatività rispetto al testo intero scegliendo episodi da parti diverse (l'inizio, la metà, la fine), ma è prevalso il criterio della **sequenzialità degli episodi**. Molte strategie riassuntive e anche integrative sono infatti difficili da spiegare senza il riferimento a unità informative adiacenti nella sequenza narrativa. In linea di massima, la distribuzione delle diverse categorie di unità di informazione (di 1. grado, di 2. grado, dinamiche, statiche, esterne, interne ecc.), come anche il rapporto fra le parti informative e quelle non-informative, tendono inoltre a essere assai simili nella parte finale e nel testo intero. In appendice, oltre ai reticolati, è riportata la parte finale di tutti i testi, segmentata in unità informative e con segnalazione delle parti non-informative.

8.1.1 Omologazione e vari tipi di sinonimia

Vediamo ora come si arriva in pratica alla lista di u.i. virtuali. Il passaggio dalla segmentazione dei singoli testi in u.i. concrete, all'elaborazione di una lista comune di u.i. virtuali (d'ora in poi in 'lista virtuale'), richiede un **processo di omologazione** che dalle diverse manifestazioni concrete estrapoli un **comune denominatore**[2]. Il che vuol dire andare alla ricerca di **sinonimi**, 'sinonimi' intesi in senso più largo del solito[3]. Si adoperano in questo lavoro tre tipi di sinonimia (sottolineando inoltre che la sinonimia non concerne solo singoli lessemi, ma anche combinazioni di più lessemi corrispondenti a unità di informazione):
– la **sinonimia lessicale**, che rientra più o meno nella portata comune del termine;
– la **sinonimia sintattica**, di cui tratta in effetti l'intero cap. 6;
– la **sinonimia contestuale**, dove è evidente la variazione di significato, ma dove è altrettanto evidente l'equivalenza denotativa rispetto alla situazione del video.

Per quanto riguarda la **sinonimia sintattica**, le riflessioni precedenti sulle varie strategie di integrazione e di spartizione di una stessa messa in relazione, ci hanno già fornito i criteri di base per l'omologazione. Si può parlare in questi casi di **sinonimia di tipo sintagmatico**, in quanto ciò che è soggetto a variazione non sono i lessemi costituenti il nucleo semantico dell'u.i., ma è invece la struttura o la combinazione sintattica imposta a loro, la linearizzazione degli elementi per così dire. Il fatto che la variazione sintattica, a dispetto dell'equivalenza semantica di base[4], comporti comunque un altro tipo di variazione di significato, non del contenuto ideazionale di per sé, ma della prospettiva da cui tale contenuto va visto, è stato sottolineato a più riprese (vedi, tra l'altro, 4.1, 4.2 e 6.4).

Nel processo di omologazione è necessario anche andare alla ricerca di **sinonimi lessicali** (spesso fusi con i sinonimi sintattici). I lessemi seguenti, rilevati dall' episodio P:*Chiusura*, sono considerati tutti 'manifestazioni' diverse di una stessa u.i. virtuale:

> *il bibliotecario comunica, dice, avverte, intima, fa segno, annuncia, segnala, fa nota, ricorda...*
> *bibliotekaren fortæller, gør opmærksom på, gør tegn til, siger, antyder, meddeler...*

Anche se i vari verbi presentano sfumature semantiche diverse, è evidente che costituiscano una sorta di **'paradigma'** definito in base ad **un nucleo predominante ed invariabile di significato**, di cui potremmo scegliere la configurazione [**B comunica**]. Nella lista virtuale saranno usati i termini più basali e neutrali, cioè quelli contenenti meno sfumature rispetto al nucleo di significato,

---

[2] Cfr. la definizione di *omologazione* nel vocabolario DISC (1997): «Uniformazione, adeguamento a un modello, in genere prevalente, con eliminazione delle possibili differenze.»
[3] Vedi per esempio una definizione tipica data nel vocabolario Zingarelli (1983): «*sinonimia*: condizione di intercambiabilità di parole **in ogni contesto dato**, senza sostanziali variazioni di significato.»
[4] Vedi anche Prebensen (1994:151): «...a 'semantic unification' must take place. That is, linguistic rules must be invoked which establish equivalence classes for the meaning of sentences. What one is asking for, after all, is a meaning, not a syntactic form. Unification must annul differences, for example: syntactic and morphological differences: voice (active/passive), tense, modality, finite clause versus non finite, anaphora and ellipis or similar phenomena of semantic scope; lexical differences: kind-types inclusion, semantic inclusion.»

spesso lessemi di alta frequenza come *vedere, dire, andare* ecc. Se possibile, si adotteranno i termini più brevi, come anche abbreviazioni dei nomi o titoli ricorrenti: **MB** per Mr. Bean, **B** per il bibliotecario, **V** per il vicino, **SL** per il segnalibro.

È chiaro però che le variazioni di significato rispetto al nucleo semantico possono essere così consistenti da richiedere l'inserimento di una messa in relazione a sé stante. Rispetto all'episodio P:*Chiusura*, in alcuni testi – invece di far uso dei verbi summenzionati – il locutore ha scelto di esplicitare anche **la maniera** in cui il bibliotecario effettua il suo annuncio, cioè, per via dell'orologio (*fa vedere l'ora, peger på uret, viser på uret*). Questa messa in relazione strumentale sarà inserita nella lista virtuale, dandoci quindi la possibilità di annotare se il locutore ha scelto di dispiegare l'evento con questa u.i. (vedi il reticolato P in appendice).

Una simile esplicitazione della maniera di un'azione, che porta all'aggiunta di una u.i. virtuale (e che illustra inoltre il fenomeno dell'integrazione lessicale), la offrono gli esempi seguenti:

/ chiude il libro / (IMB2) -> / chiude {immediatamente} il libro /(IMB13)
/ han lukker bogen / (DMB7) -> / Mr. Bean øhm, har {smækket} {sin bog} sammen / (DMB1)

In altri casi è più difficile parlare di sinonimia lessicale, e sembra necessario far uso invece della nozione di **sinonimia contestuale**. La sinonimia contestuale ci permette di omologare correlati concreti che a prima vista sembrano denotare messe in relazione assai diverse, ma che, nel contesto dato dal corpus, sono in effetti intercambiabili. Un esempio abbastanza semplice lo troviamo nei casi seguenti, dove la sinonimia è basata su un rapporto metonimico fra il **bibliotecario** che si trova al **desco** che, a sua volta, si trova all'**uscita**, il punto in cui avviene la riconsegna dei libri:

/ si dirigono dal bibliotecario / (IMB11)
/ si avviano all'uscita / (ISA4)
/ de følges af hen til skranken / (DSA8)
[insieme vanno al desco]

La u.i. virtuale [**MB e V si avviano all'uscita**] in altri testi si manifesta invece in versione integrata – e parliamo quindi di sinonimia sintattica – con omissione del verbo posizionale dinamico:

/ lo precede / all'uscita (IMB8)
/ skynder han sig / hen til udgangen, / (DSA1)
[si sbriga / verso l'uscita]

con omissione dell'argomento locativo:

/ de går så op / for / at aflevere... (DMB6)

[vanno poi 'sù' / per / consegnare...]

o, in alcuni testi, con omissione sia del verbo che dell'argomento:

/ så / han ikke får skæld ud / <u>deroppe</u> / (DMB6)
[in modo da / non essere sgridato / 'lassù']

I passaggi che ci costringono a ricorrere alla sinonimia contestuale, sono spesso imperniati su **esperienze interne altrui**, informazioni, cioè, non date direttamente dalla percezione del video, ma richiedenti invece un momento interpretativo da parte del locutore, che si deve in qualche misura immedesimare nelle attività mentali dei personaggi narrati. Possiamo individuare, nei testi che esplicitano lo stato d'animo di Mr. Bean, una sequenza di due, tre o quattro u.i. concrete che complessivamente si rifanno allo stesso contenuto, ma che difficilmente si prestano a segmentazioni parallele e difficilmente si traducono in sinonimi lessicali – vedi le citazioni seguenti[5]:

/ **e preso dalla disperazione,**/ *non sa che fare* / (IMB3)
/ **stravolto** / *non può fare niente* / <u>per camuffare la cosa</u> / (IMB7)
/ **aumentando il disagio dell'uomo** / *che non sa proprio che fare* / <u>per non essere scoperto</u> / (ISA8)
/ *og hvad skal han gøre* / *og hvad skal han gøre* / (DMB3)
[e cosa deve fare / e cosa deve fare]
/ *gode råd er dyre* / (DSA10)
[consigli buoni sono cari]
/ **er ved at fortvivle** / *der er ingen vej* / <u>ud af det her</u> / (DMB7)
[sta per disperarsi / non c'è via / di uscire da questo qua]
/ *sembra non esserci via* / <u>di scampo,</u>/ ma un'occasione si presenta / (ISA4)
/ *Non sapendo come fare,*/ tenta un'ultima possibilità / (ISA14)
/ tenta l'ultima strada / <u>di salvezza / per uscirne</u>... (ISA12)
/ så / får han {pludselig} en god idé [...]fordi så / <u>han kan jo måske slippe godt fra det</u>... (DMB2)
[poi / gli viene {improvvisamente} una buona idea / perché così / forse può uscirne bene]
/ **MB è disperato** / gli viene una brillante intuizione/ (ISA10)

Si veda una proposta di omologazione nelle seguenti u.i. virtuali, non esente da una considerevole dose di interpretazione da parte di chi elabora la lista virtuale:

[**MB e disperato**]   (indicato negli esempi con **grassetto**)
[**MB** {non essere scoperto}]   (indicato negli esempi con <u>sottolineatura</u>)
[**MB non sa che fare**]   (indicato negli esempi con *corsivo*)

---

[5]Come detto prima, in 5.1, le messe in relazione concrete, concernenti esperienze esterne, oltre ad essere più facili da circoscrivere nella catena degli eventi narrati, sembrano dare luogo a testualizzazioni più convenziali, presentando spesso scelte lessicali simili, con le dovute divergenze dovute alla variazione diamesica.

Il problema è legato alla struttura *modus-dictum* inerente a qualsiasi enunciato, ma non presa in considerazione, a meno che la parte 'modale' non sia esplicitata nel testo e non rientri nell'universo testuale (concerne cioè uno dei personaggi narrati, non l'enunciatore stesso, nel qual caso si classifica come un intervento discorsivo). Troviamo prevalentemente tre tipi di *modus*, quello **'esperienziale'**, espresso da verbi quali *vedere, accorgersi, scoprire* (vedi reticolati P:*chiusura*, R:*riconsegna* e S:*tradimento*); quello **'enunciativo'**, espresso da verbi come *dire, comunicare, fa notare* (vedi sopra); e quello **'intenzionale'**, espresso da verbi come *volere, decidere di, avere l'intenzione di*.

I verbi **intenzionali** spesso fanno parte di un costrutto fasale, con la funzione predominante di indicare la **fase pre-realizzativa** dell'azione/evento verbale segnalato dal *dictum*[6]. In questi casi sono considerarsi verbi di supporto, quasi perifrastici, e non si qualificano come u.i. a sé stanti. Nello spoglio concreto, i costrutti fasali includenti un verbo intenzionale saranno considerati informazione ripetuta, da registrare a lato della u.i. virtuale denotante la realizzazione dell'azione verbale. A volte, però, il lasso di tempo fra intenzione e realizzazione (nel corso degli eventi e/o nella rappresentazione degli eventi) è così esteso da rendere pertinente l'annotazione a parte. In questi casi il carattere pre-realizzativo della messa in relazione sarà indicato con parentesi graffe, vedi [**MB** {**non essere scoperto**}], ed anche, nel reticolato P, [**MB e V** {**andare via**}] e [**MB e V** {**riconsegnare libri**}], in cui il carattere pre-realizzativo consiste in un'obbligazione, anziché in un'intenzione.

Un altro passaggio problematico nell'elaborazione della lista virtuale, è stata, nell'episodio S:*tradimento*, la sequenza sul segnalibro dimenticato nel libro preso in prestito da Mr. Bean. Le difficoltà derivano sia dal carattere mentale del verbo *dimenticare*; sia dal fatto che viene ripreso un evento precedente rispetto alla cronologia reale; sia dall'impiego di verbi 'complementari' come *mettere/lasciare/togliere* e *dimenticare/ricordare*, che si implicano in qualche modo l'un l'altro. Confronta gli esempi seguenti:

/ nel libro {...} il nostro personaggio aveva messo un segnalibro, / dimenticandosi / di toglierlo / (IMB5)
/ si accorge / di aver lasciato, all'interno, un- eh un segnalibro, / che aveva posto / all'inizio / (IMB13)
/ ha dimenticato / di aver messo il segnalibro nel libro... (IMB9)
/ si ricorda / che aveva lasciato nell'altro libro / il suo segnalibro / (IMB6)
/ dentro il {suo libro originale}, / ha dimenticato il segnalibro / (IMB3)
/ lasciato nel libro / (IMB8)
/ dimenticato / nel testo / (ISA5)

Ho scelto, in capo a non pochi dubbi, di rappresentare l'episodio con le seguenti u.i. virtuali:

---

[6]Vedi anche Jansen & Strudsholm (1999).

Densità informativa

    [(↑) **MB ha segnalibro**]
    [(↑) **MB mette SL in libro1**]
    [(↑) **MB si dimentica**]
    [(↑) **MB (non) toglie SL da libro1**]
[**MB si ricorda**]

Alcune di esse sembrano forse superflue e riportabili ad una delle altre u.i. virtuali presenti. Mi è parso comunque l'unico modo di distinguere, sia fra **eventi attuali** nell'episodio ed **eventi** invece **ripristinati** (indicati nella lista virtuale con (↑)), sia fra verbi posizionali *mettere, lasciare, togliere, prendere* e verbi invece mentali *dimenticare, ricordare*. È pertinente in particolare questa seconda distinzione, in quanto ha conseguenze dirette sulla segmentazione dei testi. Mentre la messa in relazione imperniata su un verbo posizionale, per la valenza stessa del verbo, include sempre, in maniera esplicita o implicita, un argomento locativo (vedi 6.3.3), questo non vale per verbi mentali come *dimenticare/ricordare*. Negli ultimi due esempi sopra si vedono le segmentazioni che conseguono da questa distinzione: *lasciato nel libro* equivale ad **una u.i.**, da riportare alla u.i. virtuale [**MB non toglie SL da libro1**]; *dimenticato / nel libro* equivale a **due u.i.**, da riportare rispettivamente a [**MB dimentica**] e [**MB mette SL in libro1**], di cui / *nel libro* / è un correlato concreto molto integrato (nei reticolati 2, saranno annotate queste variazioni).

8.1.2 *U.i. alternative e u.i. individuali*

Lo scopo dell'omologazione è di portare ad un comune denominatore le espressioni concrete dei testi, a prima vista forse molto dissimili, come si è visto negli esempi riguardanti lo stato d'animo di Mr. Bean. A volte, però, confrontando i testi, si incontrano due o più unità informative che funzionano come alternative nella rappresentazione della stessa messa in relazione, in quanto la presentano da punti di vista diversi, o ne mettono in rilievo certi dettagli a scapito di altri. Se le **unità d'informazione alternative** sono abbastanza ricorrenti e abbastanza pertinenti al grado di densità informativa, si è rinunciato all'omologazione, e entrambe le u.i. alternative (o quante siano) sono state inserite nella lista virtuale.

    La presenza di u.i. alternative ci risolve un problema discusso sopra (vedi 5.2.1 e 6.3.1), circa la variazione di **quanti partecipanti** a una data azione o un dato evento siano espressi in maniera esplicita. È stato deciso di considerare sempre un verbo e i suoi argomenti un'unica messa in relazione, a prescindere da quanti argomenti siano espressi esplicitamente nel testo. Soluzione non priva di problemi (specialmente per quanto riguarda il rapporto fra argomenti necessari e argomenti circostanziali), ma preferita per evitare una segmentazione troppo atomizzante dei testi. Le u.i. alternative ci danno la possibilità, nei casi in cui sembra particolarmente pertinente, di operare con una, pur ridotta, segnalazione del numero di partecipanti esplicitati.

    Gli episodi riportati in appendice presentano due esempi di questo fenomeno. Uno lo troviamo in P:*chiusura*, riguardante l'esplicitazione o meno dell'interlocutore a cui il bibliotecario rivolge il suo annuncio; sono state inserite nella lista virtuale le seguenti u.i. alternative:

[**B comunica**] – senza esplicitazione del ricevente dell'annuncio, Ø;
[**B comunica ai due**] – esplicitazione di MB e V, ma come ricevente unico, 'indistinto', **ai due**;
[**B comunica a MB**] – esplicitazione di MB come ricevente distinto, **a MB**, non di rado seguita da
[**B comunica a V**] – esplicitazione di V come ulteriore ricevente distinto, **a V**.

L'altro appare in S:*tradimento*, e riguarda l'esplicitazione o meno di chi si accorge della colpevolezza di Mr. Bean (passaggio già menzionato in 6.3.1), riportato nella lista virtuale così:

[**MB si tradisce**] – senza esplicitazione alcuna di un 'esperiente' (e in alcuni casi già inglobante la colpevolezza)
[**si capisce**] – esplicitazione assai generica di un 'esperiente' (che potrebbe essere sia dentro che fuori alla narrazione)
[**B e V scoprono**] – esplicitazione del bibliotecario e del vicino come 'esperienti' concreti.

Rimando, per un confronto più dettagliato, ai reticolati e agli estratti testuali in appendice, e mi limito a constatare qui che la distribuzione delle u.i. alternative sembra legata sia alla variazione diamesica che alla variazione italiano/danese.

A volte le u.i. alternative si escludono a vicenda (come è quasi sempre il caso negli esempi appena menzionati), altre volte convivono invece l'una accanto all'altra, con funzioni di parafrasi e di enfasi di determinati elementi della sequenza narrativa – strategia molto simile alla ripetizione vera e propria. Spesso si tratta di u.i. alternative in cui varia **il grado di concretezza** con cui un dato evento viene evocato, che passano da una rappresentazione generica e astratta (assolvente spesso una funzione riassuntiva o addirittura di quasi-omissione di informazione) alla rappresentazione sempre più specifica, concreta, visiva. Se prendiamo le seguenti u.i. alternative del reticolato R:*riconsegna*, vediamo come sia la scelta fra u.i. più o meno concrete, sia l'eventuale combinazione di alcune di loro, si correlino al grado di dispiegamento generale del testo, nonché al grado di integrazione dell'elemento relazionale:

[B vede]
   [(↑) **è stato fatto un pasticcio**]
   [(↑) **libro1 è distrutto**]
   [(↑) **le pagine sono strappate/tagliate**]
[**le pagine volano/cadono**]

Abbiamo detto che la lista di u.i. virtuali si basa sulla somma totale di u.i. concrete ritrovate nei testi. Non saranno però prese in considerazione messe in relazione evocate da un solo locutore, da una parte per non far esplodere la lista virtuale, dall'altra per evitare troppa arbitrarietà nella medesima. Di solito, le u.i. individuali sono dettagli riportabili, sí, al filmato, ma non menzionati in nessun altro testo, e presumibilmente non molto pertinenti – vedi gli esempi seguenti:

/ l'altro signore è rivolto verso la, gli scaffali / <u>dove ci sono i libri</u> / (IMB2)
/ **nel momento in cui** / <u>esce il bibliotecario</u> / il signore, scambia i libri /(IMB13)

Possono però consistere anche di evidenti dimenticanze o 'sviste' rispetto all'*input* visivo, rendendo assai difficile l'omologazione. In alcuni casi la u.i. individuale sostituisce una u.i. virtuale: la crocetta **X** con cui (nei reticolati 1) è normalmente indicata la manifestazione concreta a lato della u.i. virtuale, sarà sostituita da una **vi** per **variazione individuale**. Così nell'esempio seguente, la parte sottolineata è stata segnalata con una **vi** a lato della u.i. virtuale [**B apre libro**1], vedi reticolato 1 S.

/ il {suo libro} è tutto apposto / **perché** / appunto l'aveva scambiato / e va via / ehm **e poi** / <u>l'altro signore invece,</u> {**quando**} <u>apre il libro</u> / è tutto rotto / (IMB2)

Le variazioni individuali difficilmente inseribili nella lista virtuale, potranno essere contrassegnate (sempre nei reticolati 1) a parte, dopo le u.i. virtuali costituenti l'episodio in questione. La u.i. menzionata sopra ('dove sono i libri'), riscontrata solo in un solo testo, sarà collocata in questo modo, cioè a lato di una casella di **variazioni individuali**.

8.1.3 *Variazione cronologica: oscillazione, ripristino e ripetizione*

Un altro problema nell'elaborazione della lista virtuale è quello legato alla **variazione cronologica**, sia quando si tratta della **collocazione oscillante** di una singola u.i., sia quando si tratta del **ripristino** ricorrente di u.i. Bisogna distinguere fra i problemi connessi all'elaborazione della lista virtuale e quelli connessi invece alla variazione cronologica nei singoli testi rispetto alla lista virtuale. Va sottolineato inoltre che, quando parliamo di variazione cronologica, non ci riferiamo alle divergenze distributive all'interno di uno stesso episodio – molto spesso collegate a fenomeni di integrazione sintattica, e quindi più frequenti nei testi scritti[7] – ma a variazioni che superino i limiti del singolo episodio.

Per stabilire **l'ordine delle unità d'informazione nella lista virtuale**, è stato seguito in linea di massima l'ordine tipico nei testi, che in effetti ricalcano in larga misura la logica intrinseca degli eventi. Alcune messe in relazione, proprio perché aventi deboli e non sempre univoci rapporti temporali e/o causali con gli altri eventi della catena narrativa, oscillano però parecchio rispetto alla loro collocazione nei singoli testi.

Questo vale per esempio per la u.i. menzionata sopra, [**MB chiude il libro**], che, benché costituisca un'azione concreta ben circoscrivibile, non è però altrettanto ben circoscrivibile in termini di dipendenza causale o temporale, nonché di pertinenza narrativa. Nei singoli testi, questa u.i. è collocata a volte prima dell'arrivo del bibliotecario (cioè come conclusione dell'episodio precedente), a

---

[7] Si potrebbe studiare più nel dettaglio in che misura e con quali eventuali divergenze i testi rispettino il principio di iconicità temporale, utilizzando un reticolato simile a quello presentato qui, indicando però con numeri l'ordine in cui sono collocate le u.i. nei singoli testi.

volte come conseguenza dell'arrivo di costui (a metà dell'episodio P:*chiusura*), a volte come conseguenza dell'annuncio della chiusura (in conclusione di P:*chiusura* o ad apertura di Q:*scambio*). Per facilitare la segnalazione di alcune messe in relazione di 2. grado, essa è stata collocata, nella lista virtuale, alla fine dell'episodio P:*chiusura*.

La stessa mancanza di dipendenza causale/temporale vale per alcune delle u.i. sui preparativi di MB e V per andare via, vedi nel reticolato R:*riconsegna* le due u.i. [**MB/V mettono a posto**] e [**MB/V si alzano**]. Qui l'oscillazione cronologica è evidente, così come è evidente anche l'oscillazione fra l'inclusione nell'attività preparatoria di entrambi o di solo uno dei due possibili partecipanti (vedi l'annotazione non specifica dei partecipanti nella stessa lista virtuale, 'MB/V' anziché 'MB e V'). Dato che non si tratta di u.i. né molto ricorrenti, né molto pertinenti, non sono state introdotte vere e proprie u.i. alternative.

Per quanto riguarda le summenzionate u.i. sullo stato di disperazione di Mr. Bean, si può registrare una simile collocazione oscillante fra gli episodi O, P e Q (vedi i reticolati e gli estratti testuali in appendice). In questo caso le difficoltà derivano dal carattere sia mentale che durativo, o almeno iterativo, delle messe in relazione evocate: non è la prima volta nel corso degli eventi che Mr. Bean è disperato, non sa che fare, non vuole essere scoperto – possiamo anzi dire che questo stato mentale domina quasi tutta la seconda metà della narrazione.

I casi di 'semplice' oscillazione come questi (che includono anche spesso u.i. descrittive rimandanti a qualità più o meno costanti di oggetti o persone narrati[8]) non costituiscono di solito un vero problema; l'ordine nella lista virtuale seguirà quasi sempre la tendenza generale dei testi, e una eventuale variazione nel singolo testo rispetto a questa tendenza si indicherà aggiungendo alla crocetta nel reticolato 1 una lettera minuscola che segnala a quale episodio la u.i. è stata 'dislocata' (vedi **Xq** e **Xr** per le u.i. appena menzionate).

Difficoltà più consistenti ci presentano invece i casi di evidente **ripristino**, cioè di testualizzazione oppure ritestualizzazione di informazione collocata prima nella cronologia degli eventi. Il ripristino assolve prevalentemente due funzioni. Una è di rendere univoco il riferimento ad una data entità, facendo ricorso a messe in relazione in cui precedentemente questa entità è stata coinvolta e che ora servono a specificarla. Vedi per esempio la ripetizione costante di una messa in relazione come *il signore seduto accanto a lui* e *il libro originariamente dato a Mr. Bean*, e le varianti integrate come *il suo vicino* e *il suo libro*. Va ricordato che, degli altri espedienti ricorrenti nella specificazione di entità, gran parte hanno carattere deittico/anaforico (*questo, l'altro, il nostro, di prima*) e non sono trattate quindi come costituenti messe in relazione.

L'altra funzione del ripristino è di esplicitare o riesplicitare una messa in relazione che ha acquistato pertinenza narrativa solo, o soprattutto, a questo punto della rappresentazione. In quasi tutti i testi riscontriamo, per esempio, il ripristino della u.i. [**MB mette SL nel libro1**], collocata nella logica degli eventi nell'episodio H:*libro in mano*, ma che assume un vero impatto

---

[8]Che corrispondono grosso modo alla categoria di «free clauses» di Fleischman (1990:166): «...free clauses are those that have no fixed relationship to temporal sequence and can range freely throughout a narrative.»

causale/finale/consecutivo rispetto ad altri eventi solo nell'episodio S:*tradimento*. Spesso, quando il ripristino di u.i. è in funzione della pertinenza narrativa, esso coinvolge la presenza di un'attività mentale, di solito esperienziale, che ha come oggetto un evento situato prima sulla traiettoria temporale. Si veda così, in appendice, l'episodio S, in cui prima sono reinserite varie u.i. riguardo al segnalibro e alla sua posizione nel libro, oggetto dell'attività mentale espressa dai verbi *dimenticare/ricordare*, e poi una serie di u.i. (in larga misura alternative) riguardo alla distruzione del libro da parte di Mr. Bean, oggetto invece dell'attività mentale *scoprire/capire*.

In molti testi, il fatto stesso che si tratti di un ripristino è esplicitato dall'uso di tempi verbali passati, di avverbi temporali, di commenti di pianificazione, a volte combinati fra di loro; vedi le u.i. sopra, riguardanti il segnalibro dimenticato nel libro, stessa sequenza da cui sono tratti anche gli esempi seguenti:

/ perché / <u>all'inizio</u> / <u>aveva messo</u> il {suo segnalibro} dentro il libro / (IMB2)
/ det <u>glemte</u> jeg at fortælle / som han <u>lagde</u> i bogen / <u>allerførst</u> / (DMB7)
[ho dimenticato di raccontarlo / che metteva nel libro / proprio all'inzio]

La scelta di reintrodurre una u.i. virtuale in un episodio a cui non appartiene in termini cronologici (soluzione che richiede ovviamente una certa ricorrenza del ripristino), è utile, come si vedrà, per la lettura dei singoli reticolati, dato che la lunghezza stessa della lista virtuale complessiva rende impossibile una lettura per intero (oltre al fatto che nel presente lavoro sono riportati solamente quattro episodi). La scelta di ripetere la stessa u.i. più volte nella lista virtuale, comporta però una serie di problemi per il confronto di quante e quali u.i. sono esplicitamente incluse nei singoli testi.

La ripetizione di un'unità di informazione ha sempre l'effetto di mettere in rilievo tale u.i., di segnalare cioè la sua pertinenza nel corso degli eventi, a prescindere dalle funzioni riempitive, di specificazione o di riaggancio assolte collateralmente. È ovvio, però, che nel momento in cui la segnalazione della manifestazione di una stessa u.i. avvenga in più di un episodio della lista virtuale, non è più possibile una lettura immediata del grado di ripetizione e, conseguentemente, del grado di pertinenza. Sarà necessario, invece, confrontare i vari episodi in cui la u.i. compare (prendendo in considerazione sia le fasi pre-realizzative, di attualizzazione, e risultative). Per registrare la pertinenza narrativa della u.i. virtuale [**MB distrugge libro1**] – collocata a rigore cronologico nell'episodio O:*taglio delle pagine*, ma per il ripristino ricorrente reinserita sia in R:*riconsegna*, [**libro1 è distrutto**], che in S:*tradimento*, [**MB ha distrutto libro1**] – bisogna sommare le segnalazioni nei vari episodi. Lo stesso discorso vale anche per le u.i alternative quando esse appaiono in combinazione: per rilevare la pertinenza data nel singolo testo alla situazione a cui si riferiscono le u.i. alternative, bisogna sommarle.

È impossibile inoltre distinguere, all'interno del singolo episodio, fra casi di ripristino con o senza testualizzazione previa. Il ripristino di una u.i. spesso equivale alla sua ripetizione, ma non necessariamente. I testi riassuntivi, infatti, di solito evitano la ripetizione, e non introducono un evento finché esso non riceva una certa pertinenza narrativa (vedi, per esempio, nel reticolato S:*tradimento*, le u.i. concernenti il segnalibro), mentre nei testi dispiegati la reiterazione di u.i. costituisce invece la norma, appunto perché il dispiegamento porta al riferire passo per passo la catena degli eventi, con un maggiore rispetto per la cronologia 'reale', una più spiccata tendenza all'iconicità temporale.

Bisogna menzionare anche un altro problema scaturito dalla ripetizione di u.i. nei singoli testi, cioè i casi in cui la ripetizione ha luogo all'interno di uno stesso episodio (e in cui non c'è quindi variazione cronologica). In questi casi, la crocetta X che di solito segnala la manifestazione concreta nel singolo testo, è sostituita da numeretti che indicano quante volte è data in maniera esplicita la u.i. in questione. Vedi per esempio, nel reticolato 1 Q:*scambio*, [**MB scambia i libri**] in cui la ripetizione è dovuta alla pertinenza narrativa della u.i., e [(↑) **libro1 è di MB**] in cui si spiega invece con il bisogno di precisare di quale libro si tratti. Questa procedura di annotazione facilita la lettura immediata del grado di pertinenza; rende però più difficile l'annotazione, nei reticolati 1, di una eventuale dislocazione delle u.i. ripetute, e, nei reticolati 2, di una eventuale, e molto probabile, variazione dei correlati concreti impiegati.

8.1.4 *Inserimento nella lista virtuale di unità informative di 2. grado*

Passiamo ora alle messe in relazione di 2. grado, che, come detto sopra, si differenziano da quelle di 1. grado, in quanto sono più vicine alla fase di testualizzazione, e perciò più difficili da scindere da essa[9]. Sono state già discusse le implicazioni teoriche e metodologiche connesse all'includere questo tipo di messe in relazione fra le u.i., ed è stata presentata la decisione di trattare prevalentemente messe in relazione di carattere temporale e causale, che sembrano appartenere in maniera più intrinseca all'universo narrato. Sono state incluse anche le relazioni avversative che, benché presuppongano in maniera più palese una valutazione soggettiva degli eventi, ricorrono frequentemente nei testi, e negli stessi punti della narrazione.

La natura diversa delle messe in relazione di 2. grado ha sollevato anche dubbi sull'opportunità di inserirle fra le u.i. virtuali di 1. grado, o di aggiungere invece, dopo ogni episodio, una o più caselle a parte in cui segnalare le u.i. di 2. grado riscontrate nell'episodio in causa. È stata adottata una soluzione intermedia che permette l'inserimento di u.i. di 2. grado nei punti in cui il confronto dei testi rivela una certa ricorrenza, ma che contemporaneamente fa uso di una casella a parte per le u.i. di 2. grado meno ricorrenti. In questa casella comune, come in quella riservata alle variazioni individuali di 1. grado, si indicheranno con numeretti quante u.i. di 2. grado sono esplicitate nell'episodio, oltre a quelle segnalate eventualmente fra le u.i. virtuali di 1. grado.

Nella fase di omologazione delle u.i. e del loro inserimento nella lista virtuale, una prima difficoltà è scaturita dalla variazione del valore semantico delle messe in relazione di 2. grado. Va sottolineato di nuovo che non si distingue, a livello

---

[9]Vedi la seguente citazione di Enkvist (1985:15), citata già sopra: «Further, are the cohesion-marking elements of texts, such as connectors and conjunctions [...] actually part of the underlying input predications? Or are they added by the strategy?»

semantico, fra congiunzioni indicanti anteriorità e posteriorità, o consecutività e causalità. La scelta fra queste dipende dal punto di vista e dall'accento messo rispettivamente su ciò che precede o ciò che segue, e non intacca il valore semantico di fondo (vedi anche sopra 6.3.4). Così, le congiunzioni *perché* e *quindi* nei seguenti esempi saranno annotate entrambe come una u.i. **causale**:

/ lui {molto maldestralmente} torna indietro / **perché**, / dentro il {suo libro originale} / ha dimenticato il segnalibro / (IMB3)

/ nel libro con le {pagine strappate}, il nostro personaggio aveva messo un segnalibro, / dimenticandosi / di toglierlo / nello scambio, / e **quindi**, / eh- torna {poi} indietro / (IMB5)

I valori semantici delle u.i. di 2. grado si riducono quindi ai seguenti: uno di **contemporaneità**, uno di **non-contemporaneità**, uno di **causalità**, uno di **finalità**, e infine – tenendo conto del suo carattere più discorsivo e meno ideazionale – uno di **avversatività** (saranno usate le seguenti abbreviazioni: **cont**, **non**, **caus**, **fin** e **avv**).

Più le azioni o gli eventi sono dotati di pertinenza narrativa (gli eventi chiave appunto), più i locutori sembrano concordare, non solo nella scelta di inserirli fra esplicite relazioni di 2. grado, ma anche nella preferenza del valore semantico di queste relazioni di 2. grado. Questo vale per esempio, nell'episodio Q:*scambio*, per l'esplicitazione della **relazione di contemporaneità** fra le u.i. riguardanti rispettivamente l'azione che rende distratto il vicino e lo scambio dei libri. Vedi anche, nell'episodio S:*tradimento*, per l'esplicitazione della **relazione di causalità** fra il riprendersi il segnalibro da parte di MB e la scoperta della sua colpevolezza.

In molti altri casi, però, il valore semantico assegnato alla relazione di 2. grado oscilla, di solito fra:

a) contemporaneità e non-contemporaneità (specialmente se la contemporaneità non è puntuale ma inclusiva, o se la non-contemporaneità consiste in una successione ravvicinata di eventi) – vedi gli esempi paralleli seguenti:

contemporaneità:	/ e- **nel frattempo**, / arriva il bibliotecario / (IMB4)
non-contemporaneità:	/ eh **in seguito** / si avvicina, il bibliotecario, / (IMB5)

b) non-contemporaneità e causalità – vedi gli esempi seguenti:

causalità:	/ riesce a uscire, / **perché** / questo bibliotecario controlla il libro / e vede / che è a posto, / (IMB4)
non-contemporaneità:	/ og- bibliotekaren kigger der / (om? nåmen?) det er fint, **og så**, / ud af døren / (DMB4) [e- il bibliotecario guarda là / (se? si?) è a posto, / e poi, / fuori dalla porta]

Per non allungare la lista virtuale con troppe u.i. alternative, ho scelto di indicare solo la presenza, ad un certo punto della narrazione, di una u.i. di 2. grado (rilevato **con grassetto**, per distinguerla dalle u.i. di 1. grado), e di specificare invece nelle caselle a lato il valore semantico dato nei singoli testi, cioè **cont**, **non**, **caus**, **fin** o **avv**.

Un secondo problema riguarda la collocazione precisa della u.i. di 2. grado nella lista virtuale, problema che deriva in larga parte dal fatto che i singoli testi non esplicitano sempre le stesse u.i. di 1. grado. Riprendiamo la summenzionata relazione di contemporaneità, nell'episodio Q:*scambio*, fra le u.i. riguardanti una qualche azione che rende distratto il vicino e lo scambio dei libri. Qui non è il valore semantico della messa in relazione a crearci problemi, ma sono le divergenze riguardo **a quale azione specifica** occorra in contemporanea con lo scambio: l'alzarsi, il vestirsi, il girarsi, il mettere a posto, o lo stesso stato di distrazione che ne risulta (vedi le parti sottolineate negli esempi seguenti):

/ mentre / l'altro si alza / ed è, e volta le spalle al nostro personaggio, / scambia, i due libri, / (IMB5)
/ decide di- sostituire il- {suo libro} a {quello del vicino} / **mentre**- / questi è girato... / (IMB7)
/ mentre / l'altro signore si alza / e si stira per-, e si stira, eh con ehm, / mister Bean ☺ appunto sostituisce i libri, / (IMB11)
/ ed ecco che **mentre** / appunto anche l'altro signore è intento a mettere nella borsa le {sue cose}, / eh- appunto questo-, questo-, quest'altro tipo {che aveva appena distrutto un libro}, decide di sostituire il libro {che ha appena distrutto} con {quello dell'altro signore}... / (IMB10)
/ **In un attimo** / di distrazione del {suo compagno di tavolo},/ sostituisce i due volumi / (ISA9)

Per ragioni di spazio, non è possibile inserire una u.i. virtuale di 2. grado per ogni u.i. virtuale di 1. grado; complicherebbe inoltre la lettura dei reticolati in maniera del tutto superflua. È sufficiente segnalare invece che ci sia una determinata messa in relazione di 2. grado fra **una** delle u.i. virtuali riguardanti le attività del vicino a questo momento della narrazione, e **una** delle u.i. virtuali legate allo scambio dei libri. Per questo motivo ho effettuato una suddivisione delle u.i. virtuali all'interno dei singoli episodi: saranno delimitate **piccole sequenze di u.i.**, di solito unite fra di loro dal fatto di essere o alternative, o dispiegamenti così dettagliati da fungere in pratica come alternative (come negli esempi soprammenzionati), o specificazioni di maniera o di qualità. L'inserimento di una u.i. di 2. grado fra due sequenze (di norma all'inizio della seconda sequenza), dà la possibilità di segnalare una messa in relazione fra una u.i. della prima sequenza e una u.i della seconda sequenza. Di quali u.i. si tratti nel singolo testo, si dovrà inferire dalle altre indicazioni di esplicitazione.

In alcuni casi, in cui sembra particolarmente ricorrente la messa in relazione di due eventi situati in vari episodi e/o in sequenze non adiacenti di uno stesso episodio, ho scelto di fare un rimando specifico, nella lista virtuale, alla u.i. di 1. grado in causa. Questo vale ad apertura d'episodio, in cui una freccetta inserita nella u.i. – [2.grado ↑] – indica che la prima u.i. di 1. grado vada cercata nell'episodio precedente. E vale anche per la frequente segnalazione di contemporaneità fra il ritorno di Mr. Bean e un evento di una delle sequenze finali in R:*riconsegna*, riguardanti il controllo del libro del vicino e la reazione del bibliotecario. In questo caso è stato scelto di collocare la u.i. virtuale di 2. grado dopo le sequenze pertinenti in R – con un riferimento preciso alla u.i. in questione, [2.grado ↓ [MB ritorna]] – per dare spazio, in S:*tradimento*, ad un'altra u.i. di secondo grado che esplicita invece la relazione causale della medesima u.i. [MB ritorna] con la sequenza sul segnalibro e il suo trovarsi (ancora) nel libro1.

Bisogna commentare infine la presenza, nella lista virtuale, di messe in relazione segnalanti rapporti di **avversatività**, di **contrasto** o di **apparente incompatibilità** fra eventi o stati evocati dal testo. Le messe in relazione avversative dovrebbero essere trattate a rigore come espedienti discorsivi, anziché come u.i informative. Ho scelto però di includerle nella lista virtuale, non solo per la loro ricorrenza in certi punti della narrazione, ma soprattutto perché, in questi punti, l'avversatività opera **a livello fattuale** (vedi sopra 6.3.4, sulla distinzione di Van Dijk fra avversità 'fattuale' e 'attitudinale'), segnalante una connessione temporale fra eventi apparentemente incompatibili in termini causali. Negli esempi seguenti, la relazione avversativa intercorre fra il fatto che ormai a Mr. Bean sembra tutto sia andato bene (espresso tramite un evento concreto, come nel primo esempio, o invece in maniera più astratta, più generica, come negli altri tre esempi) e l'azione inspiegabile, illogica, ridicola da parte di Mr. Bean, cioè il suo ritorno sul 'luogo del delitto':

/ sta quasi per accusare lui [il vicino], / **invece** / lui [mr. Bean] {molto maldestralmente} torna indietro / (IMB3)
/ Sembra fatta. **Senonché**, / il protagonista torna indietro / (ISA4)
/ Potrebbe quasi farcela, / **se solo non** / tornasse indietro / (ISA9)
/ Pensando di farla franca, / sostituisce il {suo libro} con {quello del vicino} / **prima** / di riconsegnarlo, / **ma** / si tradisce / tornando / a prendere il segnalibro / (ISA13)

Che le messe in relazione avversative abbiano però carattere ben più discorsivo delle altre messe in relazione di 2. grado, lo conferma il seguente esempio in cui il commento metanarrativo (messo in corsivo) adempie praticamente alla funzione che hanno le congiunzioni negli esempi precedenti:

/ *Accade a questo punto un fatto davvero inatteso*, / proprio **quando** / l'ha ormai fatta franca / l'uomo torna indietro / (ISA8)

8.1.5 *Inserimento di commenti del locutore*
In quasi tutti i testi, troviamo, frammisti alle 'vere' unità di informazione in base alle quali è elaborata la lista virtuale, passaggi che non si rifanno alla fonte comune, ossia al filmato. Non rientrano nell'argomento (l'evocazione, cioè, di un certo frammento di realtà extra-linguistica), ma esplicitano invece una qualche

'modalità' di carattere valutativo, interazionale o testuale/retorico rispetto ad esso. I vari tipi di commenti del locutore – il **commento metanarrativo, narrativo, sulla pianificazione, sulla ricezione del video**, vedi 7.1.1 – hanno tutti in comune il fatto di essere, in genere, difficilmente commensurabili. Per questa incommensurabilità, ho scelto di aggiungere quattro **caselle aperte** dopo la lista dell'episodio in questione, una per ogni tipo di commento, a lato delle quali si potrà annotare, per il singolo testo, la presenza di un eventuale commento. Sia nei reticolati che negli estratti testuali allegati, i commenti del locutore saranno segnalati *in corsivo*.

L'annotazione dei commenti ci indicherà – insieme all'annotazione dei segnali discorsivi – quanto materiale linguistico del testo veicoli 'non-informazione, cioè abbia la funzione di **diluire** il testo rispetto alle vere unità informative. Torneremo sotto, in 8.3.3, sui segnali discorsivi che, essendo di solito elementi intercalari di dimensioni ridotte e spesso dispersi nel testo, sono difficili a trattare nei reticolati.

Non sempre è facile distinguere fra commenti e segnali discorsivi. Questo non è comunque l'unico problema riguardo ai commenti del locutore. Già nelle prime fasi dell'omologazione delle u.i. ci imbattiamo in enunciati, di cui è difficile decidere se abbiano statuto narrativo (rientranti cioè nell'argomento) o statuto invece valutativo o strutturante (rientranti quindi nella modalità). Abbiamo illustrato, con gli esempi sopra, la funzione quasi parallela assolta da congiunzioni avversative da un lato e da un commento metanarrativo dall'altro.

Oscillanti fra narrazione e valutazione sono anche certe u.i. di 1. grado, menzionate in 5.2.2, cioè le riformulazioni riassuntive che, anche se si riportano al corso degli eventi, lo fanno in termini talmente sommari e generali da richiedere quasi per forza un momento interpretativo/valutativo da parte del locutore[10]. Nella lista virtuale di Q:*scambio*, R:*riconsegna* e S:*tradimento*, è stata inserita, in conclusione all'episodio, una u.i. che ha appunto la funzione di tirare le somme degli eventi e stati specifici che compongono l'episodio. In Q e R, la u.i. virtuale è formulata così: [a MB è andato bene]; e le seguenti frasi sono considerate tutte come manifestazioni in qualche maniera sinonimiche di essa:

/ det ser ud til at det går godt nok / (DMB2)
[pare che vada tutto assai bene]
/ eh sarebbe tutto tutto, eh a posto / (IMB5)
/ ehm dunque praticamente riesce a mettere in atto questa scappatoia / (IMB5)
/ eh riesce a fare questa manovra / (IMB3)

In S:*tradimento* la u.i. virtuale – che in molti testi chiude il testo – è invece: [**a MB non va bene**], che può valere come minimo comune denominatore per i seguenti enunciati che forse a prima vista non sembrano equivalenti:

/ la cosa non riesce / (ISA2)
/ ancora una volta non riesce a spuntarla / (ISA10)

---

[10]Vedi la nozione di *summative result clause* di Fleischman (1990:160): «Unlike narrative clauses, which report unique countable events, clauses of this type [summative result clauses] function as **retrospective summaries** of a series of previously reported situations [...] summative statements involve a **configurational judgement** on the part of the narrator, and as such are **evaluative**» (grassetto mio).

/ Dermed / har hans trængsler været forgæves / (DSA4)
[Con ciò / le sue pene sono state invane]
/ Så gik den alligevel ikke / (DMB7)
[allora 'nonostante tutto' non è 'andato']
/ Surt show / (DSA2)
[locuzione gergale: 'spettacolo amaro', 'fregatura']

Anche se alcune manifestazioni concrete delle tre u.i. virtuali si avvicinano molto allo statuto di commento, ho deciso comunque di annotarle nella lista virtuale, non come commenti (cioè in corsivo), ma come u.i. di 1. grado, dato che la loro funzione principale è di indicare la riuscita o meno di una serie di eventi concreti[11].

- **Oscillanti fra descrizione e commento narrativo** sono invece molte u.i. imperniate su aggettivi e avverbi/avverbiali (vedi gli esempi (250)-(254) in 7.1.1). Come seconda u.i. virtuale nell'episodio S:*tradimento*, troviamo così [**MB è stupido/maldestro**] che, insieme alla u.i. alternativa [**MB fa un errore**], ci spiega il 'fatto inatteso', cioè il ritorno di Mr. Bean per prendersi il segnalibro. Questa u.i. descrittiva è tanto legata al corso degli eventi in termini di causalità, che non ho esitato a includerla nella lista virtuale, vedi l'esempio seguente:

/ så / er han selvfølgelig så- dum / så / han kommer tilbage / for / at hente.../ (DMB4)
[poi / è ovviamente così- stupido / che / ritorna / per / prendere...]

È ovvio, però, che la qualità segnalata dalla u.i. in questione funzioni anche da caratterizzazione globale del personaggio, qualificandosi quindi più come commento valutativo, come è evidente negli esempi seguenti (entrambi caratterizzati, inoltre, da quella 'retorica del prolisso' – vedi 7.2 – che già di per sé rappresenta un distanziamento dalla semplice e schietta narrazione dei fatti):

/ anche qui finisce per dimostrare la sua assoluta incoscienza {*bambinesca*} / (ISA12)
/ Mr. Bean er jo ikke ligefrem kendetegnet ved sin høje intelligens / (DSA4)
[Ora, Mr. Bean non è giusto caratterizzato dalla sua alta intelligenza]

Indiscutibili commenti del locutore sono invece gli enunciati, ritrovabili in molti testi, che segnalano esplicitamente la conclusione della narrazione:

/ *e si conclude così* / (IMB1)
/ ☺ *så er der ikke mere* / (DMB5)
[poi non c'è altro]
/ *og, det var slutningen* / (DMB6)
[e, questo era la fine]
/ *SLUT!* / (DSA8)
[FINITO!]

---

[11]Vedi Jansen & Strudsholm (1999), che inseriscono fra altri costrutti fasali anche un costrutto risultativo; le suddette espressioni sono costrutti risultativi abbraccianti però quasi tutto l'episodio.

Per la loro ricorrenza (soprattutto nei testi parlati) ho deciso di inserire nella lista virtuale specifiche caselle per i due commenti di chiusura alternativi: [*il filmato finisce*] e, più generico, [*finisce*] – confronta il reticolato S e gli estratti testuali. Sempre a chiusura di testo, troviamo in tre testi dei commenti più elaborati, interessanti sia perché molto paralleli per quanto riguarda il contenuto, sia perché, in tutti e tre, i commenti hanno la funzione di sostituire la narrazione esplicita del 'gran finale' (la scoperta della colpevolezza di Mr. Bean), incitando invece l'interlocutore a ricostruirlo da sé:

/ e tutto s- finisce così nel silenzio / però che-, è un silenzio, estremamente, eloquente-, / non c'è bisogno di parlare.../ (IMB12)
/ a questo punto c'è un silenzio, / molto eloquente, / che fa capire / come sono andate veramente le cose / (IMB8)
/ e- ed il film lascia immaginare / cosa, cosa succederà dopo / (IMB6)

Per quanto riguarda i commenti valutativi e/o strutturanti che risentono più delle idiosincrasie dei singoli locutori, e che perciò non si prestano ad essere omologati, essi saranno annotati nelle summenzionate caselle aperte aggiunte alla vera e propria lista virtuale. Si tratta, come detto sopra, di commenti metanarrativi, narrativi, sulla pianificazione e sulla ricezione del video; l'annotazione sarà parallela a quella delle variazioni individuali. C'è da notare che, all'interno dei commenti del locutore, non saranno prese in considerazione le u.i. di 2. grado.

8.2 Presentazione concreta dei testi

I reticolati 1 e 2 in appendice consistono in un **sistema di coordinate**: l'asse verticale è costituita dalla lista di u.i. virtuali e dalle caselle aggiunte per le variazioni individuali e i commenti del locutore; lungo quella orizzontale sono collocati invece i testi concreti, ossia, come detto in cap. 3, tutti i testi del corpus basati sul filmato «La Biblioteca». I testi si suddividono in quattro gruppi: 13 testi italiani parlati (IMB), 14 italiani scritti (ISA), 9 danesi parlati (DMB), e 9 danesi scritti (DSA), in tutto 45 testi[12]. Mantenendo sempre la suddivisione nei gruppi IMB, ISA, DMB e DSA, bisogna ora decidere sia come vadano disposti i 4 gruppi fra di loro, sia come vadano distribuiti i singoli testi all'interno dei gruppi.

Abbiamo spiegato sopra (in 6.1) come la definizione tripartita di densità informativa sia strettamente legata alla quantità concreta di materiale linguistico impiegato a presentare un certo insieme di unità di informazione. **Più è dispiegato il testo**, cioè più unità di informazione sono date per esplicite, **più è spartito il testo**, cioè più espansi sono i correlati concreti delle u.i. esplicite, e **più è diluito il testo**, cioè più materiale linguistico 'non-informativo' accompagna le vere e proprie u.i., **meno denso è il testo** da un punto di vista informativo, e meno

---

[12] Come si nota, c'è una certa disparità numerica fra i testi italiani e i testi danesi, dovuta a circostanze contingenti nella fase di allestimento e di raccolta del corpus. Dato che il presente lavoro non mira comunque a fornire risultati di carattere quantitativo-statistico (il numero complessivo dei testi è di per sé insufficiente a una tale analisi), è sembrato legittimo ignorare tale disparità, evitando quindi interventi di scarto fra i testi italiani.

impegno nella fase di decodificazione richiede, in linea di massima, da parte dell'interlocutore.

Non può sorprendere, quindi, la scelta di basare la distribuizione dei testi sulla loro **lunghezza materiale**, misurata nella maniera più semplice, **in righe**. Una delle prime cose a saltare agli occhi – costituendo un incitamento decisivo a intraprendere il presente lavoro – sono state appunto le marcate divergenze dell'estensione dei testi: dalla lunghezza massima di un testo parlato danese di 95 righe, alla lunghezza minima di un testo italiano scritto di 10,5 righe. La figura seguente illustra la variazione di lunghezza totale in righe[13]; le crocette x indicano dove si situano i singoli testi dei quattro gruppi; le O, invece, la lunghezza media dei testi appartenenti ai quattro gruppi, ossia **69,3** per DMB, **51,1** per IMB, **38,4** per DSA, e **22,6** per ISA. Come si vede, i testi vanno dai più lunghi ai più brevi, in parallelo ai diversi continua elaborati sopra.

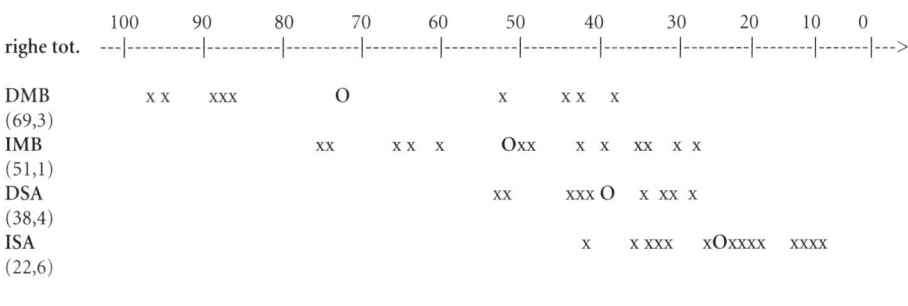

(figura 8.2)

Già in questa figura si osserva la correlazione fra la lunghezza del testo e la variazione sia diamesica che interlinguistica. Si riscontra infatti una netta riduzione della lunghezza passando sia dal parlato allo scritto, sia dal danese all'italiano.

Nel presente studio ci limitiamo ad analizzare gli estratti testuali comprendenti gli episodi finali P, Q, R e S, ed è sembrato perciò più giusto collocare i testi sull'asse orizzontale, non in base alla lunghezza totale dei testi, ma in base invece alla lunghezza degli estratti in questione. La figura 8.3 illustra la distribuzione degli estratti, indicante anche qui la lunghezza media di ogni gruppo (**13,1** per DMB, **11,8** per IMB, **7,5** per DSA e **5,1** per ISA):

---

[13] Il computo in righe, sia dei testi interi che degli episodi presi in analisi nel presente lavoro, è fatto in base alla trascrizione dei testi nell'appendice di Skytte, Korzen, Polito & Strudsholm (1999); nell'appendice allegato al presente lavoro, gli estratti testuali sono infatti stati sottoposti alla segmentazione in u.i., e le sbarre e le parentesi graffe impiegatevi aggiungono ovviamente qualcosa alla lunghezza del testo. Se appaiono comunque piccole divergenze fra il computo presentato qui e i testi riportati in Skytte et al. (1999), ciò è dovuto al fatto che, al momento della stesura del presente capitolo, il manoscritto di Skytte et al. (1999) era ancora in corso di pubblicazione.

```
              20      18      16      14      12      10       8       6       4       2       0
righe P-S ---|-------|-------|-------|-------|-------|-------|-------|-------|-------|-------|--->

DMB                  x  xx xx                O               x x x x
(13,1)
IMB           x           x x       x                x       Ox      x x xxxx                   x
(11,8)
DSA                                                      x           x xx x O x      xx         x
(7,5)
ISA                                                                   xx x  x xx x O    xxxxx x    x
(5,1)
```

(figura 8.3)

Prima di passare alla collocazione concreta nei reticolati, vorrei fare alcune osservazioni in base alle due figure 8.2 e 8.3. Confrontando i rapporti fra le lunghezze medie dei quattro gruppi, possiamo infatti concludere che:

a) la divergenza di lunghezza fra parlati e scritti è più accentuata per i testi italiani che non per i testi danesi, e i rapporti proporzionali[14] sono praticamente uguali nei testi interi (tot.) e negli estratti (P-S), vedi IMB:ISA = **2,3** (tot. e P-S), DMB:DSA = **1,8** (tot.) e **1,7** (P- S);

b) la divergenza di lunghezza fra testi italiani e testi danesi è più accentuata per i testi scritti che non per i testi parlati. Sia per i testi scritti che per quelli parlati, comunque, la divergenza affievolisce leggermente passando dai testi interi agli estratti: DMB:IMB = da **1,4** (tot.) a **1,1** (P-S), e DSA:ISA da **1,7** (tot.) a **1,4** (P-S). Questo affievolimento rispecchia il fatto che i testi italiani riservano in media leggermente più spazio alla parte finale rispetto all'insieme narrativo (una percentuale di all'incirca il **23%**), di quanto non lo facciano i testi danesi (una percentuale di all'incirca il **19%**). È interessante inoltre che, sebbene anche qui ci siano variazioni all'interno di ogni gruppo, la percentuale del singolo testo riservata alla parte finale oscilli generalmente fra il **16%** e il **26%**, con cinque eccezioni notevoli, di cui quattro (**9%**, **12%**, **32%** e **41%**) nei quattro testi più brevi in assoluto (ISA2, ISA13, ISA6 e ISA12), e una (**29%**) nel testo più lungo invece (IMB5), che salta infatti agli occhi nella figura 8.3.

Le divergenze di fondo (che sono appunto quelle che si cercheranno di spiegare alla luce di scelte diverse fra le strategie riassuntive/dispiegative, quelle integrative/spartitive e quelle diluitive) rimangono però le stesse sia nei testi interi che negli estratti:

– i testi parlati sono in genere più lunghi dei testi scritti;

– i testi danesi sono in genere più lunghi dei testi italiani;

– la divergenza di lunghezza fra testi scritti e parlati è più marcata per i testi italiani;

---

[14] Il rapporto proporzionale si ottiene dividendo la media della lunghezza dei parlati con la media della lunghezza degli scritti: per IMB/ISA (tot.) 51,1:22,6; per IMB/ISA (P-S) 11,8:5,1; per DMB/DSA (tot) 69,3:38,4; per DMB/DSA (P-S) 13,1:7,5.

– la divergenza di lunghezza fra testi italiani e danesi è più marcata per i testi scritti.

Tornando ora alla collocazione dei testi sull'asse orizzontale, i quattro gruppi saranno disposti in base alle **lunghezze medie degli estratti**, anche se la graduazione è meno netta che nei testi interi. Per quanto riguarda invece la distribuzione dei testi all'interno dei quattro gruppi, essa si basa sulla **lunghezza concreta dei singoli estratti**, dando luogo ad un ordine che, anche se diverso dall'ordine dei testi interi, ripropone grosso modo la stessa suddivisione in **testi lunghi, medi e brevi** – come illustrano gli schemi seguenti che precisano, per ogni testo, la lunghezza in righe del testo intero, e la lunghezza in righe dell'estratto:

	testi lunghi					testi medi			
testo	DMB 3	DMB 5	DMB 7	DMB 1	DMB 8	DMB 10	DMB 2	DMB 4	DMB 6
righe tot.	93	95	87	86,5	85	45	43	52	38
righe P-S	17	16	16	15	15	10,5	10	10	9,5

	testi lunghi					testi medi							
testo	IMB 5	IMB 12	IMB 10	IMB 9	IMB 2	IMB 13	IMB 4	IMB 11	IMB 8	IMB 3	IMB 1	IMB 7	IMB 6
righe tot.	68	75	67	61,5	75	51	36,5	50	43,5	39,5	36	33,5	29
righe P-S	20	17,5	17	15	13	12,5	10	9,5	9	9	8,5	8,5	5

	testi medi						testi brevi	
testo	DSA 10	DSA 1	DSA 4	DSA 6	DSA 8	DSA 9	DSA 2	DSA 3	DSA 5
righe tot.	52	42,5	40,5	40	53	32,5	30	26,5	29
righe P-S	10,5	9	8,5	8,5	8	7	6	6	4,5

	testi medi					testi brevi							
testo	ISA 4	ISA 8	ISA 14	ISA 10	ISA 1	ISA 12	ISA 5	ISA 3	ISA 11	ISA 9	ISA 7	ISA 6	ISA 13	ISA 2
righe tot.	42,5	31,5	30,5	34	31,5	14,5	22	23	22,5	22	13,5	11	20	11
righe P-S	8,5	8,5	8	7	6	6	5,5	4	4	3,5	3,5	3,5	2,5	1

(figura 8.4)

8.3 Criteri di annotazione delle scelte dei locutori

Passiamo ora ai criteri di annotazione adoperati nello spoglio dei testi. Il modello d'analisi si prefigge di rilevare le scelte dei locutori rispetto ai tre parametri di densità informativa, scelte che in larga misura equivalgono alla quantità di materiale linguistico nel testo rispetto alla quantità di unità veicolate dal testo, vedi la figura seguente (che si rifà alla fig. 6.1).

materiale linguistico
rispetto a
unità d'informazione: <--- **assente** | poco di più molto | **ridondante** --->

   1. parametro   riassumere <-> dispiegare

   2. parametro   integrare <-> spartire

   3. parametro   non-diluire <-> diluire

(figura 8.5)

Le due serie di reticolati – rappresentanti entrambe i quattro episodi P:*chiusura*, Q:*scambio*, R:*riconsegna* e S:*tradimento* – illustrano le scelte dei locutori rispetto alle strategie del **riassumere/dispiegare** (nei reticolati 1), e dell'**integrare/spartire** (nei reticolati 2). Per illustrare invece la misura in cui i locutori ricorrono alla strategia della **diluizione**, è stato effettuato un computo del materiale linguistico 'non-informativo' nel singolo testo (intendendo con 'non-informativo' sia commenti del locutore che segnali discorsivi), i cui risultati saranno presentati dopo ogni estratto testuale (vedi 8.3.3). Dato che l'obbiettivo del modello d'analisi è di poter cogliere con un 'solo sguardo' divergenze o similitudini fra i vari gruppi di testi – danesi, italiani, scritti e parlati – i **criteri di annotazione** non devono essere né troppo complicati, né troppo eterogenei. Cercherò nei sottocapitoli seguenti di presentarli in maniera concisa, precisando da una parte quali siano i **limiti** dei reticolati e del computo, dall'altra, quali siano i **fenomeni e le correlazioni** che si possono rilevare grazie alla loro lettura.

8.3.1 *Esplicitazione o meno delle u.i.*

Nei reticolati 1 sarà annotata, per ogni singolo testo, l'eventuale manifestazione esplicita di una determinata u.i. virtuale. I criteri di annotazione impiegati in questa fase dell'analisi sono stati presentati sopra (vedi 8.1.1-8.1.4), ma li ripetiamo qui:

– innanzitutto, ogni **manifestazione concreta** di una messa in relazione deve figurare una, e solamente una volta, nel reticolato. La sua presenza esplicita va annotata normalmente con X, nella casella a lato della u.i. virtuale a cui la u.i. del testo in questione si riferisce.

– quando una determinata messa in relazione viene **ripetuta** più volte nel testo, invece della X, si segnerà il numero delle occorrenze concrete (2, 3, 4, ecc.), sia che la ripetizione si manifesti all'interno dello stesso episodio, sia che avvenga in un altro episodio.

– nei casi di **variazione cronologica** della u.i. specifica, alla X nella casella a lato della u.i. virtuale, sarà aggiunta la lettera dell'episodio (cioè P, Q, R o S) in cui la specifica u.i. è stata 'dislocata' (per esempio Xr).

– nei casi di **variazione individuale**, quando essa sembri grosso modo sostituire una determinata u.i. virtuale, ciò sarà indicato a lato di essa con l'abbreviazione **vi**; quando fuoriescano invece dalla lista virtuale, la loro presenza sarà segnalata con una X, o con il numero delle u.i. divergenti, a lato della casella generale [**variazioni individuali**] che segue alla vera e propria lista virtuale.

– dato che le **u.i. di secondo grado** sono inserite nella lista virtuale in forma generica, [**2.grado**], nelle caselle a lato sarà specificato il valore semantico della u.i. specifica: **cont** (contemporaneità), **non** (non-contemporaneità), **caus** (causalità), **fin** (finalità) e **avv** (avversità). Quando non è indicato nessun valore semantico, vuol dire che la u.i. non è stata esplicitata. Parallela alla casella generale delle variazioni individuali, è stata aggiunta anche una casella generale [**altre u.i. di 2.grado**], in cui saranno annotate le u.i. di 2. grado non inseribili nella lista virtuale.

– in questa fase dello spoglio dei testi sarà annotata anche la presenza di **commenti del locutore**. Saranno segnalati – con una X o, se più di uno, con un numeretto – nelle quattro caselle generali aggiunte sotto alla lista virtuale (ad eccezione dei commenti di chiusura discussi sopra). L'annotazione della presenza dei commenti sarà pertinente soprattutto nella 3. fase dello spoglio, ossia nel computo del materiale linguistico 'non-informativo'.

La ridotta capienza delle singole caselle a volte porta a problemi di annotazione. È difficile, per esempio, segnalare i casi in cui l'esplicitazione ripetuta di una u.i. si combini con la collocazione delle ripetizioni in diversi episodi, oppure casi in cui all'esplicitazione ripetuta si aggiunga la variazione individuale. Sarà scelta, nei singoli casi, l'annotazione che sembra più illustrativa nel dato contesto. Tali casi di combinazione sono comunque relativamente rari, e perciò le difficoltà d'annotazione appena menzionate non costituiscono gravi limiti alla rappresentatività dei reticolati.

Si potrebbe avanzare invece un'altra e ben più seria obiezione al metodo d'annotazione qui presentato. Se riprendiamo il continuum lungo il quale si collocano le strategie dispiegative e riassuntive (vedi 5.2 e 5.3),

dispiegare <-- u.i. ripetuta – u.i. esplicita – u.i. implicita – u.i. omessa --> **riassumere**

è evidente, infatti, che nei reticolati 1 sono annotate esclusivamente le scelte sul versante dispiegativo. Non è segnalato – almeno non in maniera diretta – se e in che misura le u.i. virtuali, anche se non rappresentate da correlati concreti, siano veicolate nondimeno dal testo, cioè in maniera implicita anziché esplicita.

La decisione di non annotare l'implicito e l'omesso nei reticolati si deve a due fattori. Uno è la già menzionata leggibilità dei reticolati, che sarebbe messa seriamente a rischio se ogni casella a lato delle u.i. virtuali fosse riempita. L'altro motivo risiede invece nella difficoltà stessa a decidere **se e in che misura** una data unità informativa sia in effetti inferibile dal co-testo (e/o dal contesto). Abbiamo discusso a lungo, in cap. 5, i diversi tipi di inferenze e i diversi 'gradi' di implicito, passando infatti dalle **informazioni inferite necessariamente** e con grande specificità, alle informazioni ricostruibili in base a ipotesi **solo probabili**, alle informazioni quasi-omesse che, a livello di congettura, ci suggeriscono una **gamma di immaginabili inferenze**, e infine, alle informazioni omesse e del tutto scomparse dal testo, 'captabili' nondimeno come **esiguità di informazione** rispetto all'insieme di informazioni virtuali (vedi 5.2.4 e 5.3).

Sia nello spoglio dei singoli testi, che nell'annotazione seguente nei reticolati, la valutazione precisa dell'inferibilità di una data u.i. virtuale non esplicitata, richiederebbe un lavoro immane e, a mio avviso, spropositato rispetto ai possibili effetti illustrativi. La soluzione presente non annota quindi direttamente l'implicito e non distingue neanche fra l'implicito, il quasi-omesso e l'omesso del tutto, ma è sembrata più realistica e più leggibile, ed anche legittima, dato che l'inferibilità o meno di una certa u.i. virtuale traspare in larga misura dall'annotazione, nei reticolati, di quali informazioni siano esplicitate.

Fatte queste premesse, l'annotazione nei reticolati 1 dovrebbe indicare quanto segue:
– la quantità di u.i. esplicitate rispetto alla somma di u.i. virtuali;
– la quantità di u.i. ripetute e ripristinate rispetto alla somma di u.i. esplicitate;
– e, in un secondo momento e in base al rilevamento di u.i. esplicite e ripetute, una valutazione almeno approssimativa della quantità di u.i. implicite e omesse.
– la distribuzione delle u.i. esplicite rispetto alle varie categorie di informazioni virtuali. Si tratta delle distinzioni fra dinamico e statico (grosso modo narrativo vs. descrittivo), esterno e interno (grosso modo materiale vs. mentale), altrui e personale (grosso modo rappresentazione vs. commento), e 1. grado e 2. grado.
– la pertinenza delle u.i. esplicitate rispetto agli schemi super- e macro-strutturali;
– e, sulla scia di questo rilevamento, la relazione fra la ripetizione di u.i. nei testi più lunghi, e l'esplicitazione delle stesse u.i. nei testi più brevi (da correlare in seguito, a livello della codificazione sintattica, con le varie strategie di spartizione dell'informazione).

I rilevamenti circa **la quantità, la distribuzione e la qualità delle unità informative** nei singoli testi, andranno studiati con particolare riguardo alla variazione diamesica e interlinguistica, cercando di chiarire se le tendenze che emergono dal confronto siano effettivamente legate alla scelta (o all'imposizione) di lingua e di medium.

8.3.2 *Tipo di correlato concreto delle u.i.*

Nei reticolati 2 sarà annotato, per ogni singolo testo, il correlato concreto scelto per rappresentare una determinata u.i. esplicita. Qui, come per i reticolati 1, vige il **requisito della leggibilità**. Al contempo, però, solo una certa **diversificazione nell'annotazione** ci può dare delle indicazioni utili e interessanti sulla qualità dei correlati concreti. L'annotazione partirà dalle classificazioni proposte in cap. 6, che raggruppano i correlati concreti in base all'elemento che fa da 'perno' nella messa in relazione in causa.

spartire <-- verbo finito – forme non finite – deverbali – prep. – cong. – avv. – agg. --> **integrare**

Il continuum lungo il quale si collocano le strategie spartitive e integrative è basato su questa suddivisione in tipi di correlati concreti. I tipi di correlati concreti si collegano, a loro volta, alla 'gerarchizzazione naturale' delle messe in relazione, al grado di dinamicità e di predicatività dei costrutti impiegati, e, infine, alla quantità stessa del materiale linguistico.

Bisogna elaborare, rispetto a questo continuum, un sistema di subcategorie, che non sia tanto complicato da confondere la lettura del reticolato, ma neanche tanto semplice da non cogliere le scelte del locutore rispetto alle strategie dell'integrare e dello spartire. È inevitabile una certa sovrapposizione fra i costrutti delle varie subcategorie, soprattutto a causa delle **interferenze fra criteri morfologici e sintattici**. Interferenze che non hanno creato difficoltà insormontabili nella segmentazione del testo, ma che danno luogo a vari problemi in questa fase dell'analisi, cioè nella classificazione del singolo correlato concreto in vista della sua annotazione nel reticolato 2.

Esempio molto palese di questa interferenza è la suddivisione da una parte in **forme finite e non-finite**, e dall'altra la distinzione fra **verbi 'semplici'** che costituiscono il perno della messa in relazione, **e verbi di supporto** (comprendenti anche verbi copulativi e verbi posizionali) che hanno la funzione invece di spartire correlati concreti in cui il perno è prototipicamente un aggettivo, un sintagma preposizionale, o un avverbio (vedi sopra in 6.3.1-6.3.4). Data la ridotta capienza delle caselle, è impossibile combinare la segnalazione di queste due distinzioni. Ho giudicato più pertinente la segnalazione di **verbi copulativi**, **verbi posizionali** e **verbi di supporto**, e ho perciò rinunciato alla distinzione tra forme più o meno finite. Lo stesso discorso vale per le frasi scisse e le perifrasi verbali, la cui annotazione nei reticolati ostacola la segnalazione del grado di finitezza. Va aggiunto, però, a sostegno di questa scelta di annotazione, che nella maggior parte dei casi l'uso di verbi di supporto, come anche di perifrasi verbali è accompagnata da una forma finita.

Un altro problema riguarda invece la classificazione di correlati concreti imperniati su **preposizioni, congiunzioni e certi avverbi**. Abbiamo discusso sopra le difficoltà a collocare queste parti del discorso in categorie ben distinte, in quanto lo stesso lessema può adempiere appunto a diverse funzioni sintattiche. Sono in particolare le preposizioni e i sintagmi preposizionali a confondere le acque, e la soluzione annotativa scelta mira esclusivamente a indicare a grandi linee il tipo di costrutto, senza pretendere di fornire una categorizzazione che sia utilizzabile al di fuori di questo studio. Come si vede dalla seguente lista di subcategorie, ho scelto di operare con una sola categoria di congiunzioni (quelle prototipiche, tradizionali, semplici), ma di distinguere invece fra preposizioni **con** e **senza** argomento. Nella segmentazione in u.i., le preposizioni 'senza', o funzionano come avverbi locativi, o segnalano una relazione di 2. grado, per cui il loro argomento costituisce una u.i. a sé stante. Le preposizioni 'con' comprendono invece una larga gamma di sintagmi preposizionali, dalla circostanziale spaziale (la correlazione prototipica), alla locuzione congiuntiva e ai vari costrutti avverbiali (soluzioni invece spartitive).

Per quanto concerne i **deverbali** – per motivi di leggibilità e di economia (visto che gli aggettivi deverbali sono praticamente esenti) – ho deciso di operare con una sola subcategoria, cioè la nominalizzazione. In questa categoria rientrano anche – benché non sia stato pertinente negli estratti testuali studiati qui – *nomina qualitatis*, derivati non deverbali, ma deaggettivali.

Ho aggiunto inoltre la categoria di **pronome possessivo**, e, per i testi danesi, quella dei *composita* – pertinente per esempio nell'annotazione del termine *sidemand* (= 'lato-uomo') – collocandole fra le categorie dell'aggettivo e dell'integrazione lessicale.

La lista seguente elenca le varie subcategorie rispetto alla loro collocazione sul continuum, i correlati più spartiti in alto (la frase scissa appunto) e quelli più integrati in basso (l'integrazione lessicale appunto). Sono indicate anche le **abbreviazioni** impiegate nei reticolati 2.

frasi scisse		fs
perifrasi verbali		pv
verbo copulativo		cop
verbo posizionale		vpos
verbo di supporto (altri)		vsup
verbo 'semplice'	verbo finito	vf
	gerundio (it)	ger
	infinito	inf
	participio presente (da)	pps
	participio passato	pp
nominalizzazione		nom
preposizione con argomento		pre+
preposizione senza argomento		pre÷
congiunzione		con
avverbio (di maniera)		avv
aggettivo		agg
pronome possessivo		pro
composita		comp
integrazione lessicale		il

Bisogna menzionare un ultimo problema scaturito, non dalla categorizzazione, ma dai limiti materiali dei reticolati. Nei casi di u.i. ripetute, lo specifico correlato concreto è segnalabile, solo se non varia. È impossibile annotare l'eventuale (e assai probabile) variazione dei correlati concreti con cui stessa la u.i. viene codificata all'interno dello stesso testo. In questi casi sarà indicato solamente il numero di occorrenze dell'u.i. (come nei reticolati 1) e si dovrà ricorrere agli estratti testuali per chiarire di quali correlati concreti si tratti.

L'annotazione nei reticolati 2 dovrebbe indicare quanto segue:
– il grado di integrazione o di spartizione sia nei singoli testi, sia rispetto alle singole u.i.;
– il grado di correlazione prototipica fra i tipi di messe in relazione e i costrutti impiegati a codificarli.

In base a questi rilevamenti, si dovrebbe poter individuare:
– un gruppo di testi di 'grado zero', cioè né 'troppo' spartiti, né 'troppo' integrati, coestensivo previdibilmente con i testi di media lunghezza. Fra questi testi si trovano presumibilmente i testi parlati in cui il locutore sembra esercitare

un certo controllo sulla pianificazione del discorso, e i testi scritti in cui il locutore non sembra troppo sottomesso al principio della concisione;

– un gruppo di testi basati in maniera massiccia su espedienti di spartizione, coestensivo a sua volta con i testi lunghi. Questi testi non sono prototipici nella loro presentazione dell'argomento, avendo messo fuori gioco la gerarchicizzazione 'naturale' dei vari tipi di messe in relazione;

– un gruppo di testi caratterizzati invece dalle strategie di integrazione, coestensivo con i testi più brevi. Anche qui si prevede una presentazione non-prototipica della dell'argomento, che – come si vedrà nei capitoli 9 e 10 – rischia di allontanare i testi dal genere narrativo, immettendoli invece nella categoria di testi espositivi.

Dal confronto delle annotazioni nei reticolati 1 e 2, si dovrebbe poter cogliere infine una correlazione fra il grado di esplicitazione o non-esplicitazione delle u.i. e il grado di spartizione o integrazione delle medesime u.i.

Come per i reticolati 1, sarà rivolta particolare atttenzione alla variazione interlinguistica. Alcune delle divergenze sistematiche nella scelta di correlati concreti si spiegano infatti in base a **divergenze tipologiche** intrinseche ai due sistemi linguistici (alcune delle quali sono state discusse nei capitoli 6.3.1-6.3.4); altre sono riportabili a **divergenze d'uso** e **di canoni retorici**.

8.3.3 *Impiego di espedienti di diluizione*

Passiamo ora al **computo di materiale linguistico 'non-informativo'** nel singolo testo, che dovrà illustrare la misura in cui i locutori ricorrono alla strategia della **diluizione**. L'annotazione, nei reticolati, dei commenti del locutore e delle u.i. ripetute costituisce il primo passo di questo computo, mentre il secondo concerne il rilevamento dei segnali discorsivi che è fatto invece a parte.

Gli espedienti di diluizione non partecipano alla narrazione in sé, ma assolvono funzioni legate alla contestualizzazione del discorso, o legate alla pianificazione del discorso. Questi espedienti – che comprendono da una parte **commenti del locutore** e dall'altra **operatori fatici, modalizzanti, epistemici, riempitivi, pause, riformulazioni e reiterazioni** (vedi 7.1.2) – sono messi in rilievo negli estratti testuali in appendice. Dopo ogni estratto è stato elaborato un piccolo schema che raccoglie – oltre al numero di u.i. esplicitate, di u.i. ripetute, di u.i. ripristinate – il numero dei commenti del locutore (segnalati negli estratti con *corsivo*) e i segnali discorsivi (segnalati con sottolineatura) quantificati in **battute dattilografiche**. Queste cifre possono essere confrontate con la lunghezza del testo, calcolata in righe (vedi 8.2).

Il computo delle parti del testo non-informative (e bisogna includere fra queste anche le u.i. ripetute e almeno parte delle u.i. ripristinate) ci dovrebbe dare un indizio del grado di diluizione del singolo testo, da mettere a confronto in seguito alle scelte operate rispetto agli altri due parametri. Di larga parte degli operatori discorsivi è prevedibile, ovviamente, una presenza quasi esclusiva nei parlati (vedi 7.2); per quanto riguarda i commenti del locutore si presume invece una distribuzione più equa, non escludendo però divergenze fra testi italiani e testi danesi.

9.
IL CONFRONTO CONCRETO DEI TESTI

9.0 Il banco di prova
9.1 La tendenza alla categorizzazione: superstrutture e *scripts*
9.2. Lettura dei reticolati 1
    9.2.1 *Lettura del reticolato 1 P:chiusura*
    9.2.2 *Lettura del reticolato 1 Q:scambio*
    9.2.3 *Lettura del reticolato 1 R:riconsegna*
    9.2.4 *Lettura del reticolato 1 S:tradimento*
    9.2.5. *I reticolati 1 in generale*
9.3 Lettura dei reticolati 2
    9.3.1 *Lettura del reticolato 2 P:chiusura*
    9.3.2 *Lettura del reticolato 2 Q:scambio*
    9.3.3 *Lettura del reticolato 2 R:riconsegna*
    9.3.4 *Lettura del reticolato 2 S:tradimento*
    9.3.5 *I reticolati 2 in generale*
9.4 Lettura del computo di materiale 'non-informativo'

9.0 Il banco di prova

Il presente capitolo rappresenta il banco di prova del modello d'analisi proposto in questo lavoro: un modello d'analisi che sia in grado di cogliere nel singolo testo le scelte strategiche fatte dal locutore rispetto ai tre parametri di densità informativa, permettendo un confronto complessivo e sistematico di vari testi. La lettura dei reticolati e degli schemi del computo vuole illustrare **l'operazionalità** dei tre parametri e delle nozioni discusse nei capitoli precedenti. Cosa ci diranno, i reticolati, su una eventuale correlazione fra densità informativa e scelta diamesica da un lato, e fra densità informativa e impiego del codice danese o italiano dall'altro? Saranno individuati, in base al confronto, i criteri seguiti dai locutori nella scelta delle strategie riassuntive, dispiegative, integrative, spartitive e diluitive? Quali correlazioni appariranno fra gli espedienti concreti che definiscono in pratica i tre parametri?

9.1 La tendenza alla categorizzazione: superstrutture e *scripts*

Prima di passare alla lettura dei reticolati, vorrei fare alcune considerazioni sulla **tendenza alla categorizzazione**, profondamente radicata nella mente umana[1]. Per far fronte a quella miriade di situazioni, emozioni e oggetti disparati che costituiscono l'esperienza umana, la mente elabora continuamente categorie: rileva, dalla moltitudine di tratti specifici, quelli ricorrenti, costruendo in base ad essi degli schemi cognitivi, a cui poi riporta le nuove situazioni, le nuove emozioni, i nuovi oggetti che la realtà le offre. Questa tendenza alla categorizzazione controbilancia la specificità del singolo testo, in particolare il 'libero arbitrio' del singolo locutore (cioè le sue scelte individuali, soggettive e idiosincratiche), e

---

[1] Le pagine seguenti sulla categorizzazione, sul genere narrativo e sugli schemi cognitivi riprendono in larga misura quanto detto in Jansen (1999:165-170).

rende quindi commensurabili i testi. Commensurabili sia per quanto riguarda quali e quante unità di informazioni siano esplicitate o date invece per implicite; sia per quanto riguarda il grado di spartizione o integrazione con cui le u.i. esplicitate sono presentate; sia per quanto riguarda il ricorso a espedienti diluitivi.

Due tipi di categorizzazioni giocano un ruolo fondamentale nella codificazione e nella decodificazione dei testi, da una parte il tipo di testo al quale si rifà il testo (vedi anche cap.3), e dall'altra parte gli schemi cognitivi che rappresentano una lunga serie di eventi e situazioni convenzionali e abitudinari della nostra esperienza.

Per quanto riguarda il **primo tipo di categorizzazione**, ogni testo ricalca o si rifà sempre ai **modelli testuali** già esistenti. Il locutore, per rendere funzionale il suo testo rispetto agli scopi che si è prefisso, lo costruisce in base a una rappresentazione schematica che gli indica i tratti costitutivi della categoria testuale scelta. Siamo così tornati alla nozione di «superstruttura» (vedi cap. 2), che per i testi del nostro corpus è di carattere inequivocabilmente narrativo. Come detto in cap. 3, la narrazione sembra costituire una delle pietre basilari della competenza testuale e cognitiva-concettuale[2]. Un primo requisito per la narratività, è la **sequenzialità**, cioè la presentazione di eventi nel tempo. Essa può essere definita il criterio minimo, una versione 'debole' di narratività che rimanda, più che a un genere testuale, a una **modalità cognitiva** scelta nell'approccio di dati esperenziali[3]. Un secondo requisito è la **finalità**, cioè la presenza di un agente, di un protagonista che insegue delle mete[4], requisito che specifica di più la categoria narrativa, inserendo la sequenzialità in una prospettiva umana (o almeno antropomorfa).

Questi due requisiti, però, non sono sufficienti: il testo deve anche rifarsi a un modello generale che richiede un certo numero e un certo tipo di costituenti nel testo, e ne indica anche l'ordine sia sequenziale che gerarchico. Un esempio assai semplice di un tale modello è quello proposto dal sociolinguista William Labov[5], che comprende i seguenti componenti:

a) tema
b) esposizione/ cornice (o *setting*)
c) complicazione (-> climax)
d) risoluzione
e) valutazione / morale

(figura 9.1)

---

[2]Vedi Fleischman (1990:94): «...stories are one of the most basic of our acquired constructs for organizing and making sense of the data of experience.»
[3]Vedi anche Lavinio (1990:73), che fa riferimento alla classica tipologia proposta da Werlich (1976): «Werlich distingue cinque fondamentali tipi testuali (*text types*) caratterizzati da **un *focus* dominante (cioè da un centro principale di interesse) correlato a una precisa matrice cognitiva** [...] il tipo *narrativo*, con il focus su azioni (e trasformazioni) di persone, oggetti o concetti nel **contesto temporale**, associato alla matrice cognitiva che permette di cogliere le interrelazioni e differenze di percezioni lungo il tempo.» (grassetto mio). Cfr. anche lo schema (ibid:78-79).
[4]Vedi Van Dijk & Kintsch (1983:46):«Causal relations exist between states and events in the physical world [...] Human actions involve relations akin to physical causality, but people are much more adept at dealing with goals, plans, and intentions than with causal relations among physical states and events.»
[5]Cfr. Chafe (1994:128), Coirier, Gaonac'h & Passerault (1996:74) e Van Dijk & Kintsch (1983:54).

Di questi componenti, a) che dà un'indicazione sommaria del contenuto, ed e) che, in capo agli eventi narrati, ne trae conclusioni e giudizi personali, non sono strettamente indispensabili alla concretizzazione dello schema. Lo sono invece b), c) e d): in b) sono tipicamente fornite informazioni circa la collocazione spazio-temporale, circa i protagonisti e circa la situazione generale; in c) gli eventi cominciano a evolversi in base ad un cambiamento della situazione di partenza, giungendo, ad un certo punto, ad un climax; in d) viene presentata la risoluzione, che dovrebbe portare al ristabilirsi della situazione – a prescindere dal fatto se l'esito sia positivo o negativo dal punto di vista del protagonista.

Un ultimo tratto fondamentale dello schema narrativo è la **deviazione inaspettata**[6]. Un testo narrativo, infatti, per suscitare interesse presso l'interlocutore, deve includere un elemento di scarto rispetto al **normale corso degli eventi**, uno scarto giocato sull'imprevedibile, sull'improbabile, sull'assurdo, sull'esagerazione o sul comico – vedi infatti Chafe (1994:122): «A narrative that fails to conflict with expectations is no narrative at all.»

Sulla nozione del normale corso degli eventi si impernia il **secondo tipo di categorizzazioni**, ossia gli schemi cognitivi rappresentanti eventi e situazioni tipici, i *frames*, come li ha denominati Minsky[7]. Questi si possono suddividere in due categorie, *scripts* e *plans*: i primi rappresentano una situazione tipica come una **sequenza** ordinata, più o meno obbligatoria, di determinati eventi; i *plans* basano invece la rappresentazione schematica sulle **relazioni mezzo-fine** che sono inerenti a praticamente ogni genere di azione umana[8]. Mentre la categorizzazione in tipi testuali fornisce un modello globale e astratto (vedi la nozione «superstruttura» di Van Dijk & Kintsch), gli *scripts* e i *plans* operano in larga misura a livello locale, riguardando più direttamente l'argomento specifico del testo, cioè le situazioni e le azioni in cui i personaggi della narrazione sono coinvolti.

Nei testi di Mr. Bean è evidente la predominanza dello *script* «**andare in biblioteca**». Questo schema funziona praticamente per copione a tutto il testo, strutturandone sia il percorso globale dall'entrata del protagonista fino alla sua uscita di scena, sia l'articolazione dei singoli episodi che coincidono in gran parte con le varie fasi, o le varie scene dello *script*. È però evidente, nei testi, anche il ricorso a *plans*, cioè a schemi che indicano con quali mezzi, o con quali azioni, normalmente si ottiene un certo fine.

Gran parte degli eventi chiave in cui è stata suddivisa la trama (vedi 8.1), combaciano così con scene cruciali dello *script* «andare in biblioteca»: entrata, andare al tavolo, sedersi al tavolo, libro in mano, chiusura della biblioteca, riconsegna dei libri, ecc. È facile, inoltre, raggruppare alcuni episodi centrali in tre sequenze che corrispondono ai tre componenti immancabili della struttura

---

[6]Vedi Chafe (1994:129): «If the setting can be thought of as a baseline of normality from which the climax will provide an unexpected deviation, the complication introduces referents, events, and states that begin to move away from the normal toward the climax.»

[7]Cfr. Simone (1990:456), e Coirier, Gaonac'h & Passerault (1996:64) che cita Minsky (1975): «Un schéma est en premier lieu une représentation cognitive regroupant les informations associées à la description d'un objet, d'une situation, d'un événement.»

[8]Cfr. Schank & Abelson (1977:37): «General knowledge [= plans] enables a person to understand and interpret another person's actions simply because the other person is a human being with certain standard needs who lives in a world which has certain methods of getting those needs fulfilled.»

narrativa (cornice, complicazione, risoluzione), così come è facile riconoscere, negli eventi chiave che non rientrano nello *script*, la summenzionata deviazione inaspettata.

Gli schemi cognitivi, sia quelli superstrutturali, che gli *scripts* e i *plans* che operano piuttosto a livello della macrostruttura, sono fondamentali nel 'gioco' di aspettative che si instaurisce fra locutore e interlocutore nella produzione e nella ricezione del testo. Il locutore, nella sua scelta di lasciare per implicite determinate messe in relazioni, fa infatti affidamento sulla capacità dell'interlocutore di ricorrere alle rappresentazioni schematiche e supplire, tramite inferenze basate su queste e sul cotesto ovviamente, le informazioni necessarie non esplicitate. Così come, nella scelta di mettere in rilievo certe u.i. rispetto ad altre, tramite strategie dispiegative e/o spartitive, il locutore punta di solito ai nodi centrali del modello testuale, oppure degli *scripts* e *plans*.

9.2 Lettura dei reticolati 1

Passiamo al confronto concreto dei testi in base ai reticolati. Cominciamo dai reticolati 1 (vedi in appendice), che passeremo in rassegna uno per uno, rilevando in ognuno le osservazioni che meglio illustrino le riflessioni dei capitoli precedenti. Si farà attenzione sia alla pertinenza (naturale, narrativa, testuale) delle singole u.i., che ad eventuali divergenze fra i quattro sottogruppi di testi. Partiamo dalle singole u.i. della lista virtuale, e ne rileviamo la presenza e la distribuzione, senza mirare però a fornire, almeno non in un primo momento, spiegazioni di carattere conclusive sul perché dei fenomeni rilevati.

9.2.1 *Lettura del reticolato 1 P:chiusura*

Nel reticolato 1 P:*chiusura*, il primo episodio della parte finale, si nota subito la presenza pronunciata della u.i. virtuale [**B arriva**], che solo negli scritti italiani si riduce in maniera marcata:

testi danesi parlati (DMB):	8 su 9
testi italiani parlati (IMB):	12 su 13
testi danesi scritti (DSA):	5 su 9
testi italiani scritti (ISA):	2 su 14

La ricorrenza di questa u.i. può sembrare curiosa vista la sua posizione assai bassa nella gerarchia di interdipendenza locale degli eventi: la u.i. chiave [**la biblioteca chiude**] va esplicitata perché dia senso esplicitare [**B comunica Ø/ai due/a MB/a V**], che a sua volta è necessaria per aggiungere [**B arriva**], che è presupposta, infine, all'esplicitazione di [**MB vede**]. Per spiegare la frequente esplicitazione dell'arrivo del bibliotecario, va rilevato forse – oltre al fatto che sia facile sia a decodificare nell'*input*, sia a codificare nel testo – il suo carattere di segnale di cambiamento della situazione, stessa funzione svolta anche in altri punti del filmato.

Per quanto riguarda l'esplicitazione di [**B comunica**] – o di una delle alternative che specificano a chi la comunicazione è rivolta (vedi 8.1.2) – essa segue più o meno la distribuzione di [**B arriva**]: una presenza molto marcata nei parlati di entrambe le lingue, che cala un po' negli scritti danesi, per ridursi parecchio, invece, negli scritti italiani:

testi danesi parlati (DMB):   8 su 9
testi italiani parlati (IMB):   12 su 13
testi danesi scritti (DSA):   6 su 9
testi italiani scritti (ISA):   4 su 14

Da notare anche la scelta fra le u.i. alternative: l'esplicitazione specifica del vicino avviene di gran lunga nei testi definiti lunghi (rientranti tutti fra i testi parlati, vedi 8.2). Si realizza o tramite l'aggiunta di [**B comunica a V**] a [**B comunica/B comunica a MB**], oppure con la u.i. [**B comunica ai due**] che fa riferimento simultanea a MB e a V.

Nella u.i. seguente [(↑) **MB ha un vicino**], o la u.i. alternativa [(↑) **c'è un altro lettore**], le presenze si distribuiscono invece in maniera assai diversa. Saltano agli occhi le frequenti ripetizioni come anche i molti casi di oscillazione cronologica:

testi danesi parlati (DMB):   5 su 9   (di cui 3 nell'episodio Q, e 2 ripetute)
testi italiani parlati (IMB):   10 su 13 (di cui 5 oscillanti, e 5 ripetute)
testi danesi scritti (DSA):   6 su 9   (di cui 1 in Q, e 3 ripetute)
testi italiani scritti (ISA):   13 su 14 (di cui 7 in Q, e 3 ripetute)

Due fatti possono spiegare come mai questa u.i. sia più rappresentata negli scritti (soprattutto italiani). Il primo è lo statuto di informazione **ripristinata** della u.i. Come abbiamo detto prima, tale statuto è definito, non in base al testo stesso (come la ripetizione), ma in base al corso di eventi. La ricorrenza della u.i. negli scritti è determinata sicuramente dal fatto che il vicino, nella maggioranza dei casi, non è stato introdotto prima, dato che solo ora – e ancora più nell'episodio Q:*scambio* – acquista una vera pertinenza narrativa. Un altro motivo potrebbe essere la precisione lessicale, sicuramente più inseguita nei testi scritti che non in quelli parlati. Per indicare il vicino in questi, invece, dato che è stato di solito già introdotto, è sufficiente un rimando 'deittico', del tipo *l'altro uomo, il secondo ospite*, ecc.

La u.i. chiave dell'episodio, [**la biblioteca chiude**], è affiancata dalla u.i. [**il tempo scade**], e anche se si tratta di un dispiegamento della situazione, la interdipendenza fra le due in termini causali/temporali è così forte da renderle praticamente alternative (vedi in particolare gli scritti italiani). Le cifre che ora riportiamo si basano quindi sulla presenza o dell'una o dell'altra, mentre la presenza di entrambe o la ripetizione di una delle due indicano la pertinenza narrativa della messa in relazione:

testi danesi parlati (DMB):   8 su 9   (in 5 testi entrambe)
testi italiani parlati (IMB):   10 su 13 (in 1 testo entrambe, e in 2 ripetuta)
testi danesi scritti (DSA):   8 su 9   (in 1 testo entrambe)
testi italiani scritti (ISA):   8 su 14 (in 1 testo entrambe)

9.2.2 *Lettura del reticolato 1 Q:scambio*

Nella lettura di questo reticolato è sembrato opportuno partire dall'evento chiave, [**MB scambia i libri**], situato a metà della lista virtuale. Esso costituisce un punto cruciale per tutta la parte finale, cioè i quattro episodi P, Q, R e S. In termini di dipendenza narrativa, infatti, praticamente tutti gli altri eventi e stati, portano a o derivano da questa u.i. Non è quindi sorprendente che venga presentata in maniera esplicita in tutti i testi, con un'unica eccezione, ISA2, scritto italiano e più breve fra tutti i testi:

testi danesi parlati (DMB): 9 su 9 (di cui 2 ripetute)
testi italiani parlati (IMB): 13 su 13 (di cui 5 ripetute)
testi danesi scritti (DSA): 9 su 9 (di cui 1 ripetuta)
testi italiani scritti (ISA): 13 su 14 (di cui 1 ripetuta)

Vediamo una tendenza forte alla esplicitazione della relazione temporale (quasi sempre di contemporaneità) fra lo scambio dei libri e un'azione da parte del vicino che permette tale scambio:

testi danesi parlati (DMB): 7 su 9
testi italiani parlati (IMB): 9 su 13
testi danesi scritti (DSA): 8 su 9
testi italiani scritti (ISA): 5 su 14

La presenza più esigua di questa relazione temporale negli scritti italiani, si spiega in parte con il fatto che, in 5 dei testi in cui manca, non è esplicitata un'azione da parte del vicino, e mancano quindi le premesse per una relazione di 2. grado. In due casi (ISA14 e ISA5) l'assenza della u.i. è controbilanciata dalla presenza di una forma gerundivale nel correlato concreto di [**MB approfitta**] (vedi il reticolato 2 Q). Confrontando i reticolati 1 e i reticolati 2, è possibile cogliere, almeno in parte, i casi di integrazione morfologica che, come detto sopra, non saranno presi in considerazione come u.i. a sé stanti.

Torniamo ora all'azione del vicino che permette a Mr. Bean di scambiare i libri. Troviamo nella lista virtuale una serie di azioni, non molto pertinenti prese di per sé, ma che insieme costituiscono i vari momenti e gesti del 'rimettersi a posto' (vedi anche 8.1.5). Di queste azioni, tutti i testi meno 9 (di cui 6 gli scritti italiani) ne esplicitano una o più, dispiegando così di più o di meno la scena che fa da sfondo/presupposto allo scambio. È interessante che i testi danesi esplicitano con più frequenza la u.i. [**V si gira**] (accompagnata, nei testi parlati più lunghi, da altri momenti della scena, alcuni riportati nella casella aperta di variazioni individuali), mentre i testi italiani, in particolare quelli scritti, scelgono molto più spesso la u.i. [**V è distratto**] – u.i. non data in maniera esplicita in nessuno dei testi danesi, ma facilmente ricostruibile dal co-testo. Paragonata alle u.i. che riportano gesti concreti, quest'ultima u.i. si riferisce invece allo stato mentale che risulta da tali gesti, e rappresenta un grado di astrazione più alto.

Osservazione parallela si può fare a proposito dell'esplicitazione o meno delle quattro u.i. in apertura dell'episodio, che concernono lo stato d'animo di Mr. Bean: la sua **disperazione** e il suo **desiderio di non essere scoperto**. Negli scritti italiani, le quattro u.i. sono abbastanza ben rappresentate (specialmente nei testi di media lunghezza), in confronto alla non-esplicitazione che caratterizza in genere questo sottogruppo. Esplicitando queste u.i. viene rilevato un altro tipo di sfondo/presupposto rispetto allo scambio, di carattere mentale anziché concreto, e richiedente perciò un momento interpretativo da parte del locutore.

Le varie scelte di esplicitazione ora trattate hanno tutte la funzione di dispiegare l'evento chiave, cioè [**MB scambia i libri**], con l'aggiunta di eventi e sottoeventi che lo precedono. Il dispiegamento ha di solito la funzione di mettere in rilievo qualche informazione. Questo vale anche per la ripetizione (riscontrabile, per la u.i. in questione, soprattutto nei testi parlati italiani) e per quella strategia testuale intermedia fra ripetizione e dispiegamento che è la parafrasi (in questo caso la parafrasi nella coppia di u.i. [**MB dà libro1 a V**] e [**MB prende libro2**]); come la ripetizione, anche la parafrasi è più frequente nei testi parlati italiani (in 6 testi su 13). Sembrano così delinearsi due strategie generali di messa in rilievo di informazione: da una parte, la strategia impiegata dai testi parlati danesi più lunghi, che presentano in maniera assai dettagliata lo sfondo su cui si staglia l'evento chiave; dall'altra parte, la strategia preferita dai locutori italiani nei testi parlati, che sottolinea invece con espedienti di ridondanza la pertinenza della u.i.

9.2.3 *Lettura del reticolato 1 R:riconsegna*

Passiamo ora all'episodio R:*riconsegna*, in generale assai ben rappresentato nel reticolato. Si nota comunque una marcata divergenza fra i testi danesi parlati più lunghi, che esplicitano un gran numero di u.i. virtuali, e i testi italiani scritti, in particolare da ISA3 in poi, in cui la strategia riassuntiva è assolutamente predominante (vedi ISA2, il testo ultrabreve, del tutto assente).

Partiamo anche qui dall'evento chiave dell'episodio, [**MB consegna libro2 a B**], e ne vediamo la seguente distribuzione nei quattro sottogruppi:

testi danesi parlati (DMB):   8 su 9 (di cui 2 ripetute)
testi italiani parlati (IMB):   9 su 13 (di cui 2 ripetute)
testi danesi scritti (DSA):   5 su 9
testi italiani scritti (ISA):   7 su 14

Strettamente legata a questa u.i. in termini di interdipendenza temporale/finale, è la u.i. [**B controlla libro 2**], che in alcuni testi fa le veci di [**MB consegna libro2 a B**]. Lo *script* dell'andare in biblioteca prescrive infatti che la riconsegna dei libri sia seguita dal controllo dei libri, e le due u.i. possono quindi sostituirsi a vicenda senza portare a grandi cambiamenti nel contenuto complessivamente veicolato, in quanto implicantisi a vicenda. In 4 testi italiani scritti, in cui non compare nessuna delle due u.i., troviamo invece la u.i. intenzionale [**MB e V {consegnare libri}**], o nell'episodio precedente P (vedi ISA11 e ISA7), o ripristinata nell'episodio R (vedi ISA10 e ISA3). È sufficiente esplicitare una sola delle tre u.i. menzionate ora, per poter inferire – in base a poche informazioni date precedentemente e in base allo *script* della biblioteca – praticamente tutte le altre u.i. pertinenti alla narrazione di questo episodio. Ciononostante, nella maggior parte dei testi i locutori optano per un certo grado di dispiegamento, presentando esplicitamente eventi e sottoeventi, circostanze e qualità, o perché pertinenti di per sé, o perché legati a u.i. che meritano di essere rilevate.

Vediamo per esempio la ricorrenza con cui compare la u.i. [**MB esce**], informazione che non dovrebbe essere difficile da ricostruire in base alle informazioni che la precedono:

testi danesi parlati (DMB):	9 su 9 (di cui 2 ripetute)
testi italiani parlati (IMB):	11 su 13 (di cui 2 ripetute)
testi danesi scritti (DSA):	7 su 9
testi italiani scritti (ISA):	5 su 14 (di cui 4 testi medi)

La presenza massiccia di questa u.i. (meno che negli scritti italiani brevi), si deve sicuramente al fatto che, con questo evento, la storia sarebbe in effetti conclusa per quanto riguarda Mr. Bean: il fatto che esce, vuol dire che né il bibliotecario né il vicino hanno scoperto il suo 'trucco' (o come esplicita la u.i. di carattere commentativo/interpretativo in fondo alla lista virtuale: [**a MB è andata bene**]; rispetto alla funzione a volte riassuntiva di questa u.i., vedi due testi brevi, ISA3 e ISA9, che, a parte il riferimento alla riconsegna stessa, esplicitano nell'episodio R solo questa u.i.). L'azione apparentemente conclusiva [**MB esce**] acquista ancora più grande pertinenza narrativa, in quanto costituisce lo sfondo e il presupposto per l'evento senz'altro più sorprendente, più inaspettato dell'intera narrazione: il rientro del protagonista (su cui torneremo fra poco).

Esplicitata in quasi tutti i testi parlati e circa metà di quelli scritti (meno quelli italiani più brevi), è anche la scena in cui il vicino consegna il suo libro, che in realtà è quello di Mr. Bean. Valgono anche qui come quasi-alternative le u.i. [**V consegna libro1 a B**] e [**B controlla libro1**], a cui si aggiunge una terza alternativa, [**B apre libro1**], scelta dai locutori nei tre testi danesi parlati più lunghi. Quest'ultima u.i. sostituisce il termine astratto e 'iperonimico' di *controllare*, con un termine che fa riferimento invece a un gesto fisico, concreto, visivo.

Una divergenza parallela nel grado di concretezza con cui viene rappresentato un determinato evento, la osserviamo nella distribuzione delle u.i. immediatamente seguenti: [(↑) **è stato fatto un pasticcio**], [(↑) **libro1 è distrutto**], [(↑) **le pagine sono strappate/tagliate**] e [**le pagine volano/cadono**], che compaiono sia in alternazione che in combinazione. Nei testi danesi parlati più lunghi viene preferita la u.i. più concreta e visiva [**le pagine volano/cadono**] (combinata in due casi con la u.i. [**libro1 è distrutto**]); nei testi italiani, sia parlati che scritti, e nei testi danesi scritti, prevale invece la u.i. [**libro1 è distrutto**], più generica e neutrale, ma anche di portata più definitiva rispetto alle condizioni del libro.

Per valutare la pertinenza complessiva di questa u.i., bisogna però prendere in considerazione anche la sua presenza in altri episodi. È infatti una delle u.i. più ripristinate in assoluto, sia negli episodi studiati qui, Q, R e S, sia in episodi precedenti ad essi, e viene impiegata in più testi per riassumere tutta la parte centrale del corso degli eventi[9]. Sommando le presenze della u.i. negli episodi Q,

---

[9]Vedi per esempio il brano seguente:
/ finisce per combinare una serie di eventi / in crescendo / <u>che si concluderanno con la distruzione del libro stesso</u>. / (ISA12)
oppure usato in apertura del testo per indicarne il **tema** portante:

R e S, si può constatare, in 6 testi fra quelli italiani parlati più lunghi, una ricorrenza di ripetizione che non ha riscontro invece nei testi parlati danesi (osservazione su cui ritorneremo sotto).

L'ultima osservazione rispetto a questo episodio, concerne la ricorrenza forse non massiccia, ma non insignificante, della u.i. di 2. grado collocata in fondo alla lista virtuale, [2.grado ↓ (MB ritorna)], che si correla, come si vede, ad una u.i. di 1. grado dell'episodio seguente, [MB ritorna]:

testi danesi parlati (DMB):	7 su 9
testi italiani parlati (IMB):	6 su 13
testi danesi scritti (DSA):	6 su 9
testi italiani scritti (ISA):	2 su 14

Il fatto di segnalare esplicitamente una relazione temporale (di contemporaneità o non-contemporaneità) fra una delle u.i. dell'episodio R:*riconsegna* e il ritorno di Mr. Bean, serve a mettere in rilievo questo evento che è sicuramente la deviazione più inaspettata del corso degli eventi.

9.2.4 *Lettura del reticolato 1 S:tradimento*

Nell'ultimo reticolato 1, che rappresenta l'episodio S:*tradimento*, si osserva subito come un'altra u.i. di 2. grado venga esplicitata nella maggior parte dei testi (e praticamente in tutti gli scritti italiani). Questa volta viene segnalata una relazione di avversatività fra il fatto che tutto sia andato bene e il ritorno del protagonista. Come detto sopra, la segnalazione di avversatività è a volte sostituita, a volte accompagnata da commenti metanarrativi e/o narrativi che esplicitano la sorpresa del locutore e la comicità della scena.

Sono in genere più frequenti in questo episodio, da una parte, i commenti metanarrativi e narrativi, sia quelli annotati nelle caselle aperte in fondo, sia quelli inseriti nella lista virtuale: [a MB non va bene] che indica il finale negativo (dal punto di vista di Mr. Bean), dall'altra, e i commenti di chiusura, presenti, con una sola eccezione, solo nei testi parlati (in 8 su 9 dei testi danesi, in 7 su 13 dei testi italiani). Non è comunque sorprendente la presenza più marcata di interventi verticali a questo punto della narrazione: il locutore vuole assicurarsi che l'interlocutore effettui la 'giusta' valutazione e interpretazione dei fatti narrati (vedi il punto e) nel modello di Labov riportato nella figura 9.1.

La sequenza seguente comprende quasi esclusivamente u.i. ripristinate, cioè u.i. che riportano eventi cronologicamente precedenti all'episodio in questione. Si tratta del segnalibro messo e non più tolto dal libro distrutto, che è la ragione per cui Mr. Bean ritorna, e che **non** è inferibile né in base al co-testo, né in base a conoscenze enciclopediche riguardo al genere testuale o al normale corso degli eventi. Appunto per la sua non-inferibilità, la scena è rappresentata in maniera esplicita in quasi tutti i testi, anche quelli scritti italiani brevi. Anche qui bisogna però calcolare il grado di esplicitazione in base alla combinazione e all'alternarsi

/ Il nostro personaggio, Mr. Bean sta per entrare {nella sala di lettura della biblioteca}
/ e, si accinge alla: DISTRUZIONE DI UN {TESTO ANTICO}!!!/ (ISA10)

di tre u.i. strettamente legate fra di loro, [(↑) **MB mette SL in libro1**], [(↑) **MB dimentica**] e [(↑) **MB (non) toglie SL**] (per quanto riguarda le difficoltà di segmentazione e di omologazione, vedi 8.1.1):

testi danesi parlati (DMB):	9 su 9
testi italiani parlati (IMB):	12 su 13
testi danesi scritti (DSA):	8 su 9
testi italiani scritti (ISA):	11 su 14

L'alto grado di esplicitazione si spiega però anche per il fatto che l'evento, benché collocato a rigore cronologico in un episodio precedente (vedi infatti l'uso esteso di tempi passati), di regola viene presentato per la prima volta in questo episodio, negli scritti come nei parlati. Solo qui l'evento assume un vero impatto sul corso degli eventi, e solo a questo punto i locutori giudicano quindi pertinente esplicitarlo (oppure solo qui si ricordano di esso[10]). Vedremo sotto, nel reticolato 2 S, come si differenziano invece gli scritti e i parlati per il grado di integrazione o spartizione di queste u.i.

Non sorprendentemente la u.i. cruciale [**MB ritorna**] è rappresentata in maniera massiccia, a prescindere dalla variazione diamesica:

testi danesi parlati (DMB):	8 su 9
testi italiani parlati (IMB):	11 su 13
testi danesi scritti (DSA):	9 su 9
testi italiani scritti (ISA):	12 su 14

Strettamente legata a questa u.i. è la u.i. [**MB prende SL da libro1**], la cui distribuzione ricalca grosso modo quella precedente; la sua relazione di finalità rispetto alla prima è segnalata esplicitamente in molti testi (in particolare quelli scritti italiani):

testi danesi parlati (DMB):	6 su 9
testi italiani parlati (IMB):	11 su 13
testi danesi scritti (DSA):	9 su 9
testi italiani scritti (ISA):	11 su 14

Passiamo all'ultima sequenza dell'episodio che riguarda la scoperta della colpevolezza di Mr. Bean. Le seguenti u.i. alternative: [**MB si tradisce**], [**si capisce**] e [**B e V scoprono**], variano per la misura in cui viene specificata l''esperiente' (vedi 8.1.2). La presenza complessiva di queste u.i. è la seguente:

testi danesi parlati (DMB):	7 su 9 (4 MB, 1 si, 2 B e V)
testi italiani parlati (IMB):	8 su 13 (3 MB, 1 si, 4 B e V)
testi danesi scritti (DSA):	6 su 9 (4 MB, 2 si)
testi italiani scritti (ISA):	7 su 14 (6 MB, 1 si)

---

[10]Vedi l'esempio seguente:
    / men / så / kommer han ind, / og henter, et, sådan et {stort {læderbogmærke}} / *det glemte jeg at fortælle* / som han lagde i bogen / allerførst / (DMB7)
    [ma / poi / entra, / e prende, un, così un {grande {segnalibro in pelle}} / ho dimenticato di raccontare / che aveva posto nel libro / all'inizio]

Non a caso solo i locutori dei testi parlati scelgono di specificare quali siano gli 'esperienti' concreti. Negli scritti prevale invece la presenza di [**MB si tradisce**], ben rappresentata comunque anche nei parlati, che ha il vantaggio, in termini di economia testuale, di inglobare già in alcuni casi la colpevolezza del protagonista. Se prendiamo infatti la seguente costellazione di u.i. alternative: [**MB è colpevole**], [(↑) **MB ha fatto un pasticcio**] e [(↑) **MB ha distrutto libro1**], e la confrontiamo con le cifre appena date rispetto all'atto di 'tradirsi/scoprire', i testi danesi sembrano aver in particolare sfruttato questo vantaggio: non c'è bisogno di ulteriore esplicitazione.

testi danesi parlati (DMB):   3 su 9
testi italiani parlati (IMB):   8 su 13
testi danesi scritti (DSA):   0 su 9
testi italiani scritti (ISA):   6 su 14

Sebbene questa sequenza (cioè la combinazione di scoperta e colpevolezza) rappresenti il finale di tutto lo sceneggiato, è in effetti meno esplicitata di quanto non lo siano le sequenze che la precedono (il segnalibro, il rientro, il riprendersi il segnalibro). È assente non solo in parte degli scritti, ma anche in un testo parlato danese e in cinque dei parlati italiani. Questo fatto si spiega forse – oltre che con la facilità con cui la scena può essere inferita – con la strategia retorica del **non-dire**, che opera appunto sull'infrazione dell'usuale interdipendenza fra grado di pertinenza e grado di esplicitazione.

9.2.5 *I reticolati 1 in generale*

Finora la lettura dei reticolati è stata fatta prevalentemente in senso orizzontale, cioè inseguendo la presenza e la distribuzione di specifiche u.i. nei singoli testi dei quattro sottogruppi. Vorrei ora rilevare alcuni fenomeni e tendenze che, non essendo rappresentati in maniera così massiccia e sistematica nei singoli testi, si colgono solo in una lettura verticale, o piuttosto trasversale dei reticolati.

Si tratta, per esempio, del grado di esplicitazione delle **u.i. descrittive**. Le u.i. descrittive non sono numerose negli episodi in questione, dato che l'esplicitazione di elementi descrittivi (dell'ambiente, dei personaggi, del libro) avviene per la maggior parte negli episodi introduttivi (vedi il punto b nel modello di Labov: esposizione, cornice o *setting*). Sembrano comunque più attenti alle u.i. descrittive (specificazioni di maniera, di qualità, di circostanze) i locutori danesi, sia nei testi parlati che in quelli scritti, mentre i locutori italiani solo in testi di una certa lunghezza esplicitano questo tipo di u.i., meno pertinenti in termini narrativi delle u.i. dinamiche[11].

Per quanto riguarda le **u.i. di 2. grado**, è stato difficile individuare divergenze veramente sistematiche rispetto alla variazione sia interlinguistica che diamesica. Anche se in certi punti della narrazione si osserva una ricorrenza massiccia di u.i. di 2. grado, spiegabile senz'altro con il desiderio di sottolineare la pertinenza

---

[11]Cfr. Lavinio, in un interessante lavoro sul testo descrittivo, (1990:122): «Il 'vero' riassunto di una descrizione coincide con la sua riduzione al nome dell'oggetto descritto [...] Del resto, non è un caso se, nel riassumere i testi narrativi, le porzioni descrittive sono le prime ad essere eliminate.»

di una delle due u.i. di 1. grado coinvolte nella relazione, la generale distribuzione delle u.i. di 2. grado pare assai sporadica, dettata più da preferenze individuali che da costrizioni o tendenze legate al *medium* o alla lingua. Bisogna però ricordare la natura assai diversa dei correlati concreti, che comprendono sia congiunzioni molto vaghe (come l'assai diffusa *så* danese), sia congiunzioni e locuzioni congiuntive di valore semantico ben più preciso. Se confrontiamo i reticolati con gli estratti testuali, vediamo che buona parte (in alcuni casi anche più della metà) delle u.i. di 2. grado annotate nei testi danesi parlati, è rappresentata proprio dalla congiunzione *så*, che in effetti esplicita ben poco.

Abbiamo accennato sopra alla presenza di **commenti** di vario genere nell'episodio finale. A proposito dei commenti, si nota una presenza più alta di commenti sulla pianificazione e sulla ricezione del video nei testi parlati. Sono invece più comuni nei testi scritti, anche se non frequentissimi, i commenti narrativi e/o metanarrativi.

Riassumendo le tendenze rilevate dalle letture orizzontali, le più notevoli sono, a mio avviso, le seguenti:

a) un generale **calo del grado di esplicitazione**, passando dai testi parlati (sia danesi che italiani), agli scritti danesi, e infine agli scritti italiani, di cui soprattutto i testi brevi dimostrano una fortissima tendenza alla strategia riassuntiva. Si passa dalla soppressione di singole u.i. (prima quelle periferiche e/o facilmente inferibili, poi quelle sempre più centrali) alla sostituzione di interi gruppi di u.i. o addirittura di interi episodi con poche u.i. generiche e astratte, arrivando infine alla quasi-omissione o all'omissione totale di informazione[12];

b) una certa **divergenza nella scelta di u.i. alternative** rappresentanti più o meno la stessa scena. I locutori danesi (specialmente nei testi più lunghi) preferiscono u.i. che si riferiscono a azioni o eventi concreti, visivi, fisici; i locutori italiano esplicitano spesso la stessa scena in termini più astratti e 'iperonimici', mettendo in rilievo uno stato d'animo o mentale, anziché il gesto concreto che l'ha provocato o che è stato provocato da esso;

c) **due strategie diverse nel mettere in rilievo le u.i.** particolarmente pertinenti. I testi italiani sfruttano la ripetizione e/o la parafrasi della stessa u.i., ricorrendo nel caso della parafrasi a u.i. alternative; i locutori dei testi danesi mettono invece in rilievo un evento chiave mediante il dispiegamento di sottoeventi e dettagli adiacenti.

9.3 Lettura dei reticolati 2

Passiamo ora ai reticolati 2, in cui sono annotati i correlati concreti delle u.i. esplicitate. Anche qui, come per i reticolati 1, si tratta innanzitutto di una lettura

---

[12] I locutori sembrano infatti fare ricorso alle **macro-regole** di Van Dijk, citate tra l'altro in Dressler & de Beaugrande (1981:26): «...*deletion* (direct removal of material), *generalization* (recasting material in a more general way), and *construction* (creating new material to subsume the presentation) (Van Dijk 1977a).» È importante sottolineare che queste macro-regole funzionino in entrambi le direzioni, vedi sempre Dressler & de Beaugrande (1981:26): «Van Dijk reasons that the generating of a text must begin with a main idea which gradually evolves into the detailed meanings that enter individual sentence-lenght stretches [...] When a text is presented, there must be an operation which work in the other direction to extract the main idea back out again...»

orizzontale che, nel passaggio dai testi più lunghi a quelli più brevi, vuole cogliere eventuali divergenze rispetto alla variazione interlinguistica e/o quella diamesica, cercando di mettere in relazione le osservazioni con quelle fatte nei reticolati 1. I limiti dell'annotazione dovuti alla capienza ridotta delle caselle diventano più evidenti nella lettura dei reticolati 2, sia dove l'annotazione di una ripetizione esclude l'annotazione di una eventuale variazione dei correlati concreti, sia dove la specificazione di costrutti verbali 'particolari' (verbi posizionali, copulativi, di supporto e perifrasi verbali) esclude l'annotazione del grado di finitezza. In molti casi sarà opportuno fare ricorso agli estratti testuali per chiarire quale sia in effetti il costrutto concreto. Commentando la presenza e la distribuzione dei vari correlati concreti si farà spesso riferimento ai capitoli 6.3.1-6.3.4, in cui sono discussi gli specifici costrutti con ampio uso di esempi.

9.3.1 *Lettura del reticolato 2 P:chiusura*

Cominciamo, nel reticolati 2 P, con la u.i. [**B arriva**] che, in tutti i testi in cui è esplicitata, è rappresentata con un verbo finito, **vf**. [**B arriva**] denota una messa in relazione dinamica e puntuale che quasi inevitabilmente si staglia sullo sfondo e attira quindi 'naturalmente' l'attenzione; è codificato prototipicamente con un costrutto verbale. Questo evento, anche se non cruciale di per sé in termini causali/finali, assolve però a una funzione testuale importante di **segnale di cambiamento** della situazione, che probabilmente spinge tutti i locutori all'uso della forma finita (nonché, in praticamente tutti i testi, della frase indipendente).

Se prendiamo la u.i. seguente [**B comunica**], e le u.i. alternative [**B comunica ai due**] e [**B comunica a MB**] (ma non [**B comunica a V**], vedi sotto), si constata anche qui la predominanza del verbo finito. Essa non è comunque totale come prima; troviamo anche costrutti infinitivali e gerundivali che, come si vede negli estratti testuali, dipendono sintatticamente dalla u.i. precedente [**B arriva**]. A questa 'degradazione' sintattica fa parallelo il fatto, rilevabile anch'esso negli estratti, che molti dei casi di verbo finito compaiono in frasi relativa. Per quanto riguarda [**B comunica a V**], il correlato concreto più spesso scelto è il costrutto preposizionale con argomento. Negli esempi con **pre+** (DMB5, DMB7, IMB12, IMB9 e IMB7) si tratta di una ellissi verbale del tipo menzionato in 6.3.1 (vedi lì l'esempio (60)), che presuppone la presenza di una forma verbale in una delle u.i. precedenti a cui il costrutto preposizionale si può collegare.

Passiamo ora ad una u.i. che è stata già rilevata varie volte, sia in 9.2.1, che in 6.3.2 a proposito delle difficoltà di segmentazione. Si tratta di [**MB ha un vicino**], di cui il reticolato evidenzia una notevole diversificazione rispetto ai correlati concreti. [**MB ha un vicino**] denota un rapporto spaziale statico fra due entità, la codificazione del quale è imperniata prototipicamente su una preposizione. Vediamo però come, nei testi concreti, si passi dalla spartizione con il verbo posizionale, **vpos**, al prototipico costrutto preposizionale **pre+** e, da questo, alle soluzioni invece integrative, che in italiano consistono nell'uso aggettivale (**agg**) di *vicino*, e in danese nella forma composta, **comp**, *side-mand* ('lato-uomo') – due soluzioni a cui, in entrambe le lingue, si può aggiungere il pronome possessivo, **pro**, che specifica l'altra entità implicata nella relazione spaziale (*il suo vicino, hans* *sidemand*). Le soluzioni integrative sono, non sorprendentemente, più impiegate nei testi scritti, in cui la u.i. viene esplicitata ad ogni riferimento alla persona in causa; mentre i locutori dei testi parlati spesso si limitano a elementi specificatori di carattere deittico. La presenza inaspettata di un **vpos** fra gli scritti italiani (in ISA1), trova una sua spiegazione nel confronto con l'estratto testuale, che rivela infatti l'impiego del participio passato, **pp**, la forma verbale più vicina all'aggettivo.

L'ultima u.i. discussa di questo reticolato, è quella centrale: [**la biblioteca chiude**]. La pertinenza narrativa di questa informazione (in combinazione o in alternanza con la u.i. [**il tempo scade**]) traspare sia dal grado di esplicitazione, che dalla predominanza di forme verbali. Vale la pena, però, soffermarsi sulla presenza di perifrasi verbali, di verbi di supporto e di nominalizzazioni, di cui le ultime compaiono solo nei testi italiani. Le perifrasi indicano tutte il carattere imminenziale dell'evento, e in due testi che impiegano un verbo di supporto in combinazione con un sostantivo (ISA9 e DSA6), tale verbo esplicita l'imminenzialità (*si avvicina l'ora di chiusura/det er ved at være lukketid*). Più interessante è comunque lo studio delle nominalizzazioni, e anche dei casi in cui tali costrutti integrativi sono sottoposti a un processo di ri-spartizione con un verbo di supporto. In entrambi i casi il perno della messa in relazione è costituito dalla nominalizzazione, cioè una forma 'verbale' che ha perduto il suo profilo temporale. Il punto interessante è che, sia in italiano che in danese, viene reintrodotto, per via lessicale, un accenno al carattere temporale dell'evento: tutti i testi (a parte lo scritto italiano ISA8) aggiungono all'elemento verbale un termine di temporalità: *l'ora di chiusura/lukketid*.

9.3.2 *Lettura del reticolato 2 Q:scambio*

Passiamo al reticolato 2 Q, all'evento cruciale [**MB scambia i libri**], esplicitata in tutti i testi ad eccezione di quello ultrabreve, ISA2. Abbiamo menzionato, in 9.2.2, le divergenze fra i testi italiani e danesi riguardo al mettere in rilievo questa u.i. In questo reticolo vorrei indicare invece la presenza, a prima vista, sorprendente dell'infinito, **inf**, in ben 8 testi danesi (un altro infinito si cela dietro la ripetizione della u.i. in DSA2), ma solo una volta in un testo italiano. Negli estratti testuali, vediamo comunque che in tutti i testi danesi l'infinito è inserito in una forma di perifrasi verbale, ma, notabene, perifrasi verbale di «*modulation*» (vedi, in 6.3.1, la distinzione di Halliday e gli esempi (53)-(56)). Nei testi parlati, come anche nel più lungo degli scritti, l'elemento perifrastico esplicita una maniera in cui viene effettuato lo scambio – specificazione inserita in fondo alla lista virtuale con la u.i. [**MB fa velocemente**], e codificata in 7 testi con il verbo *skynde sig at* (= *sbrigarsi a*) e in uno, DMB4, con un costrutto *copula + aggettivo*, *er hurtig til* (= *è veloce a*). Negli altri testi scritti è specificato invece il carattere 'fortuito' dello scambio, vedi la u.i. virtuale [**MB approfitta**], rappresentata nei testi danesi con un'espressione fissa e evidentemente assai convenzionalizzata, *ser sit snit til at*. Ricollegandoci alle osservazioni fatte nei reticolati 1, è individuabile anche qui una tendenza ad esplicitare nei testi parlati le u.i. di carattere concreto/visivo, e nei testi scritti le u.i. di carattere invece più astratto/mentale.

Per quanto riguarda le u.i. [**V si gira**] e [**V è distratto**], riportanti le circostanze che permettono lo scambio, oltre alle divergenze discusse sopra, saltano agli occhi anche le divergenze rispetto alla verbalizzazione. La u.i. [**V si gira**] rientra come prototipo nella categoria di azioni concrete, dinamiche e puntuali, ed è, non sorprendentemente, rappresentata in tutti i testi da un verbo finito. La u.i. [**V è distratto**] fa riferimento invece ad uno stato mentale, e appare, in 6 testi su 9, sotto forma di nominalizzazione, **nom**. In 4 casi (IMB12, IMB8, ISA14 e ISA5) la nominalizzazione dipende sintatticamente dalla u.i. [**MB approfitta**]; in 2 casi (ISA3 e ISA9) è inserita invece in un sintagma preposizionale, *in un momento di distrazione*, di cui la prima parte viene interpretata come una locuzione congiuntiva indicante contemporaneità (vedi 6.3.4. sulle u.i. di 2. grado). L'introduzione del termine *momento* potrebbe essere analizzata anche come un espediente lessicale per reintrodurre un elemento di temporalità – vedi la discussione sopra sui costrutti *l'ora di chiusura/lukketid* – dato che anche in 3 su 4 casi di dipendenza sintattica da [**MB approfitta**], alla nominalizzazione è aggiunto un termine temporale (si confronti inoltre l'espansione del participio passato, in ISA6, con l'avverbio *momentaneamente*). La relazione di contemporaneità fra distrazione e scambio, segnalata dalla preposizione **in** nella locuzione congiuntiva *in un momento di*, è indicata in maniera più indiretta – per integrazione morfologica – dall'uso del gerundio in 4 casi di esplicitazione di [**MB approfitta**].

9.3.3 *Lettura del reticolato 2 R:riconsegna*

La testualizzazione concreta della u.i. [**MB consegna libro2 a B**], in combinazione o in alternanza con la u.i. [**B controlla libro2**], avviene in maniera massiccia tramite un verbo finito o una perifrasi verbale. In un solo testo parlato italiano, in 2 scritti danesi e in 3 scritti italiani, i locutori hanno scelto soluzioni più integrate, cioè forme non finite. Tale distribuzione non è sorprendente, considerando da una parte la pertinenza 'naturale' dell'attuale messa in relazione, dall'altra la pertinenza narrativa che impone, al fine di metterla in rilievo, una certa estensione materiale rispetto alle u.i. adiacenti. Questa estensione è ottenuta nei testi parlati mediante la ripetizione e il dispiegamento, e negli scritti mediante una forma finita in un contesto altrimenti dominato da forme non finite.

Passando in rassegna i correlati concreti della u.i. ripristinata [(↑) **libro2 è intatto**], si nota un calo del grado di spartizione dai testi lunghi (in particolare quelli danesi parlati) a quelli brevi. La u.i. rappresenta una messa in relazione fra un'entità e una qualità, e il correlato concreto prototipico dovrebbe quindi essere imperniato su un aggettivo, cioè, nella versione più semplice e più integrata, un sintagma nominale, e nella versione spartita, un costrutto con un verbo copulativo. Queste due soluzioni sono infatti predominanti, con una presenza più marcata di **agg** negli scritti, e una presenza più marcata di **cop** nei parlati. Se controlliamo, negli estratti testuali, le poche segnalazioni di **vf** (solo nei parlati), vediamo che l'elemento indicante la qualità in questi casi è costituito da un sintagma preposizionale in funzione palesemente aggettivale, a cui è aggiunto un verbo copulativo. Molte delle versioni spartite di questa u.i. si spiegano con il fatto che i locutori, nei testi parlati, preferiscono di specificare la qualità con una frase relativa, anziché con un semplice aggettivo. In altri casi la presenza del verbo (copulativo) dipende invece dalla funzione completiva dell'u.i. [(↑) **libro2 è intatto**] rispetto alla u.i. precedente [**B vede**], che rende necessaria una espansione del semplice aggettivo.

La u.i. [**MB esce**], oltre a rappresentare un evento di notevole pertinenza narrativa (vedi la discussione in 9.2.3), è un esempio prototipico di un'azione dinamica e puntuale, che 'naturalmente' si staglia rispetto allo sfondo. Non sorprende perciò la sua codificazione, in quasi tutti i testi, con una forma verbale finita. Le poche eccezioni si spiegano, da una parte, con la presenza di un costrutto perifrastico di «*modulation*»: *skynder sig at/si appresta a* + un infinito; dall'altra, con l'impiego dinamico del sintagma preposizionale, **pre+**, che in DMB4 assolve infatti alla funzione di frase nominale.

Le tre u.i. seguenti, tanto interrelate da essere quasi alternative, [**V consegna libro1 a V**], [**B controlla libro1**] e [**B apre libro1**], sono esplicitate in praticamente tutti i testi da verbi finiti. Da notare, in 4 testi italiani parlati, la presenza di perifrasi verbali che, oltre ad adempiere a una funzione spartitiva, servono anche ad accentuare una certa prospettiva fasale/aspettuale rispetto all'evento denotato. In tre casi si tratta del costrutto *stare* + *gerundio*, che con la sua segnalazione di durata viene a costituire lo sfondo sul quale si produce, in contemporanea, il ritorno inaspettato del protagonista. Con funzione di sfondo al ritorno, e codificata con una perifrasi verbale, è anche la u.i. [**B rimprovera V**] in fondo alla lista virtuale. La perifrasi scelta in 7 su 8 testi, *stare per* + *infinito*, anziché indicare durata, è di carattere imminenziale (un'imminenzialità probabilmente mai tradotta in realizzazione, come indica l'aggiunta ricorrente del termine *quasi*), e serve a creare un'atmosfera di *suspense*, anticipando il sopravvento di un evento importante, notevole.

Mentre molti testi italiani creano, con il ricorso a perifrasi fasali/aspettuali, uno sfondo per l'evento inaspettato, i locutori danesi sembrano più interessati a dispiegare e a descrivere i vari momenti dell'ultima sequenza del reticolato R, rappresentata invece nella maggior parte dei testi italiani da una sola u.i. [**B rimprovera V**]. Troviamo a questo punto dei testi danesi, sia parlati che scritti, una grande diversificazione dei correlati concreti, fra i quali vorrei rilevare, da una parte, la presenza di avverbi di maniera, **avv**, e di partecipi presenti, **pps**, che assolvono entrambi funzioni descrittive. Interessanti sono anche i due casi di esclamazione (in DMB7 e DMB8), segnalati con **esc**, che sottolineano il desiderio di 'vivificare' questo tratto della narrazione.

L'ultima osservazione in questo reticolato, riguarda un'altra u.i. ripristinata [(↑) **libro1 è distrutto**]. Si nota il solito calo del grado di spartizione dai testi lunghi, cioè i parlati, in cui è più frequente il verbo finito, ai testi brevi, ossia gli scritti, in cui appare sempre più spesso il participio passato, la forma verbale più vicina all'aggettivo. Se si confrontano sia la frequenza che i correlati concreti di questa u.i., alla frequenza e ai correlati concreti della stessa u.i. inserita nell'episodio precedente, si osserva, nell'episodio Q, un più basso grado di esplicitazione, come anche l'impiego del participio passato in tutti i testi meno uno. Nell'episodio Q, infatti, la u.i. serve solo a specificare di quale libro si tratti, nell'episodio R ricopre ben più pertinenza narrativa, in quanto costituisce la ragione dello stupore e dei rimproveri del bibliotecario.

9.3.4 *Lettura del reticolato 2 S:tradimento*

L'ultimo reticolato riguarda l'episodio finale: la scoperta della colpevolezza di Mr. Bean. Consideriamo la prima sequenza, costituita da una serie di u.i. ripristinate che trattano il segnalibro che Mr. Bean ha messo e poi dimenticato nel libro distrutto. Alle u.i. ripristinate fa coda un'unica u.i. attuale, [**MB si ricorda**], che viene data per esplicita solo in 5 testi parlati (2 danesi e 3 italiani) e segnalata in questi casi con un verbo finito. Per quanto riguarda le u.i. ripristinate, nei testi parlati si osserva una chiara tendenza all'impiego di verbi finiti per la u.i. [(↑) **MB dimentica**], mentre [(↑) **MB mette SL in libro1**] e [(↑) **MB (non) toglie SL**] sono rappresentate, in maniera massiccia, da verbi posizionali. Man mano che i testi diventano più brevi – questo vale già per alcuni dei testi parlati – i participi passati cominciano a sostituire i verbi finiti, e i costrutti preposizionali, **pre+**, a sostituire i verbi posizionali.

La u.i. [**MB ritorna**] della sequenza seguente denota un evento chiave, la deviazione inaspettata, legata in termini causali alla scoperta della colpevolezza del protagonista, e, per tale pertinenza narrativa, esplicitata con un verbo finito in praticamente tutti i testi dei quattro sottogruppi. Solo in 2 scritti danesi e 4 scritti italiani il verbo finito è sostituito da costrutti più integrati; in tre casi (ISA3, ISA6 e ISA13, tutti rientranti nella categoria di testi brevi) da un gerundio, che – per integrazione morfologica – è al contempo indizio di una relazione di causalità/consecutività con la u.i. chiave della sequenza seguente, [**MB si tradisce**].

Esplicitata in maniera altrettanto massiccia, la u.i. [**MB prende SL da libro1**] segnala però, con l'alto grado di integrazione dei correlati concreti a partire già dai testi parlati, una relazione di forte dipendenza rispetto a un'altra u.i. dell'episodio. La predominanza generale dell'infinito (nei parlati danesi: 4 **vf** e 2 **inf**; nei parlati italiani: 3 **vf**, 6 **inf** e 2 **ger**; negli scritti danesi: 5 **vf**, 3 **inf** e 1 **pre÷**; negli scritti italiani: 10 **inf** e 1 **ger**) è accompagnata in molti casi dall'esplicitazione della u.i. di 2. grado che collega la u.i. presente a quella sul ritorno del protagonista. La u.i. di 2. grado viene esplicitata con la preposizione *per/for*, usata come congiunzione dal valore finale (vedi 6.3.4), che permette appunto la presentazione di una u.i. di 1. grado con l'infinito. In alcuni casi non è segnalata la presenza di una u.i. di secondo grado; l'infinito della u.i. [**MB prende SL da libro1**] dipende lo stesso dalla u.i. [**MB ritorna**] in termini sintattici, ma la preposizione che serve da elemento introduttore, cioè *a*, è di valore semantico troppo vago, per poter valere come u.i. di 2. grado.

Vorrei fare notare lo scritto danese DSA5, in cui il correlato concreto di [**MB prende SL da libro1**] consiste in una **pre+**, ossia una preposizione con argomento. Si tratta, facendo ricorso agli estratti testuali, del costrutto sottolineato nella frase seguente: «men / kommer tilbage / <u>efter {sit bogmærke}</u> /» [ma / ritorna / 'prep' {suo segnalibro}]. Come lascia intendere la mancanza di una traduzione italiana della preposizione *efter*, sono in gioco qui divergenze tipologiche fra le due lingue, divergenze che riguardano il carattere dinamico e spesso predicativo delle preposizioni danesi, usate con o senza argomento (vedi 6.3.3). Nel costrutto, *efter {sit bogmærke}*, la preposizione *efter* perde il suo significato di fondo (= *dopo*) e diventa praticamente un equivalente preposizionale (e quindi integrato) del verbo *prendere* (come *attraverso* rispetto al verbo *attraversare*).

Un breve commento merita un paio di correlati concreti della u.i. [**si capisce**]. Per quanto riguarda la presenza e la distribuzione di questa u.i. rispetto alle u.i. alternative [**MB si tradisce**] e [**B e V scoprono**], rimando alle osservazioni fatte sopra in 9.2.4. Qui vorrei rilevare solo, in mezzo a una netta predominanza di forme finite, la presenza in due testi danesi scritti (DSA1 e DSA8) del participio passato, **pp**. Benché integrativo da un punto di vista del materiale linguistico, il participio passato, in questi due testi, fa le veci di una frase indipendente. Per questo suo impiego inusuale, come anche per il valore semantico della forma (indicante fatto compiuto, conclusivo), il costrutto assolve una chiara funzione di messa in rilievo della u.i., che viene sottolineata inoltre dalla presenza, in entrambi i testi, di un punto esclamativo.

A proposito del punto esclamativo, c'è da notare (vedi gli estratti testuali) il suo impiego come segnale di chiusura in parecchi testi scritti (italiani e soprattutto danesi): espediente grafico che fa qui le veci dei segnali discorsivi e/o commenti metanarrativi occorrenti nei parlati, nonché ovviamente agli espedienti prosodici.

L'ultima osservazione in questo reticolato riguarda le tre u.i. [**MB è colpevole**], [(↑) **MB ha fatto un pasticcio**] e [(↑) **MB ha distrutto il libro**], di cui abbiamo discusso sopra la distribuzione nei quattro sottogruppi, rilevando, per i testi danesi, il bassissimo grado di esplicitazione nei parlati (solo 4 testi) e l'assenza totale negli scritti. Rispetto ai correlati concreti scelti di preferenza nei vari sottogruppi, assistiamo all'ormai noto calo del grado di spartizione: dei 4 testi parlati danesi, 3 esplicitano la u.i. con una frase scissa, **fs** (vedi anche, in 6.3.1, gli esempi 34d e 35a-b); nei parlati italiani c'è una maggiore diversificazione che va dalla nominalizzazione in uno dei testi brevi, alle frasi scisse in 4 dei testi più lunghi (strategia spartitiva combinata in 3 casi con l'aggiunta di una delle u.i. alternative); negli scritti italiani compaiono soprattutto aggettivi e nominalizzazioni deaggettivali. L'impiego della frase scissa (basata su forme finite quanto anche non finite, confronta gli estratti testuali), oltre a mettere in rilievo la u.i. per la quantità stessa del materiale linguistico, sembra avere anche la funzione di sottolineare, con mezzi sintattici, la responsabilità di MB, arrivando quasi a sostituire la u.i. [**MB è colpevole**].

9.3.5 *I reticolati 2 in generale*

Come per i reticolati 1, concludo con qualche osservazione di carattere più generale, fatto in base ad una lettura trasversale dei reticolati.

Per quanto riguarda le **u.i. di 2. grado**, esse sono state poco trattate. Come nei reticolati 1, è stato infatti difficile individuare, in base alle annotazioni, delle correlazioni o divergenze sistematiche rispetto alla variazione interlinguistica e/o diamesica, quanto anche alla stessa lunghezza dei testi. Abbiamo constatato come certe forme non finite possano in alcuni casi – per integrazione morfologica – sostituire o sottolineare la segnalazione esplicita di una u.i. di 2. grado. È stato rilevato il gerundio, ma anche l'impiego di un participio passato indica un qualche rapporto temporale (di non-contemporaneità) rispetto a un'altra u.i. Certi espedienti meno prototipici, di carattere sia integrativo che spartitivo, da una parte si sono manifestati con meno frequenza di quanto si sarebbe potuto aspettare, dall'altra, sono stati difficili da cogliere con la presente annotazione – tanto difficili, in effetti, da suggerire una futura elaborazione dei criteri di annotazione delle u.i. di 2. grado.

Se si studiano però i casi in cui, nelle vicinanze di u.i. di 2. grado esplicitata per via di una **pre+** o una **pre÷**, compare una nominalizzazione, si vedono alcuni dei costrutti discussi sopra in 6.3.4. Nel reticolato S, nel testo ultrabreve ISA2, vediamo così come l'esplicitazione della relazione di causalità fra [**MB fa un errore**] (**nom**) e [**a MB non va bene**] (**vf**), avvenga con l'uso integrativo di una **pre÷** (vedi: / la cosa non riesce / per / un suo errore /». Sono stati menzionati sopra altri due esempi in cui la presenza di una nominalizzazione impone l'uso di una preposizione: sono le annotazioni, nel reticolato Q, di una **pre+** indicante la relazione di contemporaneità fra l'essere distratto del vicino, (**nom**), e lo scambio dei libri, (**vf**). Nei due testi (ISA3 e ISA9) si può discutere se il sintagma preposizionale *in un attimo / in un momento* (*di distrazione / di disattenzione*) vada interpretato in effetti come una locuzione congiuntiva, o se i termini temporali siano invece elementi 'quantificatori' della nominalizzazione, lasciando quindi alla preposizione *in* il compito di segnalare la relazione di 2. grado. Altri esempi notevoli troviamo nel reticolato R, in ISA4 e ISA8, che come correlati concreti della prima u.i. di 2. grado della lista virtuale, segnano verbi di supporto. In entrambi i casi si tratta del verbo *effettuare*: in ISA4: «/ una volta effettuato / il controllo...»; in ISA8: «/ effettuata l'operazione /». L'ultimo costrutto illustra in maniera esemplare come l'impiego di termini molto generali equivalga grosso modo all'uso di pronomi o proverbi, mentre il primo esempio potrebbe essere segmentato anche diversamente, interpretando *effettuato* come verbo di supporto della nominalizzazione *controllo*.

A prescindere dalle difficoltà di delimitazione, di segmentazione e di annotazione delle u.i. di 2. grado, in particolare dei costrutti ora menzionati, è evidente che la scelta di espedienti non prototipici, ma integrativi (come la nominalizzazione), comporti quasi inevitabilmente l'impiego di u.i. di 2. grado anch'esse non prototipiche, integrative oppure spartitive.

Tutti gli esempi discussi ora provengono da testi italiani scritti, che presentano infatti il grado più alto di integrazione (come anche il grado più alto di non-esplicitazione), e di conseguenza anche il numero più alto di nominalizzazione. Riassumendo le tendenze rilevate dalle letture orizzontali dei reticolati 2, quella più notevole – che conferma una delle ipotesi centrali di questo lavoro – è appunto **il calo del grado di spartizione dai testi lunghi a quelli brevi e ultrabrevi**. Nei testi lunghi, cioè nei parlati, soprattutto in quelli danesi, vediamo un esteso impiego di espedienti spartitivi, al fine di esprimere il più alto numero di u.i. con verbi, preferibilmente di forma finita, e in certi casi ampliati ulteriormente da forme perifrastiche o da costruzioni scisse. Nei testi brevi, rappresentati in maniera esemplare dagli scritti italiani, oltre alla ricorrente presenza di nominalizzazioni, troviamo anche tutte le altre forme non finite del verbo, quali il participio, il gerundio e l'infinito, a volte celate dietro l'annotazione di un verbo di supporto o di una perifrasi verbale – forme che hanno tutte la capacità di integrare molte u.i. in una sola frase finita.

Una seconda conclusione che si può trarre dalla lettura dei reticolati 2, riguarda **la correlazione fra il grado di spartizione/integrazione e il grado di pertinenza della u.i.** in questione. Possiamo distinguere fra due forme di pertinenza: da un lato, in una prospettiva cognitiva generale, il grado di **pertinenza 'naturale'** della singola u.i. o, piuttosto, del tipo di messa in relazione da essa rappresentata (la correlazione prototipica discussa in 6.3 e 6.4); dall'altro lato, in una prospettiva funzionale/discorsiva, il grado di **pertinenza narrativa** misurata in base all'impatto causale/consecutivo/finale della u.i. rispetto agli altri elementi della narrazione (qui si rivela utile il rimando agli schemi superstrutturali e agli *scripts* e *plans*). La valutazione del grado di pertinenza in questi due sensi (in molti casi, forse la maggioranza, i due tipi di pertinenza coincidono), spinge il locutore a mettere più o meno in rilievo, a livello di testualizzazione concreta, la u.i. in questione.

Un terzo punto da rilevare è **il grado di convenzionalizzazione del correlato concreto**, a livello sia sintattico che lessicale. In certi casi si nota una convergenza sorprendente delle scelte sia del tipo di costrutto (vedi l'uso ricorrente delle stesse perifrasi verbali menzionato sopra) che dello stesso termine. In altri casi è evidente una grande diversificazione dei correlati concreti, sia all'interno di uno stesso sottogruppo, sia in testi della stessa lunghezza o quasi. Il grado di convenzionalizzazione dipende in larga misura dal grado di prototipicità della messa in relazione rispetto ai quattro tipi fondamentali: azione, circostanza temporale/spaziale, qualità/maniera, e relazione di 2. grado. Quanto più la messa in relazione denotata dalla u.i. rientra a pieno titolo in una di queste categorie, tanto più uniforme è la testualizzazione; quanto più periferica è invece la messa in relazione, situata eventualmente al confine fra una categoria e l'altra, tanto più eterogenee si presentano le scelte dei locutori.

9.4 Lettura del computo di materiale 'non-informativo'

L'annotazione della quantità di materiale 'non-informativo' è approssimativa, e va letta innanzitutto come un indizio del carattere generale del testo. A determinare il grado di diluizione del testo non sono solo i segnali discorsivi, ma anche i commenti, le ripetizioni e, spesso ma non sempre, i casi di ripristino. È stato aggiunto perciò, ad ogni estratto testuale nell'appendice, uno schema in cui, oltre al computo dei segnali discorsivi (l'ultima casella: **non-inf**, quantificati in battute dattilografiche), è annotata la presenza di questi altri espedienti diluitivi (**ripet., ripris., commen.**), nonché la quantità di u.i. di 1. e di 2. grado. Ho riportato inoltre le cifre dei singoli schemi in quattro schemi complessivi che comprendono tutti i testi, disposti nei loro sottogruppi e secondo la loro lunghezza. Gli schemi complessivi figurano sia qui, sia nell'appendice, in conclusione agli estratti testuali.

testo	testi lunghi					testi medi			
	DMB 3	DMB 5	DMB 7	DMB 1	DMB 8	DMB 10	DMB 2	DMB 4	DMB 6
righe P-S	17	16	16	15	15	10,5	10	10	9,5
u.i. 1.	54	47	48	46	47	34	27	26	26
u.i. 2.	5	6	13	10	16	2	7	8	12
ripet.	6	7	3	4	9	3	2	1	2
ripris.	12	11	9	11	16	11	7	7	5
commen.	3	2	5	2	1	2	2	2	3
non-inf.	103	130	201	76	98	44	81	63	41

testo	testi lunghi					testi medi						
	IMB 5	IMB 12	IMB 10	IMB 9	IMB 2	IMB 13	IMB 4	IMB 11	IMB 8	IMB 3	IMB 1	IMB 7	IMB 6
righe P-S	20	17,5	17	15	13	12,5	10	9,5	9	9	8,5	8,5	5
u.i. 1.	54	48	39	34	40	32	28	26	21	34	24	32	15
u.i. 2.	10	4	7	13	10	7	12	12	4	5	7	9	2
ripet.	10	7	7	4	7	4	0	10	0	8	4	4	0
ripris.	17	10	12	12	14	12	5	12	5	14	8	10	5
commen.	5	5	1	1	1	1	0	0	5	0	1	0	2
non-inf.	178	195	178	164	38	95	33	62	13	51	50	32	44

testo	testi medi							testi brevi	
	DSA 10	DSA 1	DSA 4	DSA 6	DSA 8	DSA 9	DSA 2	DSA 3	DSA 5
righe P-S	10,5	9	8,5	8,5	8	7	6	6	4,5
u.i. 1.	33	36	25	28	33	28	23	23	14
u.i. 2.	7	4	8	6	6	6	7	4	4
ripet.	2	3	0	2	2	3	2	1	0
ripris.	8	10	9	7	9	8	9	8	3
commen.	0	1	1	0	2	0	1	0	0
non-inf.	22	25	12	12	20	0	11	8	0

testo	testi medi					testi brevi							
	ISA 4	ISA 8	ISA 14	ISA 10	ISA 1	ISA 12	ISA 5	ISA 3	ISA 11	ISA 9	ISA 7	ISA 6	ISA 13	ISA 2
righe P-S	8,5	8,5	8	7	6	6	5,5	4	4	3,5	3,5	3,5	2,5	1
u.i. 1.	28	24	31	19	20	19	18	16	15	11	13	15	11	5
u.i. 2.	5	8	4	5	4	4	3	3	4	3	1	3	2	2
ripet.	4	2	2	0	0	1	0	0	0	0	0	0	0	0
ripris.	10	7	8	6	6	6	6	7	5	3	5	7	5	1
commen.	0	1	0	2	1	3	0	0	1	1	2	0	0	0
non-inf.	12	26	4	0	4	24	6	6	4	0	0	0	0	0

(figura 9.2)

Confrontando le cifre riportate in questi schemi, si possono cogliere divergenze o peculiarità nel rapporto fra la lunghezza del testo e la quantità di u.i., e spiegarle

Densità informativa

in base anche al grado di diluizione del testo. Questo confronto può essere effettuato sia all'interno dei singoli sottogruppi, sia a prescindere dal sottogruppo, basandolo invece sulla lunghezza o sulla quantità di u.i., sia fra sottogruppo e sottogruppo.

Possiamo rilevare innanzitutto una correlazione sistematica fra la lunghezza dei testi e la quantità di u.i. (di 1. grado) esplicitate in essi.

	testi lunghi solo parlati	testi medi parlati	testi medi scritti	testi brevi solo scritti
danesi	54-46 u.i.	34-26 u.i.	36-23 u.i.	23-15 u.i
(media)	48,4	28,3	29,4	18,5
italiani	54-34 u.i.	34-15 u.i.	31-19 u.i.	19-5 u.i.
(media)	43	26,5	24,4	13,6

(figura 9.3)

Sono prese in considerazione solo le u.i. di 1. grado, dato che è parso molto difficile cogliere delle tendenze sistematiche nell'impiego delle u.i. di 2. grado. Specialmente nei testi parlati, le occorrenze delle u.i. di 2. grado sembrano dipendere quasi solo dalle preferenze individuali dei locutori; negli scritti sembrano adeguarsi in maniera più palese alla tendenza generale, che predice un calo nella quantità di u.i. parallelo alla riduzione della lunghezza dei testi.

Altrettanto sistematica e prevista è la distribuzione della quantità di materiale non-informativo (misurata in battute dattilografiche) rispetto alla variazione diamesica.

	testi lunghi solo parlati	testi medi parlati	testi medi scritti	testi brevi solo scritti
danesi	201-76 bat.	81-41 bat.	25-0 bat.	8-0 bat.
(media)	121,6	56,5	14,6	4
italiani	195-38 bat.	95-13 bat.	26-0 bat.	24-0 bat.
(media)	150,6	47,5	9,2	4,4

(figura 9.4)

Passo ora a qualche commento breve sui singoli testi, rilevandone quelli che sono parsi particolarmente interessanti rispetto alla relazione fra lunghezza e quantità di u.i. La spiegazione di molti casi sorprendenti sembra legata, almeno in parte, ad un grado di diluizione particolarmente accentuato o particolarmente basso.

Mettiamo a confronto i tre testi più lunghi in assoluto, uno danese, DMB3, e due italiani, IMB5 e IMB12. Di questi tre testi, tutti parlati, quello danese contiene il maggior numero di u.i. esplicitate rispetto alla lunghezza in righe (54 u.i. su 17 righe), mentre IMB5 impiega più righe a veicolare la stessa quantità di u.i. (54 u.i. su 20 righe), e IMB12, con lo stesso numero di righe di quello danese, veicola però meno u.i. (48 u.i. su 17 righe). Una spiegazione di questo fatto, la troviamo nel grado di diluizione, soprattutto nella quantità di materiale linguistico codificante segnali discorsivi: 103 battute in DMB3 rispetto a 178 in IMB5 e 195 in IMB12.

Prendiamo invece DMB1, situato fra i testi lunghi, e DMB2, situato fra i testi medi. In entrambi compare più o meno la stessa quantità di segnali discorsivi, ma è interessante paragonare, in base agli estratti testuali, il carattere di questi operatori. In DMB1 vediamo una presenza massiccia di pause sonore (*øh*), tanto frequenti da ridurre infatti in maniera notevole i casi di riformulazione; in DMB2 sono pochi i segnali esclusivamente riempitivi, ma abbondano invece operatori modalizzanti e metafattuali, come anche elementi contestualizzanti o 'deittici' (vedi 7.1.2).

IMB2 spicca per l'alto numero di u.i. rispetto alla lunghezza in righe (40 u.i. su 13 righe). Se controlliamo la quantità di materiale non-informativo, essa è in effetti molto bassa rispetto alla collocazione del testo fra quelli lunghi. Nell'estratto testuale vediamo inoltre che 27 delle 38 delle battute computate consistono nell'intercalare *appunto* (che compare tre volte), mentre il locutore, per il resto, sembra controllare il suo discorso in maniera veramente inusuale per un testo parlato.

Confrontando invece IMB3 (34 u.i. su 9 righe) e IMB9 (34 u.i. su 15 righe), una delle spiegazioni della bassa densità informativa di IMB9 risiede certamente nell'uso massiccio di segnali discorsivi (164 battute in IMB9 rispetto a 51 battute in IMB3). L'estratto testuale rivela un'impiego molto esteso di meccanismi riempitivi, soprattutto l'intercalare *insomma* che appare ben 9 volte.

Se confrontiamo IMB7 (32 u.i su 8,5 righe) e IMB8 (21 u.i. su 9 righe), la differenza nel numero di u.i. non è spiegabile in base alla quantità di segnali discorsivi. In IMB8, meno denso informativamente, la presenza di questo tipo di espedienti diluitivi è infatti bassissima (solo 13 battute), più bassa che in IMB8, testo già di per sé poco diluito. Le poche u.i. in IMB8 sono comprensibili, però, se si prende in considerazione la presenza di commenti del locutore che ammontano a 5, cifra paragonabile solo a quella in due testi lunghi il doppio.

Passiamo ai testi scritti, in cui la presenza di elementi diluitivi è certamente meno consistente che nei testi parlati, fatto che però non esclude la possibilità di trarre dagli schemi complessivi alcune osservazioni interessanti. Confrontiamo per esempi i testi scritti danesi DSA8 (33 u.i. su 8 righe) e DSA9 (28 u.i. su 7 righe), simili quindi per quanto riguarda il rapporto fra u.i. e righe. Dalle cifre nello schema si nota comunque una divergenza riguardo sia alla quantità di segnali discorsivi, sia alla quantità di commenti del locutore: in DSA8 2 commenti e 20 battute, in DSA9 né commenti, né battute. Se confrontiamo fra di loro gli estratti testuali, i due testi sono infatti assai diversi. DSA8 è caratterizzato dall'intervento soggettivo del locutore, non solo per mezzo di commenti e di operatori discorsivi, ma anche tramite la presenza di elementi descrittivi, di virgolette per segnalare il distanziamento ironico dal narrato, e di altri espedienti grafici. DSA9 rappresenta invece una narrazione più oggettiva, in cui rimane sempre sullo sfondo il locutore stesso.

Paragonando invece gli scritti danesi e italiani, si nota subito che solo uno dei testi danesi scende al di sotto di 5 righe, mentre 7 testi italiani (cioè la metà) si collocano fra le 4 righe e una sola riga. Se controlliamo i testi brevi italiani, vediamo che non solo cominciano a sparire i segnali discorsivi e i commenti del locutore, ma vengono a mancare anche i casi di ripetizione. Facendo un ultimo confronto, questa volta fra i testi italiani scritti brevi e ultrabrevi, e i testi italiani parlati, vediamo che in media il numero di u.i. a riga si aggira, nei primi, fra le 4 e le 5, e nei secondi, fra le 2 e le 3. Fra i testi brevi italiani, spicca ISA12 (che è infatti il più lungo di essi), con 24 battute di materiale non-informativo e 3 commenti del locutore, che imprimono un'impronta assai personale alla narrazione.

10.
DENSITÀ INFORMATIVA:
SINERGIA DI SCELTE STRATEGICHE

Nel corso del presente lavoro, la densità informativa si è rivelata una **nozione assai complessa**, tanto a livello teorico/metodologico (vedi le discussioni per circoscrivere i presupposti dello studio e per definire in termini di scelte strategiche i tre parametri), quanto a livello operazionale (nel tentativo di elaborare un modello d'analisi in grado di cogliere e confrontare le scelte concrete rispetto ai detti parametri).

Benché complessa, la nozione di densità informativa si basa di fatto su un'idea assai semplice; fondamentalmente, essa è definita in base al rapporto fra la **quantità di materiale linguistico** del testo e la **quantità di informazione** che il testo intende veicolare. A quest'idea di fondo, si aggiunge un'altra ipotesi, ossia che il rapporto fra materiale linguistico e quantità di informazione è legato all'impegno che il locutore richiede al suo interlocutore nella fase di decodificazione del testo. La correlazione fra quantità di materiale linguistico e **grado di partecipazione attiva richiesta all'interlocutore** costituisce un comune denominatore dei tre parametri:

a) il parametro che concerne il grado di esplicitazione dell'informazione, teso fra il riassumere e il dispiegare[1];

b) il parametro teso fra l'integrazione e la spartizione delle unità informative[2];

c) il parametro imperniato sul grado di diluizione dell'informazione[3];

vedi la seguente figura:

---

[1] Vedi a proposito di informazioni implicite e processi inferenziali, Van Dijk & Kintsch (1983:50): «Although it is certainly possible that this **increased reading time** was used to make the bridging inference, we have no assurance that this was so; it is also possible that the longer reading time merely reflects the **reduced comprehensibility** of the test sentence: The subjects are slow because they realize something is missing, but they are not necessarily inferring what the missing element is...» (grassetto mio).

[2] Cfr. quanto dice delle strategie sintattiche Fleischman (1990:188): «...readers, moving at their own pace through a written text in which each sentence remains accessible as long as necessary, are **able to process** a more complex syntax than can listeners, whose **decoding effort** must keep pace with the flow of the narration» (grassetto mio).

[3] Vedi per esempio Voghera (1992:164), su uno dei tipici espedienti diluitivi: «Tannen ritiene la ripetizione uno dei meccanismi più caratteristici della conversazione, e più generalmente del parlato, sia perché favorisce l'**automaticità dei meccanismi di produzione e di comprensione** sia perché serve da espediente di coerenza testuale e interazionale» (grassetto mio).

÷ materiale linguistico	+ materiale linguistico
+ densità informativa	÷ densità informativa
+ impegno richiesto all'interlocutore	÷ impegno richiesto all'interlocutore

1. parametro   riassumere <-> dispiegare

2. parametro   integrare <-> spartire

3. parametro   non-diluire <-> diluire

(figura 10.1)

È importante sottolineare che il vincolamento fra quantità di materiale linguistico e impegno richiesto all'interlocutore non è sempre vigente. Si tratta di una **correlazione prototipica**, che, *ceteris paribus*, costituisce la norma nella realizzazione di testi concreti. La nozione di densità informativa è una **nozione descrittiva, non valutativa o normativa**, nel senso che non implica alcun giudizio in termini di qualità del testo, sia essa misurata in base a criteri comunicativi, o in base a criteri estetici. La valutazione da parte del locutore sull'opportunità di rendere più o meno denso il testo, in vista della sua efficacia o della sua 'bellezza', dipende ovviamente dalla specifica situazione comunicativa e dagli scopi che il locutore si è prefisso con il suo atto linguistico.

Due fattori situazionali sono cruciali nella scelta di quanto materiale linguistico vada impiegato e, di conseguenza, quanto impegno vada richiesto: da una parte la **variazione diamesica** e dall'altra il **grado di conoscenze condivise** da locutore e interlocutore rispetto all'argomento del testo.

Per quanto riguarda la variazione diamesica è determinante la stessa qualità fisico-materiale del testo. Alla **permanenza del testo scritto** che permette all'interlocutore – qualora ne senta il bisogno – di rallentare la decodificazione o di ritornare a suo piacere alle parti del testo già lette, è opposto il **carattere fugace del testo parlato**[4] che costringe il locutore a fornire all'interlocutore il tempo necessario alla decodificazione e – nella misura in cui sia necessario – a ritornare sul già detto[5]. Come hanno illustrato i reticolati e il computo, i testi parlati (italiani e danesi) sono indiscutibilmente più dispiegati, più spartiti e più diluiti dei testi scritti. I locutori sembrano tutti concordi nel valutare una riduzione di densità informativa e, di conseguenza, una certa quantità di materiale linguistico come presupposti dell'efficacia del testo parlato.

Un altro fattore situazionale importante è il grado di conoscenze condivise – vedi, a proposito delle strategie riassuntive versus quelle dispiegative, Dressler & de Beaugrande (1983:278): «We have seen that the **knowledge that the hearer is assumed to have** plays an important role in the decision about what information to leave implicit and what information to include in the discourse.» Quando a volte il parlato viene ritenuto più implicito dello scritto, ciò deriva dal fatto che, spesso, fra gli interlocutori di un testo parlato (o almeno dei testi parlati più

---

[4] Vedi Jensen, Eva Skafte (1999:150).
[5] Vedi Voghera (1992:24): «L'organizzazione tematica dei testi può essere paragonata ad una spirale che costringe l'emittente e il destinatario a ritornare sul già detto.»

comunemente studiati[6]) sussiste un rapporto di familiarità (parenti, amici, compagni di scuola, colleghi di lavoro ecc.), che porta quasi inevitabilmente a un alto grado di conoscenze condivise. Questo terreno comune – oltre al fatto che spesso l'argomento del discorso è di carattere *hic et nunc* rispetto al contesto comunicativo – permette un discorso allusivo, dotato di una pluralità di significati, e, per un interlocutore non 'iniziato', difficile da comprendere. Con la scelta dei filmati di Mr. Bean come *input* non-linguistico, abbiamo voluto stabilire, per i testi scritti e parlati, lo stesso grado di conoscenze condivise, nonché la stessa distanza fisica e temporale fra l'argomento da trattare e la produzione del testo, in modo da essere sicuri di poter ricondurre alla variazione diamesica, e **non** a diverse conoscenze enciclopediche o a diverse possibilità di riferimenti deittici diretti, le eventuali divergenze rilevate fra testi parlati e testi scritti.

Per quanto riguarda le divergenze fra testi italiani e testi danesi, di cui abbiamo parlato nel capitolo precedente, esse non sembrano determinate in maniera significativa da eventuali variazioni di conoscenze condivise, ad eccezione forse del grado di notorietà del personaggio di Mr. Bean. In apertura dei testi (quindi non rispecchiato nei reticolati riportati in appendice) è infatti evidente come varia la maniera di introdurre il protagonista. Quando il locutore non conosce il personaggio di Mr. Bean, e/o lo presuppone sconosciuto al suo interlocutore – come sembra il caso in molti testi italiani – spesso il carattere comico del protagonista viene specificato per via di veri e propri commenti narrativi, in modo da attivare le aspettative pertinenti presso l'interlocutore. Quando il protagonista è invece noto – ossia in praticamente tutti i testi danesi – il carattere comico è dato invece per implicito; se viene esplicitato, ciò avviene con u.i. descrittive (più amalgamate con la narrazione) e in forma più integrata (costrutti aggettivali o avverbiali)[7].

Sia la variazione diamesica che il grado di conoscenze condivise sono fattori che determinano il grado di impegno che il locutore può richiedere al suo interlocutore, senza mettere a rischio il veicolamento dell'informazione. A determinare il grado di impegno che il locutore **sceglie** di fatto di richiedere al suo interlocutore, sono i **fini specifici** che il locutore si prefigge con il testo. Può a volte favorire l'efficacia del testo che l'interlocutore venga costretto a partecipare in maniera molto attiva alla decodificazione, ossia a inferire le u.i. lasciate per implicite, a riportare a strutture più semplici e complete u.i. presentate in maniera molto integrata, a fornire da solo, nei testi poco o affatto diluiti, gli elementi valutativi e strutturanti necessari all'interpretazione del testo.

Benché si sia cercato di fissare in tutti i testi uno **stesso macroatto linguistico**, il narrare – macroatto naturale e comune tanto allo scritto quanto al parlato[8] – una delle conclusioni più interessanti del confronto concreto è forse il fatto che

---

[6]Vedi infatti Chafe & Danielewicz (1987:24): «These earlier reports of ours were restricted to a comparison of what we supposed were two extremes of 'spokenness' and 'writtenness': conversational speaking on the one extreme and academic writing at the other.»

[7]Cfr. Strudsholm (1999a:308-309) sulla presentazione del protagonista e Polito (1999:74-80) sulle varie modalità della «resa della comicità» nei testi di Mr. Bean.

[8]Non tutti macroatti linguistici o generi testuali hanno infatti questa qualità; vedi Biber (1991:7): «Although speech and writing **can** be used for almost any communicative need, we do not in fact use the two forms interchangeably [...] Depending on the situational demands of the communicative task we choose one mode over the other. Normally this choice is unconscious, only one of the modes is suitable/practical.»

in certi testi il carattere narrativo sembra in effetti compromesso dalla stessa brevità del testo. Si tratta di un gruppo di testi italiani scritti in cui la forte tendenza sia al riassunto, che all'integrazione e alla non-diluizione (vedi i reticolati, nonché il computo), viene a contraddire infatti uno dei requisiti del genere narrativo, quello di 'far vedere', 'far rivivere' i fatti narrati[9]. Per soddisfare questo requisito, spesso trascurato nella discussione dei criteri di narratività, la densità informativa del testo deve essere tenuta a bada: è necessaria una certa dose di dispiegamento degli eventi, di esplicitazione di unità informative anche 'minori', di sfondo, descrittive, per riuscire a visualizzare il corso di eventi[10]; così come è necessaria una certa dose di spartizione a livello di sintassi e di lessico che, combinata a una certa dose di correlazione prototipica, garantisca la dinamicità, la linearità, la concretezza e la completezza della rappresentazione, nonché l'iconicità fra gerarchizzazione naturale e testuale.

Per i testi italiani – molto meno per quelli danesi[11] – la variazione diamesica porta a consistenti variazioni diafasiche, sia di registro che di genere testuale. L'imposizione del codice scritto sembra infatti allontanare i testi dalla narrazione prototipica, in parte sicuramente per motivi 'estetici' (il narrare 'semplice' e lineare non è ritenuto 'bello stile'), in parte per motivi di efficacia comunicativa. Se il locutore infatti ha come scopo ultimo di far arrivare l'interlocutore ad un'interpretazione globale, e non tanto l'evocazione di un frammento di realtà di per sé, è sufficiente, e probabilmente anche più efficace, dare per esplicito solo quel numero ristretto di u.i. che assicuri la comprensione della macrostruttura della narrazione, accompagnata o addirittura sostituita da commenti del locutore che indichino esplicitamente quale sia l'interpretazione 'giusta'[12].

Un testo efficace, ben riuscito, si basa quindi sul regolamento della densità informativa rispetto al contesto e alle intenzioni illocutorie e perlocutorie. Questo non è ovviamente un'idea nuova: vedi il principio d'economia della retorica classica, vedi le massime di Grice riguardo alla categoria di quantità[13], vedi Voghera (1992:273) che parla di «due principi regolatori di qualsiasi interazione verbale: ridondanza ed economia». A regolare la tensione fra ridondanza ed economia o, nell'ottica del presente lavoro, la tensione fra quantità di materiale linguistico del testo e quantità di informazione da veicolare con il testo, vari tipi testuali (scritti/parlati; lingue diverse; diversi generi testuali) mettono però in uso vari espedienti testuali/linguistici, ed è appunto questa variazione che si vuole cogliere con la definizione dei tre parametri di densità informativa.

---

[9]Vedi Fleischman (1990:102): «This allusion to performance is echoed by Ducrot (1979:10), who suggests that «to narrate is not only to inform listeners that such and such events took place, but to make them relive the experience, to give them the feeling of being there.»
[10]Cfr. Møller (1993:377) che, fra i vari tratti formali che definiscono un racconto prototipico, propone: «a high degree of detail in the representation for the event, at least in certain sequences» e «a certain lenght which makes room for e.g. detailed representation.»
[11]In 8.2, il semplice computo di righe rileva come sia ben più marcata la divergenza fra testi scritti e parlati italiani, che non fra scritti e parlati danesi.
[12]Vedi anche Polito (1999:63) sulla differenza fra il «raccontare registrando» e il «raccontare interpretando».
[13]Cfr. Bazzanella (1994:55-56), che presenta le varie massime di Grice: «Categoria della *Quantità*: 1. Dà un contributo tanto informativo quanto richiesto (dagli intenti dello scambio verbale in corso). 2. Non dare un contributo più informativo di quanto richiesto.»

Come illustrato nei capitoli precedenti, fra i tre parametri sussistono forti relazioni di interdipendenza, in senso sia orizzontale che verticale. I tre parametri sono infatti **interrelati orizzontalmente**: non sono tre livelli delimitati l'uno rispetto all'altro, ma costituiscono, al contrario, continua contigui che a volte si sovrappongono fra di loro. Certi casi di integrazione sintattica forte – come, per esempio, la nominalizzazione – possono essere interpretati anche come quasi-omissione di informazione; diversi espedienti di spartizione – quali le perifrasi verbali, o anche elementi quantificatori di sostantivi – si confondono con strategie di dispiegamento; un'altra strategia spartitiva – quella della frase scissa o pseudo-scissa – assomiglia molto a diverse procedure dislocative con ripresa pronominale, collocate fra gli espedienti diluitivi.

Più interessanti sono forse le **interrelazioni verticali**, che risultano tipicamente in una serie di paralleli fra le scelte strategiche adoperate dal locutore. Nella rappresentazione di **eventi chiave** (dotati, cioè, di grande pertinenza narrativa), i locutori scelgono molto spesso di mettere in rilievo le u.i. in questione, nei testi brevi, esplicitandole anziché dandole per implicite; nei testi medi, spartendole con forme verbali, preferibilmente finite; nei testi lunghi, ripetendole o dispiegandole con parafrasi o con u.i. alternative; nei testi medi e lunghi, le strategie dispiegative e spartitive sono inoltre accompagnate spesso da commenti del locutore e da segnali discorsivi[14]. Per quanto riguarda gli **eventi di minore importanza** (o meno pertinenti in termini narrativi, o facilmente inferibili[15]), alla non-esplicitazione nei testi brevi (che siano dati per impliciti, quasi-omessi, o del tutto omessi), corrispondono, nei testi medi, la tendenza all'integrazione, e, nei testi lunghi, l'esplicitazione semplice.

I locutori danesi e italiani, per regolare la densità informativa del testo, non solo fanno ricorso a strategie diverse (sia all'interno di uno stesso parametro, che nell'interazione dei tre parametri), ma sembrano obbedire anche a criteri diversi rispetto a quanto denso possa o debba essere il testo da un punto di vista informativo. La divergenza di questi criteri, come anche delle scelte strategiche, sono riportabili a convenzioni retoriche, a norme di testualizzazione, a divergenze, insomma, a livello di *usus*, ma sono dettate anche da divergenze a livello di sistema, dalle diverse possibilità di testualizzazione offerte dalle lingue in questione. Il locutore italiano, per esempio, ha a disposizione più mezzi di integrazione verbale del locutore danese; al contrario, per quanto riguarda le preposizioni o gli avverbi locativi, il sistema linguistico danese permette un impiego più ampio e più dinamico di quello italiano. Queste divergenze tipologiche non vanno perse di vista, e meritano un'analisi approfondita rispetto al loro impatto sulle convenzioni testuali e retoriche delle varie comunità linguistiche[16].

---

[14]Fleischman (1990:183): «The connection between foregrounding on the **textual** level and evaluation on the level of **expressivity** should by now be apparent. If we conceive of foregrounding in the basic Gestalt sense of a figure against a ground rather than in the sense of «sequential events on a time line», then **foregrounding and evaluation can be seen as two sides of the same coin**» (grassetto mio).

[15]Vedi anche Sperber & Wilson (1986:217): «In our framework **background information** is information that contributes only indirectly to relevance, by reducing the processing effort required; it need be neither given nor presupposed. **Foreground information** is information that is relevant in its own right by having contextual effects; it need not be new.»

[16]Vedi, in Lotte Jansen (1998), uno studio contrastivo russo-danese che, ispirandosi alla nozione di

In conclusione, ricollegandomi agli obbiettivi presentati nell'introduzione, mi sembra che essi siano stati in genere raggiunti. È stata confermata innanzitutto la tesi di fondo, ossia che la densità informativa possa essere descritta come il risultato sinergico di scelte strategiche rispetto ai tre parametri. Il modello d'analisi, concretizzato nei reticolati e nei vari schemi, ha provato inoltre la sua operazionalità: infatti, benché alcuni criteri di annotazione potrebbero senz'altro essere rifiniti ulteriormente, i reticolati e gli schemi hanno permesso un confronto complessivo e sistematico dei testi, dando luogo ad una serie di osservazioni su sia paralleli che divergenze fra i testi dei vari sottogruppi. I risultati rilevati dalla lettura dei reticolati e degli schemi hanno permesso, infine, non solo di delineare tendenze e divergenze sistematiche rispetto alla variazione interlinguistica e/o diamesica, ma hanno suggerito anche delle spiegazioni rispetto alle scelte fatte dai locutori.

Nozione complessa a livello teorico e metodologico, la densità informativa si presenta quindi, nel singolo testo, come il risultato sinergico di scelte fatte rispetto a tre parametri, uno basato sulla quantità di informazione, uno basato sulla qualità dell'informazione, e uno basato sulla quantità di non-informazione. Come oggetto di studio, mi sembra ancora pieno di sbocchi interessanti che spero di poter inseguire in lavori a venire.

«*thinking for speaking*» proposta da Slobin (1991), tratta appunto questa problematica.

Densità informativa

RIFERIMENTI BIBLIOGRAFICI

Andersen, Hanne Leth (1997): *Propositions parenthétiques et subordination en français parlé*. Tesi di dottorato (Ph.d.) non pubblicata. Istituto di Filologia Romanza, Università di Copenaghen.

Bange, Pierre & Sophie Kern (1996): Le régulation du discours en L1 et en L2. In Mosegaard Hansen & Skytte (eds.): *Le Discours: Cohérence et Connexion. Etudes Romanes 35*. Copenaghen, Museum Tusculanum Press, pp. 69-103.

Bateson, Gregory (1979): *Mind and Nature. A necessary Unity*. New York, Dutton.

Bazzanella, Carla (1985): L'uso dei connettivi nel parlato: alcune proposte. In *Sintassi e morfologia della lingua italiana d'uso. Teorie e applicazioni descrittive. Atti del XVII congresso internazionale di studi (SLI), Urbino 11-13 settembre 1983*. Franchi De Bellis & Savoia (eds.). Roma, Bulzoni, pp. 83-94.

Bazzanella, Carla (1994): *Le facce del parlare. Un approccio pragmatico all'italiano parlato*. Firenze, La Nuova Italia.

Bazzanella, Carla (1995): I segnali discorsivi. In Renzi, Salvi & Cardinaletti: *Grande Grammatica Italiana di Consultazione, Vol.3*. Bologna, Il Mulino, pp. 225-257.

Bazzanella, Carla (1996): Répétition «dialogale» et conversation. In Mosegaard Hansen & Skytte (eds.): *Le discours: Cohérence et Connexion, Etudes Romanes 35*. København, Museum Tusculanum Press, pp. 43-54.

Beaman, Karen (1984): Coordination and subordination revisited: Syntactic complexity in spoken and written narrative discourse. In Tannen (ed.): *Coherence in Spoken and Written Discourse*. Norwood, Ablex, pp. 45-80.

Berruto, Gaetano (1985): Per una caratterizzazione del parlato: L'italiano parlato ha un'*altra* grammatica?. In Holtus & Radtke (eds.): *Gesprochenes Italienisch in Geschichte und Gegenwart, TBL 252*. Tübingen, Gunter Narr, pp. 120-147.

Berruto, Gaetano (1993): Varietà diamesiche, diastratiche, diafasiche. In Sobrero (ed.): *Introduzione all'italiano contemporaneo. La variazione e gli usi*. Bari, Laterza, pp. 37-92.

Biber, Douglas (1991): *Variation across speech and writing*. Cambridge, Cambridge University Press.

Calvino, Italo (1980): *Una pietra sopra*. Torino, Einaudi.

Castelfranchi, Cristiano & Domenico Parisi (1980): *Linguaggio, conoscenze, scopi*. Bologna, Il Mulino.

Chafe, Wallace & Jane Danielewicz (1987): Properties of spoken and written language. In Horowitz & Samuels (eds.): *Comprehending oral and written language*. San Diego, Academic Press, pp. 83-113.

Chafe, Wallace (1992): Information flow. In William Bright (ed.): *International Encyclopedia of Linguistics*. N.Y./Oxford, Oxford University Press, pp. 215-218.

Chafe, Wallace (1994): *Discourse, consciousness, and time: the flow and displacement of conscious experience in speaking and writing*. Chicago, University of Chicago.

Coirier, Pierre, Daniel Gaonac'h & Jean-Michel Passerault (1996): *Psycholinguistique textuelle. Une approche cognitive de la compréhension et de la production des textes*. Paris, Armand Colin.

Conte, Maria-Elisabeth (1998): Enoncés modaux et reprises anaphoriques. In Forsgren, Jonasson & Kronning (eds.): *Prédication, assertion, information*. Uppsala, Acta Universitatis Upsaliensis, pp. 139-146.

Coseriu, Eugenio (1971): *Sprache. Strukturen und Funktionen*. Tübingen, Gunter Narr.

D'Addio Colosimo, Wanda (1988): Nominali anaforici incapsulatori: un aspetto della coesione lessicale. In De Mauro, Gensini & Piemontese (eds.): *Dalla parte del ricevente: percezione, comprensione, interpretazione, SLI 26*. Roma, Bulzoni, pp. 143-151.

De Mauro, Tullio, F. Mancini, M. Vedovelli & M. Voghera (1993): Lessico di frequenza dell'italiano parlato. Milano, ETASLIBRI.

De Mauro, Tullio, S. Gensini & M.E. Piemontese (eds.) (1988): *Dalla parte del ricevente: percezione, comprensione, interpretazione. Atti del XIX Congresso Internazionale SLI, Roma 8-10 settembre 1985, SLI 26*. Roma, Bulzoni.

DISC – Dizionario Italiano Sabatini Coletti (1997). Firenze, Giunti Gruppo Editoriale.

Dressler, Wolfgang & Robert De Beaugrande (1981): *Introduction to textlinguistics*. London, Longman.

Dressler, Wolfgang (1994): Interactions between Iconicity and Other Semiotic Parameters in Language. In Simone R. (ed.): *Iconicity in Language, CILT 110*. Amsterdam/Philadelphia, John Benjamins, pp. 21-37.

Ducrot, Oswald (1972): *Dire et ne pas dire*. Paris, Hermann.

Ducrot, Oswald (1984): *Le dire et le dit*. Paris, Minuit.

Eco, Umberto (1975): *Trattato di semiotica generale*. Milano, Bompiani.

Enkvist, Nils Erik (1985): Introduction: coherence, composition and text linguistics. In Enkvist (ed.): *Coherence and composition: A symposium*. Åbo, Åbo Akademi, pp. 11-26.

Eriksson, Olof (1993): *La phrase française*. Göteborg, Acta Universitatis Gothoborgensis.

Fleischman, Suzanne (1990): *Tense and Narrativity*. London, Routledge.

Forsgren, Jonasson & Kronning (eds.) (1998): *Prédication, assertion, information. Actes du colloque d'Uppsala en linguistique francaise, 6-9 juin 1996*. Uppsala, Acta Universitatis Upsaliensis.

Fowler, Roger (1989): *Linguistics and the novel*. London/New York, Routledge.

Gensini, Stefano (1994): Criticisms of the Arbitrariness of Language in Leibniz and Vico and the 'Natural' Philosophy of Language. In Simone, R. (ed.): *Iconicity in Language, CILT 110*. Amsterdam/Philadelphia, John Benjamins, pp. 3-19.

Givón, Talmy (1984/1990): *Syntax. A functional-typological introduction, Vol.I-II*. Amsterdam/Philadelphia, John Benjamins.

Givón, Talmy (1994): Isomorphism in the Grammatical Code. In Simone R. (ed.): *Iconicity in Language, CILT 110*. Amsterdam/Philadelphia, John Benjamins, pp. 47-77.

Halliday, M.A.K. & R. Hasan (1976): *Cohesion in English*. London, Longman.

Halliday, M.A.K. (1987): Spoken and written modes of meaning. In Horowitz & Samuels (eds.): *Comprehending oral and written language*. San Diego, Academic Press, pp. 55-82.

Halliday, M.A.K. (1994): *An introduction to functional grammar. Second edition*. London, Edward Arnold.

Herslund, Michael (1995): Valens og grammatiske relationer. In *Ny forskning i grammatik. Igangsat af Statens Humanistiske Forskningsråd. Fællespublikation 2*. Odense, Odense Universitetsforlag, pp. 48-72.

Hopper, Paul J. & Sandra A. Thompson (1980): Transitivity in Grammar and Discourse. In *Language* 56 (2), pp. 251-299.

Jakobsen, Lisbeth Falster (1995): Tag sprog alvorligt – en oversigt over funktionel grammatik. In *NyS 20*. København, Dansklærerforeningen, pp. 11-39.

Jakobsen, Lisbeth Falster (1998a): Det trinoculære synspunkt i grammatikskrivning. Fra valensled til sætningsled. In *Ny forskning i grammatik. Igangsat af Statens Humanistiske Forskningsråd. Fællespublikation 5...* Odense, Odense Universitetsforlag, pp. 245-270.

Jakobsen, Lisbeth Falster (1998b): The function of passive in discourse. In Korzen & Herslund (eds.): *Clause combining and text structure. Copenhagen studies in language 22*. Frederiksberg, Samfundslitteratur, pp. 23-42.

Jansen, Hanne (1991): *Afledninger, abstraktionsniveau, essaystil. Sammenligning af sprognormen på italiensk og dansk*. Tesi di laurea non pubblicata. Copenaghen.

Jansen, Hanne (1993): Un problema non solo grammaticale per il traduttore dall'italiano in danese. In Avirovic & Dodds (eds.): *Umberto Eco, Claudio Magris. Autori e traduttori a confronto, Trieste, 27-28 novembre 1989*. Udine, Campanotto Editore, pp. 191-202.

Jansen, Hanne (1996): Da processo a cosa... La subordinazione vista in una prospettiva cognitiva. In Bente Lihn Jensen (ed.): *Atti del IV Congresso degli Italianisti Scandinavi, Copenaghen, 8-10 giugno 1995*. København, Handelshøjskolen i København, pp. 93-201.

Jansen, Hanne (1998): La densità informazionale. Parametro fondamentale nel confronto di testi parlati e testi scritti. In Navarro Salazar (ed.): *Italica Matritensia. Atti del IV congresso SILFI, Madrid, giugno 1996*. Firenze, Franco Cesati Editore, pp. 241-158.

Jansen, Hanne (1999): Da riassunto a ridondanza. Densità informativa. In Skytte, Korzen, Polito & Strudsholm (eds.): *Strutturazione testuale in italiano e in danese. Risultati di un'indagine comparativa*. Copenaghen, Museum Tusculanum Press, pp. 153-251.

Jansen, Hanne (2001): Brøndal og Langacker. Omkring ordklassers semantik. In *Ny forskning i grammatik. Fællespublikation 8. Gilbjerghovedsymposiet 2000*. Odense, Odense Universitetsforlag, pp. 107-126.

Jansen, Hanne (2002a): Translation Studies: From Linguistics and Beyond and Back again. In Lauge Hansen (ed.): *Changing Philologies*. Copenaghen, Museum Tusculanum Press, pp. 121-136.

Jansen, Hanne (2002b): Spatialpartikler. Forstudier om brugen af præpositioner og lokative adverbier på italiensk og dansk. In *Ny forskning i grammatik. Fællespublikation 9. Sandbjergsymposiet 2001*. Odense, Odense Universitetsforlag, pp. 121-140.

Jansen, Hanne (in corso di pubblicazione): Correlazione protopica e metafora grammaticale. In *Gli atti del VI convegno SILFI, Duisburg giugno 2000*. Firenze, Franco Cesati Editore.

Jansen, Hanne, B.L. Jensen, E.S. Jensen, I. Korzen, P. Polito, G. Skytte & E. Strudsholm (1996): *Mr. Bean – på dansk og italiensk/Mr. Bean – in danese e in italiano. Rapport om en empirisk undersøgelse/Rapporto su un'indagine empirica*. København, Københavns Universitet.

Jansen, Hanne, B.L. Jensen, E.S. Jensen, I. Korzen, P. Polito, G. Skytte & E. Strudsholm (1997): Testi paralleli scritti e orali, in italiano e in danese. Strategie narrative. In *Cuadernos de filología Italiana 4*. Madrid, Servicio de Publicaciones UCM, pp. 41-63.

Jansen, Hanne & Erling Strudsholm (1999): Costrutti fasali e la loro funzione testuale. In Skytte & Sabatini (eds.): *Linguistica testuale comparativa. Atti del Convegno interannuale della SLI. Copenaghen, 5-7 febbraio 1998*. Copenaghen, Museum Tusculanum Press.

Jansen, Hanne, Paola Polito & Erling Strudsholm (2002): Dialogo vago sull'infinito e altro. In Jansen, H. et al.: *L'infinito & oltre*. Odense, Odense University Press, pp. 9-28.

Jansen, Lotte (1998): On text structure in Russian and Danish. In Korzen & Herslund (eds.): *Clause combining and text structure. Copenhagen studies in language 22*. Frederiksberg, Samfundslitteratur, pp. 43-64.

Jensen, Bente Lihn, Iørn Korzen & Gunver Skytte (1995): Tekst, teksttypologi og tekstækvivalens i kontrastivt perspektiv. In *Ny forskning i grammatik. Igangsat af Statens Humanistiske Forskningsråd. Fællespublikation 2*. Odense, Odense Universitetsforlag, pp. 73-90.

Jensen, Bente Lihn (1999a): Karakteristik af perioden. In Skytte, Korzen, Polito & Strudsholm (eds.): *Strutturazione testuale in italiano e in danese. Risultati di un'indagine comparativa*. Copenaghen, Museum Tusculanum Press, pp. 485-466.

Jensen, Bente Lihn (1999b): Clause combining in danese ed in italiano. In Skytte & Sabatini (eds.): *Linguistica testuale comparativa. Gli Atti del Convegno interannuale della SLI. Copenaghen, 5-7 febbraio 1998*. Copenaghen, Museum Tusculanum Press.

Jensen, Eva Skafte (1999): Ekstralingvistiske faktorer og sproglige udtryk. In Skytte, Korzen, Polito & Strudsholm (eds.): *Strutturazione testuale in italiano e in danese. Risultati di un'indagine comparativa*. Copenaghen, Museum Tusculanum Press, pp. 119-153.

Jespersen, Otto (1921): *De to hovedarter af grammatiske forbindelser*. København, Høst & Søn.

Jespersen, Otto (1924/1965): *The Philosophy of Grammar. A study of the living language, emphasizing the ideas that must underlie the science of grammar*. New York, The Norton Library.

Kerbrat-Orecchioni, Catherine (1986): *L'implicite*. Paris, Armand Colin.

Koch, Peter & Wulf Oesterreicher (1990): *Gesprochene Sprache in der Romania: Französisch, Italienisch, Spanisch*. Tübingen: Niemeyer.

Korzen, Iørn (1996): *L'articolo italiano fra concetto ed entità, I-II, Etudes Romanes 36*. København, Museum Tusculanum Press.

Korzen, Iørn (1997): Topisk kontinuitet og tekststrukturering på italiensk og dansk. In *Ny forskning i grammatik. Igangsat af Statens Humanistiske Forskningsråd. Fællespublikation 6*. Odense, Odense Universitetsforlag, p.128-158.

Korzen, Iørn (1998a): Ellipsen i tekstgrammatisk perspektiv. In *Ny forskning i grammatik. Igangsat af Statens Humanistiske Forskningsråd. Fællespublikation 5*. Odense, Odense Universitetsforlag, pp. 129-158.

Korzen, Iørn (1998b): On the grammaticalization of rhetorical satellites. A comparative study on Italian and Danish. In Korzen & Herslund (eds.): *Clause combining and text structure. Copenhagen studies in language 22*. Frederiksberg, Samfundslitteratur, pp. 65-86.

Korzen, Iørn (1999): Anafortypologi og tekststruktur. In Skytte, Korzen, Polito & Strudsholm (eds.): *Strutturazione testuale in italiano e in danese. Risultati di un'indagine comparativa*. Copenaghen, Museum Tusculanum Press, pp. 331-418.

Korzen, Iørn & Michael Herslund (eds.) (1998): *Clause combining and text structure. Copenhagen studies in language 22*. Frederiksberg, Samfundslitteratur.

Kratschmer, Alexandra (1998): Causalité et explication: vers une nouvelle approche. In *Revue romane 33, 2, 1998*, pp. 171-208.

Källgren, Gunnel (1979): *Innehåll i text. En genomgång av faktorer av betydelse för texters innehåll, uppbyggnad och sammanhang. (Content in Text. A survey of factors influencing the content, structure and cohesion of texts). Ord og stil. Språkvårdssamfundets skrifter 11*. Lund, Studentlitteratur.

Langacker, Ronald W. (1986): An introduction to Cognitive Grammar. In *Cognitive Science 10*, pp. 1-40.

Langacker, Ronald W. (1990): *Concept, Image and Symbol – The Cognitive Basis of Grammar*. Cognitive Linguistics Research, nr.1. Berlin, Mouton de Gruyter.

Langacker, Ronald W. (1987/1991): *Foundations of Cognitive Grammar. Vol.I + II*. Stanford, Stanford University Press.

Lavinio, Cristina (1990): *Teoria e didattica dei testi*. Firenze, La Nuova Italia.

Lavinio, Cristina (1995): Scrivere testi narrativi. In Calzetti & Donaggio (eds.): *Educare alla scrittura*. Firenze, La Nuova Italia, pp. 137-156.

Lehmann, Christian (1988): Towards a typology of clause linkage. In Haiman & Thompson (eds): *Clause Combining in Grammar and Discourse*. Amsterdam/Philadelphia, John Benjamins, pp. 181-225.

Lehmann, Christian (1998): German abstract prepositional phrases. In Korzen & Herslund (eds.): *Clause combining and text structure. Copenhagen studies in language 22*. Frederiksberg, Samfundslitteratur, pp. 87-106.

Levelt, Willem J.M. (1989): *Speaking: From Intention to Articulation*. Cambridge/London, MIT Press.

Lo Duca, Maria Giuseppa (1986): La ripetizione testuale tra teoria e prassi didattica. In *Prospettive didattiche della linguistica del testo*. Scandicci (Firenze), Nuova Italia Editrice.

Lombardi Vallauri, Edoardo (1996): *La sintassi dell'informazione. Uno studio sulle frasi complesse tra latino e italiano*. Biblioteca di cultura 517. Roma, Bulzoni.

Lyons, John (1977): *Semantics I-II*. Cambridge University Press.

Malmkjær, Kirsten (ed.) (1991): *The Linguistics Encyclopedia*. London/New York, Routledge.

Matthiessen, Christian & Sandra A. Thompson (1988): The structure of discourse and 'subordination'. In Haiman & Thompson (eds.): *Clause Combining in Grammar and Discourse*. Amsterdam/Philadelphia, John Benjamins, pp. 275-329.

Menin, Roberto (1996): *Teoria della traduzione e linguistica testuale*. Milano, Angelo Guerini e Associati.

Metzeltin, Michele (1987): Osservazioni sulla densità semantica di un linguaggio settoriale. In Dressler et al. (eds.): *Parallela 3. Linguistica contrastiva / Linguaggi settoriali / Sintassi generativa*, pp. 175-186.

Metzeltin, Michael (1997): *Sprachstrukturen und Denkstrukturen. Unter besonderer Berücksichtigung des romanischen Satzbaus*. Wien, Eigenverlag 3 Eidechsen.

Mortara Garavelli, Bice (1988): Textsorten/Tipologia dei testi. In Holtus, Metzeltin & Schmitt (eds.): *Lexikon der Romanistischen Linguistik. Vol.IV*. Tübingen, Niemeyer, pp. 157-168.

Mosegaard Hansen, Maj-Britt & Gunver Skytte (eds.) (1996): *Le Discours: Cohérence et Connexion. Actes du colloque international Copenaghen le 7 avril 1995. Etudes Romanes 35*. Copenaghen, Museum Tusculanum Press.

Mosegaard Hansen, Maj-Britt (1996): Some common discourse particles in spoken French. In Mosegaard Hansen & Skytte (eds.): *Le Discours: Cohérence et Connexion. Etudes Romanes 35*. Copenaghen, Museum Tusculanum Press, pp. 105-149.

Møller, Erik (1993): *Mundtlig fortælling: fortællingens struktur og funktion i uformel tale*. Copenaghen, Reitzels Forlag.

Ny forskning i grammatik. Igangsat af Statens Humanistiske Forskningsråd. Fællespublikationer 1-2-3-4-5. (1994, 1995, 1996, 1997, 1998). Odense, Odense Universitetsforlag.

Piemontese, Maria Emanuela (1996): *Capire e farsi capire. Teorie e tecniche della scrittura controllata*. Napoli, Tecnodid.

Polito, Paola (1998): Un'indagine empirica comparativa dano-italiana. Testi argomentativi. Analisi contrastiva degli aspetti culturali. In Navarro Salazar (ed.): *Italica Matritensia. Atti del IV congresso SILFI, Madrid, giugno 1996*. Firenze, Franco Cesati Editore, pp. 439-456.

Polito, Paola (1999): Il racconto del non detto. Fenomeni di voce e resa dell'implicito in due diverse strategie di resoconto. In Skytte, Korzen, Polito & Strudsholm (eds.): *Strutturazione testuale in italiano e in danese. Risultati di un'indagine comparativa*. Copenaghen, Museum Tusculanum Press, pp. 55-118.

Prandi, Michele (1998): L'utilisation des verbes suppléants dans l'analyse de la phrase simple et complexe. In Forsgren, Jonasson & Kronning (eds.): *Prédication, assertion, information*. Uppsala, Acta Universitatis Upsaliensis, pp. 433-444.

Prebensen, Henrik (1994). Text, Information Structure, Logic and Topology. In Hansen & Wegener (eds.): *Topics in Knowledge-based NLP systems*. Frederiksberg: Samfundslitteratur.

Raible, Wolfgang (1992): *Junktion*. Heidelberg, Carl Winter.

Sabatini, Francesco (1982): La comunicazione orale, scritta e trasmessa: la diversità del mezzo, della lingua e delle funzioni. In Boccafurni & Serromani (eds.): *Educazione linguistica nella scuola superiore*. Roma, Istituto di psicologia del CNR, pp. 103-127.

Sabatini, Francesco (1985): L'»italiano dell'uso medio»: Una realtà tra le varietà linguistiche italiane. In Holtus & Radtke (eds.) *Gesprochenes Italienisch in Geschichte und Gegenwart*. Tübingen, Gunter Narr, pp. 154-184.

Sabatini, Francesco (1997): Linee di grammatica e linguistica. Prefazione a *Dizionario Italiano Sabatini Coletti*.

Schank, Roger C. & Robert P. Abelson (1977): *Scripts, Plans, Goals and Understanding. An Inquiry into Human Knowledge Structures*. New Jersey, Lawrence Erlbaum Associates.

Seiler, Hansjakob (1994): Iconicity between Indicativity and Predicativity. In Simone, R. (ed.): *Iconicity in Language, CILT 110*. Amsterdam/Philadelphia, John Benjamins, pp. 141-151.

Seiler, Hansjakob (1995): Cognitive-Conceptual Structure and Linguistic Encoding: Language Universals and Typology in the UNITYP Framework. In Shibatani & Bynon (eds.): *Approaches to Language Typology*. Oxford, Clarendon, pp. 273-325.

Serianni, Luca (1988/1997): *Italiano. Grammatica, sintassi, dubbi*. Milano, Garzanti.

Shannon, Claude E. & Warren Weaver (1971): *The Mathematical Theory of Communication*. Chicago/London, University of Illinois Press.

Shridar, S.N. (1988): *Cognition and sentence production: a crosslinguistic study*. New York, Springer Series in Language and Communication 22.

Simone, Raffaele (1990): *Fondamenti di linguistica*. Bari, Laterza.

Simone, Raffaele (ed.) (1994): *Iconicity in Language, Current Issues in Linguistic Theory 110*. Amsterdam/Philadelphia, John Benjamins.

Simone, Raffaele (1994): Iconic aspects of syntax. In Simone, R. (ed.): *Iconicity in Language, CILT 110*. Amsterdam/Philadelphia, John Benjamins, pp. 153-169.

Simone, Raffaele (1996): Testo parlato e testo scritto. In Muñiz, María de las Nieves & Francisco Amella (eds.): *La costruzione del testo in italiano. Sistemi costruttivi e testi costrutti*. Firenze, Franco Cesati Editore, pp. 23-61.

Skytte, Gunver (1983): La sintassi dell'infinito in italiano moderno, voll. 1-2. (*Etudes Romanes* 27). Copenaghen, Munksgaard.

Skytte, Gunver (1997): Konnexion og diskursmarkering i komparativt perspektiv. Teoretiske og metodiske overvejelser. In *Ny forskning i grammatik. Igangsat af Statens Humanistiske Forskningsråd. Fællespublikation 4*. Odense, Odense Universitetsforlag, pp. 159-170.

Skytte, Gunver (1999a): Projektet «Mr. Bean på dansk og italiensk» / Il progetto «Mr. Bean in danese e in italiano». In Skytte, Korzen, Polito & Strudsholm (eds.): *Strutturazione testuale in italiano e in danese. Risultati di un'indagine comparativa*. Copenaghen, Museum Tusculanum Press, pp. 10-35.

Skytte, Gunver (1999b): Julekrybben. Diskursmarkering og konnexion / Il presepe. Demarcazione discorsiva e connessione. In Skytte, Korzen, Polito & Strudsholm (eds.): *Strutturazione testuale in italiano e in danese. Risultati di un'indagine comparativa*. Copenaghen, Museum Tusculanum Press, pp. 419-484.

Skytte, Gunver, I. Korzen, P. Polito & E. Strudsholm (eds.) (1999): *Tekststrukturering på italiensk og dansk. Resultater af en komparativ undersøgelse / Strutturazione testuale in italiano e in danese. Risultati di un'indagine comparativa*. Copenaghen, Museum Tusculanum Press.

Skytte, Gunver & Francesco Sabatini (eds.) (1999): *Linguistica testuale comparativa. Gli Atti del Convegno interannuale della SLI: Copenaghen, 5-7 febbraio 1998*. Copenaghen, Museum Tusculanum Press.

Skytte, Gunver & Iørn Korzen (2000): *Italiensk sprogbrug i komparativt perspektiv. Reference, konnexion og diskursmarkering.* Copenaghen, Samfundslitteratur.

Slobin, Dan I. (1991): Learning to think for speaking: Native language, cognition, and rhetorical style. In *Pragmatics 1:1*, pp. 7-25.

Sperber, Dan & Deidre Wilson (1986): *Relevance. Communication & Cognition.* Oxford/Cambridge, Blackwell.

Strudsholm, Erling (1999a): Leksikalsk variation. In Skytte, Korzen, Polito & Strudsholm (eds.): *Strutturazione testuale in italiano e in danese. Risultati di un'indagine comparativa.* Copenaghen, Museum Tusculanum Press, pp. 253-331.

Strudsholm, Erling (1999b): *Relative situazionali in italiano moderno. Una reinterpretazione della cosiddetta pseudo-relativa sulla base di un approccio combinato, formale e funzionale.* Münster, LIT Verlag.

Tabakowska, Elisabeth (1993): *Cognitive linguistics and poetics of translation.* Tübingen, Gunter Narr.

Tannen, Deborah (1989): *Talking voices.* Cambridge, Cambridge University Press.

Togeby, Ole (1989): Brøndal's logic and semantics. In Brandt, Per Aage (ed.): *Linguistique et Sémiotique: Actualité de Viggo Brøndal; Actes du colloque tenu à la Société Royale des Sciences, à Copenhague les 16 et 17 octobre 1987.* Copenhague, Cercle Linguistique de Copenhague.

Tomlin, Russell S. (1985): Foreground-background information and the syntax of subordination. In *Text* 5-1/2. pp. 85-122.

Tomlin, Russell S. (1987): Linguistic Reflections of Cognitive Events. In Tomlin, Russell S. (ed.): *Coherence and grounding in discourse.* Amsterdam/Philadelphia, John Benjamins, pp. 455-479.

Ure, Jean (1971): Lexical density and register differentiation. In Perren & Trim (eds.): *Applications of Linguistics: selected papers of the Second International Congress of Applied Linguistics, Cambridge 1969.* Cambridge, Cambridge University Press, pp. 443-452.

Van Dijk, Teun A. (1977): *Text and context. Explorations in the semantics and pragmatics of discourse.* London, Longman.

Van Dijk, Teun A. (1980): *Macrostructures. An Interdisciplinary Study of Global Structures in Discourse, Interaction, and Cognition.* Hillsdale, New Jersey, Lawrence Erlbaum.

Van Dijk, Teun A. & Walter Kintsch (1983): *Strategies of Discourse Comprehension.* London, Academic Press.

Voghera, Miriam (1992): *Sintassi e intonazione nell'italiano parlato.* Bologna, Il Mulino.

Werlich, Egon (1975): *Typologie der Texte.* Heidelberg, Quelle & Meyer.

Zingarelli 11. ed. (1983). Bologna, Zanichelli.

APPENDICE

ESTRATTI TESTUALI
dei testi su «La Biblioteca»
comprendenti gli episodi
(P) Chiusura
(Q) Scambio
(R) Riconsegna
(S) Tradimento

TESTI PARLATI ITALIANI

IMB1
/ arriva l'inserviente / e gli comunica / che è ora di andare via,/ e- **mentre** / <u>il</u> l'uomo {che era seduto di fronte a lui} <u>si sveste, cioè</u> si veste / ☺ **per** / andare via, / sostituisce il libro {che aveva usato lui} con quello {che, aveva avuto questo signore},/ e **al momento di** / andarsene / lo riconsegna- al bibliotecario / che-, non nota / alcun danno <u>effettivamente</u>, / <u>quando</u>-, e se ne va, / **quando** / **poi** / tocca all'uomo, <u>notare,</u> far vedere il libro {che-, che ha usato,}/ <u>eh</u> scopre / che l'ha-rovinato, / ha strappato delle pagine,/ e- **invece** / <u>di</u>-, di andare via, / si dimentica [sic!] / di aver lasciato il segnalibro dentro / e torna indietro / **per**-, **per**- / riprenderselo, / *e si conclude così* / (uno b)

u.i. di 1. grado	24
di cui: ripetizione	4
di cui: ripristino	8
u.i. di 2. grado	7
commenti del locutore	1
'battute' non-informative	50
risate ☺	1
righe P-S (medio)	8,5

IMB2
/ e **poi** / arriva il guardiano / dicendogli / che era ora di andare / che la consultazione è finita / <u>e-, e lui,</u> e anche all'altro signore, il guardiano dice / di andare / che la consultazione era finita, / e **così** / **mentre** / l'altro signore è rivolto verso <u>la-</u> gli scaffali / dove ci sono i libri / e di nascosto / cambia i {libri del signore} con il {suo} / <u>e</u>-, e ritira tutto / molto velocemente, / entrambi si dirigono all'uscita, / **prima**→ di uscire / devono <u>appunto</u> consegnare il libro,/ il libro viene visto dal guardiano / se è in buona condizione, / **poi** / escono, / lui passa- / il {suo

libro} è tutto apposto / **perché** / <u>appunto</u> l'aveva scambiato / e va via, / <u>ehm</u> e **poi** / l'altro- signore {**invece**,/ **quando**} apre il libro / e vede / che è tutto rotto, / le pagine rotte <u>no</u>? / <u>eh-</u> **però**, / <u>il,</u> il signore di prima, {che <u>appunto</u> aveva- rovinato il libro} ritorna, / **perché**, / all'inizio / aveva messo il {suo segnalibro} dentro il libro, / un segnalibro rosso /
/ *ahem*
e va / a prenderselo, / <u>ecco che</u> scoprono / che- chi aveva fatto questo-, / aveva rovinato il libro era lui, / *e finisce così*

u.i. di 1. grado	40
di cui: ripetizione	7
di cui: ripristino	14
u.i. di 2. grado	10
commenti del locutore	1
'battute' non-informative	38
risate ☺	0
righe P-S (lungo)	13

IMB3
/ e preso dalla disperazione, / non sa cosa fare / si accorge / che- <u>eh</u>, il guardiano passa / **per** / dire / che <u>l'ora di visit, di vi,</u> insomma, l'ora è scaduta,/ e lui s, cambia, il {suo libro}, con il {libro del {vicino}}, / <u>eh-</u> riesce a fare questa manovra / senza che nessuno se ne accorga, / si alzano / e si mettono in coda / **per** / restituire i libri, / il, custode controlla <u>il suo,</u> il {suo libro} / che <u>in effetti</u> non è il suo / **ma** / è quello del {vicino}, / vede / che va tutto bene, / lui esce, / sta controllando {quello del {secondo-, ospite <u>diciamo</u> della biblioteca}} / e si accorge / che, perdono i libri / sta <u>quasi</u> per accusare lui, / **invece** / lui {molto maldestralmente} torna indietro / **perché**, / dentro il {suo libro originale} / ha dimenticato il segnalibro / ☺

u.i. di 1. grado	34
di cui: ripetizione	8
di cui: ripristino	14
u.i. di 2. grado	5
commenti del locutore	0
'battute' non-informative	51
risate ☺	1
righe P-S (medio)	9

IMB4
/ e- **nel frattempo,** / arriva il bibliotecario / che-, avverte / che è l'ora di chiusura, / **per cui** / lui chiude il {suo libro}, / e **mentre** / l'altro signore è distratto, / scambia i libri, / **eh in modo che così** / **quando** / si presenta il bibliotecario / lui ha il {{libro integro} del signore}, / riesce a uscire, **perchè** / <u>questo</u> bibliotecario controlla il libro / e vede / che è a posto, / e **invece** / l'altro signore, {quando} il bibliotecario gli controlla il libro / vede / che-, <u>eh si</u> pendono le pagine / ☺ che qualcuno ha manomesso il libro, / lo sta già per accusare / e **invece**, / il signore di prima, {senza rendersene conto} torna indietro, / **perchè** / aveva lasciato il {suo, eh segnalibro} dentro il libro, / e **quindi**, **in quel momento**, / prendendo il segnalibro, / <u>si fa, eh si fa accorgere,</u> si fa scoprire / di essere stato lui ad avere distrutto il libro /

u.i. di 1. grado	28
di cui: ripetizione	0
di cui: ripristino	6
u.i. di 2. grado	12
commenti del locutore	0
'battute' non-informative	33
risate ☺	0
righe P-S (medio)	10

IMB5
/ <u>eh</u> **in seguito** / si avvicina, il bibliotecario, / il quale ricorda <u>eh-</u> ai due {lettori}, / <u>eh</u> l'ora di chiudere della biblioteca / <u>eh</u> il nostro personaggio si rende conto / di aver creato un bel pasticcio / <u>con eh questi-</u>, con questo libro, / e **quindi** / cerca una scappatoia / **per** / incolpare l'altro, / <u>infatti... ehm-</u> *fa questo,* / **mentre** / l'altro si alza / **ed è**, e volta le spalle al nostro personaggio, / scambia, i due libri, / prendendo lui {quello {integro} dell'altro}, / e dando all'altro {<u>quello, ehm, quello non-,</u> quello strappato <u>diciamo</u>},/ <u>ehm dunque, praticamente</u> riesce a mettere in atto questa scappatoia, / *ma non sarebbe una comica* / *se non avessimo, l'epilogo finale,* / <u>veramente</u> *divertente, in quanto,* / <u>eh i due-</u> personaggi, i due {lettori} si avvicinano al bibliotecario / e riconsegnano i {libri preziosi},/ **dapprima→**, lo fa il nostro, / il quale avendo il {libro integro},/ gli consegna {quello integro}, / e- **dopo**, / passa il secondo bibliotecario [sic!] / ed <u>evidentemente, eh</u> lui ha {quello strappato},/ <u>eh</u> sarebbe tutto <u>tutto, eh</u> a posto, / <u>insomma</u> *si concluderebbe bene la sua storia,* / **se non fosse, che-** / già precedentemente, / nel libro con le {pagine strappate}, il nostro personaggio aveva messo un segnalibro, / dimenticandosi / di toglierlo / **nello** / scambio, / e **quindi**, / <u>eh-</u> torna {poi} indietro / verso, <u>eh-</u> l'altro {lettore} / che, ha consegnato il libro / e- guardato, {in modo <u>abbastanza</u> sconcertato <u>chiaramente,</u>} da <u>i due- eh, il bibliotecario e altro</u> {lettore} / si avvicina / e prende <u>eh</u> {il proprio segnalibro}, / svelando <u>chiaramente,</u> / di essere stato lui, a tagliare le pagine / e a distruggere il libro, / (i cinque b)

u.i. di 1. grado	54
di cui: ripetizione	10
di cui: ripristino	17
u.i. di 2. grado	10
commenti del locutore	5
'battute' non-informative	178
risate ☺	0
righe P-S (lungo)	20

IMB6

/ e- all'ultimo momento / <u>decide di-</u>, decide di- sostiturlo con il {libro <u>dell'altro-</u>, dell'altro {studioso}}, / <u>e-</u> e **così**, / lui consegna il {libro intatto}, / e- va via, / ma- / **eh** si ricorda / che aveva lasciato nell'altro libro- <u>il segn,</u> il {suo segnalibro}, / ritorna, / non pensando più / al pasticcio che era successo, / e- alla fine, / <u>è- scoperto da,</u> è scoperto <u>dal</u>, dal bibliotecario, / *<u>e-</u> ed il film lascia immaginare* / <u>cosa,</u> *cosa succederà dopo* /

u.i. di 1. grado	15
di cui: ripetizione	0
di cui: ripristino	5
u.i. di 2. grado	(2)
commenti del locutore	2
'battute' non-informative	44
risate ☺	0
righe P-S (medio)	5

IMB7

/ **allora**, / vedendo… / che è arrivato <u>il,</u> l'inserviente / che gli comunica, / che il tempo sta scadendo, / e lo stesso per il {suo vicino}, / decide di- sostituire il- {suo libro} a {quello del {vicino}} / **mentre-** / questi è girato…/ <u>eh</u> **così** / <u>prende l'altro,</u> prende l'altro libro, / gli dà {il suo}, / e si avvicina, al bibliotecario / **per** / consegnare il {libro- intatto}, / anticipando, il {vicino}, / e **dopo** / averlo consegnato / esce, / e **mentre**, / il bibliotecario sta controllando l'altro libro, / e si accorge / che ha le pagine- eh svolazzanti, / lui rientra / **per** / prendere- il {suo segnalibro}, / che aveva dimenticato / <u>nel,</u> nel libro / <u>facend,</u> dando {così} un'ammissione / <u>della,</u> della sua colpa, / di cui {però} si accorge troppo tardi /

u.i. di 1. grado	32
di cui: ripetizione	4
di cui: ripristino	10
u.i. di 2. grado	9
commenti del locutore	0
'battute' non-informative	32
risate ☺	0
righe P-S (medio)	8,5

IMB8

/ e deve, deve cercare di nascondere la cosa, / eh... poi, / passa il il guardiano della biblioteca / e gli intima / l'orario di chiusura, / allora / lui, {in maniera molto furbesca}, approfitta / di un attimo di disattenzione della persona {che gli stava davanti} / e-, sostituisce il {suo manuale} con, {quello dell'altra persona}, / lo precede / all'uscita / e-, esce / contento e tranquillo / di averla fatta franca no? / il bibliotecario a questo punto→ sta per incolpare l'altra persona / quando, / il protagonista si- si contraddice, / andando / a prendere il segnalibro / che aveva lasciato nel libro, / *a questo punto c'è un silenzio,* / *molto eloquente,* / *che fa capire* / *come sono andate veramente le cose* /

u.i. di 1. grado	21
di cui: ripetizione	0
di cui: ripristino	5
u.i. di 2. grado	4
commenti del locutore	5
'battute' non-informative	13
risate ☺	0
righe P-S (medio)	9

IMB9

/ è completamente- insomma, stravolto, / ☺ anche perché, / non puo fare- niente / per / camuffare la cosa, / però, mm dopo che- insomma, il bibliotecario arriva lì / per-, per / insomma intimare, sia lui / che il {suo vicino}/ ad andar via, / in quanto / la biblioteca-, sta per chiudere, / ehm approfittando / di un momento in cui / l l'altro {lettore} si gira / per / vestirsi / per, per insomma, per / mettersi la giacca, / eh cambia i due testi, / ehm in modo tale insomma da-, da / dare insomma la colpa all'altro lettore, / mm quindi eh, / sia lui che l'altro {lettore} portano-, riportano il testo- al bibliotecario, / eh mister Bean-, il libro lo consegna / il, il libro dell'altro, / che viene controllato dal bibliotecario, / e- esce, esce fuori di scena, / ehm... quindi / il bibliotecario controlla l'altro testo / e si accorge insomma / che, il, il libro è, è rovinato / mm, però / mister Bean, {eh dato che / s,

si è dimenticato / che aveva messo il segnalibro all'interno del, del testo / da lui consultato,} ritorna indietro, / eh-si riprende insomma il {suo segnalibro} dal dal {testo rovinato}, / e- **in questo modo**, insomma, / si scopre ☺ che, il bibliotecario e il {lettore} scoprono / che, il vero colpevole è lui, / *quindi la scena ☺ termina* /
(nove b)

u.i. di 1. grado	34
di cui: ripetizione	4
di cui: ripristino	12
u.i. di 2. grado	13
commenti del locutore	1
'battute' non-informative	164
risate ☺	32
righe P-S (lungo)	15

IMB10
/ e- oltretutto la biblioteca sta pure chiudendo / quindi, / eh il signore deve cercare in un modo o nell'altro / di- riuscire a evitare-, di essere scoperto, / **a questo punto**-, / eh va be', mm ci sono mm, be' *si vede sempre appunto*, / il signore che ha appena distrutto un libro / e- il suo vicino di tavolo, / seduti al tavolo, / arriva il bibliotecario / avvisa questi signori / che probabilmente la biblioteca chiude, / entrambi si alzano, / cercano di-, di mettersi a posto, / insomma di rivestirsi, / di mettere vie le cose nelle {loro borse}, / ed ecco che **mentre** / appunto anche l'altro signore è intento a mettere nella borsa le {sue cose}, / eh- appunto questo-, questo-, quest'altro tipo {che aveva appena distrutto un libro}, decide di sostituire il libro {che ha appena distrutto} con {quello dell'altro signore}... / ovviamente fa tutto velocemente / prende il {libro sano} / e decide di arrivare dal biblio dal bibliotecario / prima dell'altro, eh dell'altro {lettore}, / consegna il libro, / esce, / eh- appunto, **nel frattempo**, / l'altro-, l'altro signore, arriva dal bibliotecario / consegna il libro, / il bibliotecario si rende conto / del- del-, del disastro che è- stato, provocato, / eh **però** / proprio **mentre**- / il bibliotecario si sta rendendo conto di questo / rientra il, il signore di prima / a riprendersi il {segnalibro rosso} / **perciò** / si capisce / che-, è stato lui a fare, a- distruggere il libro / non l'altro /

u.i. di 1. grado	39
di cui: ripetizione	7
di cui: ripristino	12
u.i. di 2. grado	7
commenti del locutore	1
'battute' non-informative	178
risate ☺	0
righe P-S (lungo)	17

Densità informativa

IMB11
/ ehm- **intanto**, / arriva il bibliotecario / che-, fa segno / che è ora <u>di</u> di chiusura, / **per cui** / **mentre** / l'altro signore si alza / e <u>si stira per-</u>, e si stira, <u>eh con ehm</u>, / mister Bean ☺ <u>appunto</u> sostituisce i libri, / mette {il suo} al posto a {quello del signore}, / prende {quello di quel signore}, / **poi** / **quando** / si dirigono dal bibliotecario- / <u>ehm</u>, consegna il {libro integro} / il bibliotecario <u>anche, tutto-</u> lo ammira / **per** / il buon- mantenimento del libro <u>ehm</u>, / **invece** / <u>ehm</u>, si stupisce / **del fatto che** / l'altro signore abbia consegnato <u>questo</u> libro / tutto distrutto, / mister Bean <u>sembra</u> averla scampata / **in realtà** / **poi** / ritorna / **per** / riprendere il segnalibro / che aveva lasciato nel {suo libro} / **e così** / ☺ si rendono conto, / del guaio che aveva fatto lui /

u.i. di 1. grado	26
di cui: ripetizione	4
di cui: ripristino	10
u.i. di 2. grado	12
commenti del locutore	0
'battute' non-informative	62
risate ☺	1
righe P-S (medio)	9,5

IMB12
/ alla fine, / <u>ehm</u> è ora di andare, / <u>il- il, l'</u>assistente appunto fa vedere, / <u>naturalmente</u> *tutto si svolge nel, più assoluto silenzio,* / <u>*tranne per-*</u>, *tranne <u>ehm</u>, il rumore <u>appunto</u>* / *che mister Men* **provoca** / *con tutti gli oggetti che, che usa,* / *e- <u>con la sua stessa-</u>, ehm con lo starnuto,* / *con la tosse* / *col singhiozzo,* / e- <u>il,</u> il bibliotecario <u>appunto</u> arriva, / fa vedere l'ora, {non dice <u>neppure</u> {che è ora di andare,}} sia a mister Men, / che al {suo vicino}, / <u>certo</u> ora i libri devono essere riconsegnati, / <u>sicuramente</u> si accorgeranno / di tutto, il- pasticcio combinato, / e **allora**-,/ mister Men {approfittando / di un attimo di distrazione <u>del,</u> del {suo vicino}}, scambia i due libri, / scambia i due libri, / e tutto contento-, / fiero-, / di quanto aveva fatto, / consegna il libro <u>al,</u> all'assistente, / ed esce, / subito immediatamente, / il {suo vicino}, che aveva il {suo libro}, / completamente- eh distrutto, / lo consegna, <u>al</u> all'assistente / che, <u>appunto</u> lo sta <u>per,</u> per rimproverare, / lo sta <u>per,</u> per assalire, / infuriato /
ahem, sì
e- <u>il- eh eh appunto</u> tutto <u>sembra</u> risolto, / **quando** / all'improvviso / si apre la porta, / ritorna mister Men / che, non dice nulla, / **però** / <u>sembra</u> dire / scusate / ho dimenticato una cosa, / e prende il {suo segnalibro} <u>d- dal,</u> dal libro / che aveva dato, <u>al suo,</u> al {suo vicino}, / *e tutto s- finisce così* / *nel silenzio* / *però che-, è un silenzio, estremamente, eloquente-,* / *non c'è bisogno di parlare...*/

u.i. di 1. grado	48
di cui: ripetizione	7
di cui: ripristino	10
u.i. di 2. grado	4
commenti del locutore	5
'battute' non-informative	195
risate ☺	0
righe P-S (lungo)	17,5

IMB13
/ arriva di nuovo il bibliotecario / chiude {immediatamente} il libro, / ehm... e- il bibliotecario ehm, annuncia, / la chiusura della della biblioteca / è scaduto il tempo, / eh- nel momento in cui / esce il bibliotecario / il signore, scambia i libri, / il suo, scambia il {suo libro}, con {quello del, del {suo compagno di tavolo}}... / e- quando / escono, / portando appunto restituendo i libri, / ehm lui {in modo, molto bizzarro} ☺ tenta di uscire / per primo, / e consegna il libro, / quando / sta per uscire / ehm, nel frattempo / è al, il bibliotecario sta controllando il {libro, dell'altro signore}, / si accorge / di aver lasciato, all'interno, un- eh un segnalibro, / che aveva posto / all'inizio / che è molto grande, / molto anche, ☺ ridicolo / perché / è grande e grosso, / rosso / e-, quindi / ehm, diciamo così, prendendolo, / quasi senza farsi vedere / però per, però, / diciamo che è una cosa abbastanza impossibile, / la scena si conclude /

u.i. di 1. grado	32
di cui: ripetizione	4
di cui: ripristino	12
u.i. di 2. grado	7
commenti del locutore	1
'battute' non-informative	95
risate ☺	1
righe P-S (medio)	12,5

TESTI SCRITTI ITALIANI

ISA1

/ preso dal panico / vede una via / d'uscita / **quando** / l'altra persona seduta al tavolo / si gira / **per** / mettersi la giacca: / scambia i libri. / Tutti e due si avviano verso l'uscita / dove i libri vengono controllati. / Al {*nostro comico personaggio*} va tutto bene, / e fa per andarsene, / **quando** / il bibliotecario si sta accorgendo / che l'altro {ospite della biblioteca} ha rovinato il libro, / il vero responsabile / torna indietro: / si era dimenticato / di riprendersi {il segnalibro in pelle}: / facendosi {**così**} scoprire. /

u.i. di 1. grado	20
di cui: ripetizione	0
di cui: ripristino	6
u.i. di 2. grado	4
commenti del locutore	1
'battute' non-informative	4
righe P-S (medio)	6

ISA2

/ In conclusione / tenta di dare la colpa al {suo vicino} / **ma** / la cosa non riesce / **per** / un suo errore. /

u.i. di 1. grado	4/5
di cui: ripetizione	0
di cui: ripristino	1
u.i. di 2. grado	2
commenti del locutore	0
'battute' non-informative	0
righe P-S (breve)	1

ISA3

/ **in un momento** / di disattenzione / scambia {il suo} con il {libro del {vicino}}. / Il responsabile della biblioteca {scaduto il termine per la consultazione} ritira i testi, / egli <u>sembra</u> averla scampata, / **ma** / si tradisce / tornando indietro **per** / recuperare il {suo {segnalibro rosso}} / che ha lasciato dentro il libro / da lui rovinato. /

u.i. di 1. grado	16
di cui: ripetizione	0
di cui: ripristino	7
u.i. di 2. grado	3
commenti del locutore	0
'battute' non-informative	6
righe P-S (breve)	4

ISA4
La biblioteca chiude. / Il nostro protagonista verrà ad essere scoperto / **una volta effettuato** / il controllo sul libro da parte del custode. /
/ Sembra non esserci più via / di scampo. / **Ma** / un'occasione si presenta: / può scambiare il {libro ormai rovinato} con {quello del {suo vicino}}. / E ci riesce! / Si avviano all'uscita / e il protagonista esce / sano e salvo / dal controllo del custode. / Il libro è intatto. / Può uscire {tranquillamente} / **mentre** / il custode controlla / che non ci siano danni nel {«libro» del {vicino del protagonista}}. / Sembra fatta. / **Senonché,** / il protagonista torna indietro / **per** / riprendersi il {segnalibro gigante} / lasciato nel libro / che ha danneggiato. /

u.i. di 1. grado	28
di cui: ripetizione	4
di cui: ripristino	10
u.i. di 2. grado	5
commenti del locutore	0
'battute' non-informative	12
righe P-S (medio)	8,5

ISA5
/ Il bibliotecario viene / ad avvisare / dell'orario di chusura, / **in un primo momento** / il nostro protagonista si sente perso, / ←**poi** approfittando / di un momento di distrazione del {suo vicino} / scambia i libri / e consegna la {copia consulata} / all'uscita, / l'altro ospite della biblioteca {**invece**} riporta la {copia ridotta a pezzi} / e si troverebbe nei guai / **se** / il protagonista non tornasse indietro / a riprendersi il segnalibro / dimenticato / nel testo. /

Densità informativa

u.i. di 1. grado	18
di cui: ripetizione	0
di cui: ripristino	6
u.i. di 2. grado	3
commenti del locutore	0
'battute' non-informative	6
righe P-S (breve)	5,5

ISA6
/ sostituisce il {suo testo} con {quello del {vicino}} / momentaneamente distratto. / Riesce {così} a consegnare al bibliotecario un {libro integro}, / **ma** / rivela / la sua colpevolezza / tornando / **per** / recuperare il {suo segnalibro personale} / dimenticato / nell'{opera danneggiata}.

u.i. di 1. grado	15
di cui: ripetizione	0
di cui: ripristino	7
u.i. di 2. grado	3
commenti del locutore	0
'battute' non-informative	0
righe P-S (breve)	3,5

ISA7
/ Tempo scaduto, / i testi devono essere restituiti: / senza farsi accorgere / sostituisce il {suo {testo distrutto}} con {quello del {signore accanto}}, / che sta per essere rimproverato dal bibliotecario: / **ma**, / errore {*fatale*}, / il segnalibro {che il {*pazzerello*} vi aveva lasciato} rivela / la sua colpevolezza. /

u.i. di 1. grado	13
di cui: ripetizione	0
di cui: ripristino	5
u.i. di 2. grado	1
commenti del locutore	2
'battute' non-informative	0
righe P-S (breve)	3,5

ISA8

/ Appare il bibliotecario / che segnala ai {lettori} / la chiusura della biblioteca, / aumentando il disagio dell'uomo / che non sa <u>proprio</u> più cosa fare / **per** / non essere scoperto. / <u>Ecco però che</u> / gli viene una brillante idea: / sostituire al {proprio libro} {quello del {vicino}} / che {**in questo momento**} non gli stà badando. / *Effettuata l'operazione* / l'uomo si appresta / ad uscire / **dopo** / aver consegnato il {libro del {vicino}}, / il quale stà per essere sgridato dal bibliotecario / **per** / le condizioni {del libro da lui consegnato}. / *Accade a questo punto un fatto <u>davvero</u> inatteso,* / <u>proprio</u> **quando** / l'ha ormai fatta franca / l'uomo torna indietro.../ **per** / riprendersi il segnalibro! /

u.i. di 1. grado	24
di cui: ripetizione	2
di cui: ripristino	7
u.i. di 2. grado	8
commenti del locutore	1
'battute' non-informative	26
righe P-S (medio)	8,5

ISA9

/ *Purtroppo* / è ormai tardi: / si avvicina l'ora di chiusura. / **In un attimo** / di distrazione del {suo compagno di tavolo}, / sostituisce i due volumi / e consegna {quello intatto}. / Potrebbe quasi farcela, / **se solo non** / tornasse indietro / **per** / recuperare il {suo segnalibro}. /

u.i. di 1. grado	11
di cui: ripetizione	0
di cui: ripristino	3
u.i. di 2. grado	3
commenti del locutore	1
'battute' non-informative	0
righe P-S (breve)	3,5

ISA10

/ **Frattanto** / il guardiano gli fa notare / che il tempo di consultazione è terminato / Mr. Bean è disperato! / **Ma** / ha una brillante intuizione: / **mentre** / il {suo vicino} è impegnato nel vestirsi, / scambia il {suo testo} con {quello intonso {dell'altro}}. /
/ **Nell'atto** / della consegna / il guardiano controlla i libri / e sta per rimproverare / l'ignaro signore / ... **senonché** / Mr. Bean torna indietro / **per** / rivendicare il {suo

segnalibro} / che «*molto sfortunatamente*» / era rimasto nel testo. / *IL POVERO MR. BEAN*, / ancora una volta non riesce a spuntarla! /

u.i. di 1. grado	19
di cui: ripetizione	0
di cui: ripristino	6
u.i. di 2. grado	6
commenti del locutore	2
'battute' non-informative	0
righe P-S (medio)	7

ISA11

/ **Quando** / e' ora di riconsegnare il libro, / Mr. Bean escogita uno stratagemma / e scambia il {suo libro} con {quello integro {del {severo signore}}}. / Tutto pare essere riuscito, / il {*buffo personaggio*} esce dalla biblioteca / ma / vi rientra / subito / **per** / ritirare il {suo segnalibro} / dimenticato / e **così** / rovina il tutto.../

u.i. di 1. grado	15
di cui: ripetizione	0
di cui: ripristino	5
u.i. di 2. grado	4
commenti del locutore	1
'battute' non-informative	4
righe P-S (breve)	4

ISA12

/ tenta l'ultima strada / di salvezza / **per** / uscirne / comunque *ciò che non è*: / una persona responsabile. / Scambia il {suo libro} con il {{libro ben tenuto} del {suo vicino}} / e lo restituisce al bibliotecario / con aria fiera / e acculturata. / Ma / anche qui finisce per dimostrare la sua assoluta incoscienza {*bambinesca*}, / **infatti** / torna dal bibliotecario, / il quale si dimostava già indignato col {*poverino*} / che si ritrovava col {libro strappato}, / **per** / riprendersi il {segnalibro smarrito}. /

u.i. di 1. grado	19
di cui: ripetizione	1
di cui: ripristino	6
u.i. di 2. grado	4
commenti del locutore	3
'battute' non-informative	24
righe P-S (breve)	6

ISA13

/ Pensando di farla franca, / sostituisce il {suo libro} con {quello del {vicino}} / **prima** / di riconsegnarlo, / **ma** / si tradisce / tornando / a prendere il segnalibro / che aveva dimenticato / nel libro. /

u.i. di 1. grado	11
di cui: ripetizione	0
di cui: ripristino	5
u.i. di 2. grado	2
commenti del locutore	0
'battute' non-informative	0
righe P-S (breve)	2,5

ISA14

/ Il bibliotecario gli ricorda / che il suo tempo è scaduto; / deve riconsegnare il libro. / Non sapendo come fare, / tenta un'ultima possibilità: / approfittando / di una distrazione del {vicino}, / scambia i due libri. / È ormai tranquillo. / Si dirige verso l'uscita / e consegna il {{libro intatto} del {vicino}}, / lasciando a questi il {libro rovinato} / e i rimproveri. / **Difatti**, / il bibliotecario controlla {**prima**} Mr Bean / e lo lascia uscire; / ←**poi**, controlla il {vicino} / e si trova in mano / un cumulo di cartaccia. / Entrambi gli uomini sono sconcertati. / **Ma** / <u>ecco</u> rientrare Mr Bean; / ha dimenticato il segnalibro, / **così** / recuperandolo / si svela / colpevole / del danno. /

u.i. di 1. grado	31
di cui: ripetizione	2
di cui: ripristino	8
u.i. di 2. grado	4
commenti del locutore	0
'battute' non-informative	4
righe P-S (medio)	8

Densità informativa

TESTI PARLATI DANESI

DMB1

/ øh... bibliotekaren kommer hen / for / at fortælle-øh dem / der sidder på læsesalen / at nu lukker biblioteket... / øh og Mr Bean øhm, har {smækket} {sin bog} sammen / da / bibliotekaren kommer... / og idet / at hans med-eller den anden der sidder på læsesalen / går hen / for / at hente {sin jakke} / bytter han bøgerne ud... / øhm... således / at den anden får den {ødelagte bog} / og Mr Bean får den bog / som ikke er ødelagt... / de skal aflevere bøgerne / henne ved bibliotekaren / hvor der er kontrol på, / at-øh bøgerne er afleveret / i korrekt stand... / øh, og Mr Bean snyder sig ind / foran / og får afleveret {sin bog} / og får et {anerkendende blik} fra bibliotekaren / fordi / at bogen-øh er er helt / øh... Mr Bean skynder sig / ud, / og-øh den anden person, øh... afleverer så {Mr Beans bog} / der er totalt ødelagt, / øh, og bibliotekaren konsulerer den / og siderne-øh... han taber en masse sider / på gulvet... / han kigger selvfølgelig {beklagende} på den person / der har afleveret bogen / men / i det samme / kommer Mr Bean ind / for / at hente {sit bogmærke} / han har efterladt i bogen / øh, og afslører {dermed} sig selv.../ *det var sådan... yes det var sketchen...* / øh, *skematisk fortalt* / ja

u.i. di 1. grado	46
di cui: ripetizione	4
di cui: ripristino	11
u.i. di 2. grado	10
commenti del locutore	2
'battute' non-informative	76
risate ☺	0
righe P-S (lungo)	15

DMB2

/ så, / ser han / at {ham manden ved siden af han} er på vej ud, / så / han får {pludselig} en god ide / og det er at bytte {hans bog} ud med den bog / som ham den anden mand han sidder og læser i / fordi så / kan han jo måske slippe godt fra det her... / det gør han så / det ser det ud til det går godt nok, / men-øhm, han får da afleveret bogen til bibliotekaren / *og man kan se* / at den anden mand han får da nogle problemer der / da / han afleverer {sin bog}... / men-øhm, / Mr Bean han {da / han er kommet ud / og han virker glad / fordi / det hele er gået godt} ←så kommer han {pludselig} {løbende} / ind igen / ☺ og han har jo glemt {sit bogmærke}, / *og sådan ender filmen altså* / at, det var ikke så smart / fordi så / fattede de andre jo / hvad det var der var sket.../

u.i. di 1. grado	27
di cui: ripetizione	2
di cui: ripristino	7
u.i. di 2. grado	7
commenti del locutore	2
'battute' non-informative	81
risate ☺	1
righe P-S (medio)	10

DMB3
/ bibliotekaren kommer så forbi igen / og Mr Bean {smækker} bogen / og bliver så gjort opmærksom på / at nu biblioteket er lukket / det er tid til at aflevere bogen... / og hvad skal han gøre / hvad skal han gøre, / **og så** / **mens** / at den anden herre {som så også har fået at vide / at det er tid / at det lukker nu} han har vendt ryggen til / og er ved at tage {sit overtøj} på / ←så skynder Mr Bean sig / at lukke {sin bog} / og bytte den om med den {anden læsers bog} / og tager så selvfølgelig den den bog / der ikke er itu / øh-og lægger over på {sin egen piedestal} / og pakker {sine egne ting} sammen / og får {sådan lige gelinde} møvet sig hen / foran-øh, den anden herre her / og afleverer {pænt} {sin bog} til bibliotekaren / som {andægtigt} åbner den / og bladrer igennem eller lige skimmer / for / at se / om der alt er som det skal være / og den er fin / og Mr Bean, forlader så lokalet / og den anden, {altså der fokuserer kameraet så på ham} og han afleverer så {sin bog} / ☺ og så er der jo så selvfølgelig {da / bibliotekaren åbner den} ←så vælter det ud med sider / ☺ et helt løsbladsystem... / og-øh klimakset her det er så / at Mr Bean så {**imidlertid**} har glemt {sit bogmærke} / som jo stadigvæk ligger i den bog / der er gået itu / han vender så tilbage / og sådan meget gelinde / tager han så {sit bogmærke} / og drejer om på hælen / og går ud... / og det er så det /

u.i. di 1. grado	54
di cui: ripetizione	6
di cui: ripristino	12
u.i. di 2. grado	5
commenti del locutore	3
'battute' non-informative	103
risate ☺	2
righe P-S (lungo)	17

DMB4
/ og bibliotekaren kommer så / og, gør tegn til / at nu, er det tid / og nu lukker de... / og- øh da / den anden mand han så, vender sig om, eller er vendt væk fra den bog / han har læst i / ←så er han så hurtig / til lige at bytte dem om, / og skynder sig / hen foran ham / og skal ud / og- bibliotekaren kigger der / (om?

Densità informativa

nåmen?) det er fint, / og så, / ud af døren / og så- / øh den anden der, {da han da} han åbner den anden bog / ←så ryger alle siderne / på gulvet, / og s det var jo et meget smart træk, {øh hvad hedder det,} trick / ☺ men / så / er han selvfølgelig så→ dum / så / han kommer tilbage / for / at hente {sit, {store {afskyelige bogmærke}}} / som, han havde placeret i den- {første bog han havde} / og så, slutter den /

u.i. di 1. grado	26
di cui: ripetizione	1
di cui: ripristino	7
u.i. di 2. grado	8
commenti del locutore	2
'battute' non-informative	63
risate ☺	1
righe P-S (medio)	10

DMB5
/ og nu kommer så oppasseren hen eller bibliotekaren hen / og gør opmærksom på / at klokken er så og så mange / og de lukker snart, / også til den anden person / der sidder ved bordet, / og- øh og nu får han jo travlt / med at få udbedret {sine skader der} / øh så / han ser sit snit / da da / den anden person ved bordet / har rejst sig / og strækker sig / og vender ryggen til {sin bog}, / ←så skifter han simpelthen {sin egen bog} ud med, {den andens bog} / øh og så / gælder det ellers om at komme {hurtigt} ud øh for hovedpersonen, / og-øh derfor / så sffsh lukker han {hurtigt} alle {sine sager} ned i {sin taske}, / han {kaster} dem nærmest ned, / og sh springer nærmest over / foran deres lille kø der / foran- øh bibliotekaren, / øh og får afleveret den bog / som altså faktisk ikke var hans, / den han havde lånt / oprindeligt, / og kommer og kommer ud / øh uden at blive, lagt mærke til, / og man ser / så bibliotekaren åbne {nummer to persons bog} / og, sådan kigge {underligt} over de her blade / der, flyder ud / øh men / i samme øjeblik / ←så træder- vores hovedperson så ind igen, / og har glemt {sit bogmærke}, / det gør han så opmærksom på / og så→ gør han jo så {samtidig} opmærksom på / at han har han er den der er skyld / i i hele uordenen / ☺ så er der ikke mere /

u.i. di 1. grado	47
di cui: ripetizione	7
di cui: ripristino	11
u.i. di 2. grado	6
commenti del locutore	2
'battute' non-informative	130
risate ☺	1
righe P-S (lungo)	16

DMB6
/ øhm, **så** / kommer bibliotekaren / og siger / at- tiden er ved at være udløbet / så / de skal til at pakke sammen, / **og så** / bytter han bogen ud med en mand / som sidder ved siden af, / så / han ikke øh får skæld ud / deroppe, / og de går så op / **for** / at aflevere bogmærket [sic!] / **men** / han snyder lige ind / foran, / **for** / han skal jo helst af med den / først / så / han der ikke er nogen der opdager den, / og det går også meget fint / og han kommer udenfor, / **men** / så / kommer han i tanke om / at han har glemt {sit bogmærke} / i bogen, / og der står den anden mand så / og er ved at få skæld ud... / så- / *at det bliver sådan en lidt {komisk} afslutning* / **da** / han står med bogmærket / og folk de {lige pludselig} finder ud af / at de har byttet bøgerne ud... / *og, det var slutningen* /

u.i. di 1. grado	26
di cui: ripetizione	2
di cui: ripristino	5
u.i. di 2. grado	12
commenti del locutore	3
'battute' non-informative	41
risate ☺	0
righe P-S (medio)	9,5

DMB7
/ altså han er ved at fortvivle helt nu / nu er der, nu er der ingen vej, / ud af det her, / så / han lukker bogen / **og så** / sidder han hiiiip, / **og så** / kommer bibliotekaren, hen til ham, / **og bagefter** / til den anden mand / og sådan... {diskret} / peger / på uret, / det er ved at være tid / biblioteket skal lukke... / og- øhm... så / har han så held til, Mr Bean har held til / at få, få byttet øh, {sin egen bog} ud med den {store bog} / den anden mand havde... / ja det var nemlig rigtig smart... / og de rejser sig nogenlunde samtidig / han har fået pakket alle {sine pakkenelliker} sammen... / øhm, og han, skynder sig så / foran den anden mand / så / han får afleveret {sin bog} / først / og bibliotekaren han kigger den jo sådan igennem / **for** / at se / om alt er i orden, / det er det... / Mr Bean går ud... / **og så** / bibliotekaren åbner den anden bog... / og der falder siderne ud... / og nej / og han kigger på manden / der som der selvfølgelig står helt uforstående overfor det... / *og så tænker man* / ahhh så, nu reddede han sig, Mr Bean... / **men** / så / kommer han ind, / og henter, et, sådan et {stort {læderbogmærke}} / *det glemte jeg at fortælle* / som han lagde i bogen / allerførst / med sådan nogen {jeg tror det er} indianere på eller sådan et eller andet... / ☺ det hiver han sådan lige op af bogen / **for** / det er jo hans, /
åhh nej
og så / fryser han i det øjeblik, / eller sådan ohh... nå... så gik den alligevel ikke / så / han røbede sig selv.../ *og der slutter det* /

u.i. di 1. grado	48
di cui: ripetizione	3
di cui: ripristino	9
u.i. di 2. grado	13
commenti del locutore	5
'battute' non-informative	201
risate ☺	1
righe P-S (lungo)	16

DMB8

/ og en ansat kommer ind / og <u>betjyr</u>??, viser / på uret / at <u>nu</u> er det <u>altså</u> lukketid, / og lukker han, {sin bog,} / **men** / glemmer / at tage det bælte ud / som han har lagt {som bogmærke} inde i bogen / <u>øh</u>...så / <u>går</u> den anden låner som sitterh?? ved samme bord / <u>han går så he</u>, lukker også {sin bog}, / og går hen / **for** / at tage {sit tøj}, / og **mens** / han vender ryggen til / ←så bytter Mr. Bean om på de to bøger... / *og det <u>øhm... det</u> vil <u>jo så</u> sige at <u>øhm</u>,* / **så** / kan han aflevere en bog / der <u>i hvert fald</u> er i orden, / **men** /, så / skal han <u>jo</u> skynde sig / at aflevere / først / **så** / han drøner ind / foran den anden {låner} / som <u>jo ellers</u> stod henne / **for** / at aflevere / **men** / han skynder sig / og <u>st</u>, stiller sig først, / <u>altså, sån temmelig</u> ubehøvlet, / **og så** / afleverer han {sin bog}, / og den anden som <u>så</u> afleverer den bog / der er gået i stykker, / <u>s</u> hvor den ansatte <u>jo</u> står / og alle siderne falder ud / og han gimbul [esclamazione di sorpresa] / det var ikke mig <u>og så videre</u> / <u>og så, har</u>, Mr. Bean er gået ud / **i mellemtiden,** / **men** / **så** / opdager han <u>jo</u> / at han har glemt {sit bælte} / **så** / kommer han ind igen / **og så** / bliver det <u>jo altså</u> opdaget / det er ham, der har ødelagt bogen /

u.i. di 1. grado	47
di cui: ripetizione	9
di cui: ripristino	16
u.i. di 2. grado	16
commenti del locutore	1
'battute' non-informative	98
risate ☺	0
righe P-S (lungo)	15

DMB10

/ nu, bibliotekaren kommer / og siger / at tiden er løbet ud / og biblioteket lukker, / de skal aflevere {deres bøger} tilbage / og den anden mand skal <u>lige</u> tage {sit overtøj} på, / **og så** / skynder... <u>øh</u>... Mr. Bean sig / at bytte bøgerne ud... / *mmm nu har jeg glemt at sige det første ☺* /... i starten / <u>øh... har</u>, tager han <u>også</u> et {kæmpe

kæmpe {læderbogmærke}} ud / som han lægger i {sin bog}... / den følger <u>jo så</u> med tilbage i {den andens bog} /
Ja
og han går ud / og afleverer den {forkerte bog} / og <u>f</u>... bibliotekaren bladrer den igennem / og han siger god for den / den er udmærket fin / leveret tilbage bog <u>og sådan noget</u> / den anden afleverer <u>så</u> {Mr Bean's bog}, / som ser forfærdelig ud, / og Mr Bean er gået, / han kommer <u>så</u> ind {af døren} igen / og vil <u>gerne lige</u> have {sit bogmærke} med, / **og så** / afslører han sig selv... / *det var det* /

u.i. di 1. grado	34
di cui: ripetizione	3
di cui: ripristino	11
u.i. di 2. grado	2
commenti del locutore	2
'battute' non-informative	44
risate ☺	1
righe P-S (medio)	10,5

TESTI SCRITTI DANESI

DSA1
/ Og **i det samme** / kommer bibliotekaren / og antyder, / at tiden er gået, / nu lukker biblioteket. /

Heldigvis / skal også {sidemanden} gå nu. / Og **mens** / han tager {sin jakke} på, / ser mr. Bean sit snit / til at bytte rundt på de to bøger. / Med {{sidemandens} {intakte bog}} under armen / skynder han sig / hen til udgangen, / kan {uden problemer} komme ud, / og er <u>tilsyneladende</u> kommet ud af den {penible situation.} / {Forklaringsproblemet} er overladt til {sidemanden}, / der {perplekst} må forklare / hvordan {hans bog} <u>dog</u> er blevet <u>så</u> ødelagt. /

/ **Men** / <u>netop</u> **idet** / bibliotekaren {vredt} {spørgende} ser på {sidemanden}, / træder mr. Bean igen ind / og trækker {sit {store {røde bogmærke}}} ud af bogen. / Afsløret, mr. Bean! /

u.i. di 1. grado	36
di cui: ripetizione	3
di cui: ripristino	10
u.i. di 2. grado	4
commenti del locutore	1
'battute' non-informative	25
righe P-S (medio)	9

DSA2
/ **Mens** / {sidemanden} vender sig om, / ser Mr. Bean <u>den</u> sin chance / ved at bytte {deres bøger} ud. /

Som sagt, så gjort. / Mr. Bean skynder sig / over / **for** / at aflevere den {ordentlige bog}, / **mens** / {sidemanden} bliver tilbageholdt / **for** / at have massakreret den anden bog. / Snedigt gjort af den {*gode bønne*}, / **men** / <u>desværre</u> afslører han sig selv, / **ved** / at komme ind / **for** / at hente {sit {fine, {røde bogmærke}}}, / som han havde glemt / i den {*famøse*} bog. / Surt show. /

u.i. di 1. grado	23
di cui: ripetizione	2
di cui: ripristino	9
u.i. di 2. grado	7
commenti del locutore	1
'battute' non-informative	11
righe P-S (medio)	6

DSA3
/ Bibliotekaren kommer / og fortæller / at biblioteket lukker. / **Mens** / manden {der sidder ved siden af} får beskeden / bytter Mr. Bean bøgerne ud. / **Da** / de går op til bibliotekaren / **for** / at aflevere bøgerne, / møver Mr. Bean sig / foran. / Han afleverer {sin bog}, / som egentlig er den andens, / og går ud. / Den anden mand afleverer {sin bog} / og bibliotekaren ser / hvad der er sket med den. / **I det samme** / kommer Mr. Bean ind / og tager {sit bogmærke}, {som han havde glemt}, ud af den {ødelagte bog}. /

u.i. di 1. grado	23
di cui: ripetizione	1
di cui: ripristino	8
u.i. di 2. grado	4
commenti del locutore	0
'battute' non-informative	8
righe P-S (breve)	6

DSA4
/ Biblioteokaren [sic!] meddeler ham, / at man er ved at lukke, / og Mr. Bean ser nu sit snit / til at undgå at blive opdaget. / **Mens** / hans sidemand / vender ryggen til, / bytter han {sin {ødelagte bog}} ud, / **hvorefter** / han tror den hellige grav er velforvaret, / **for** / nu kan han jo afleverer en {ubeskadiget bog}, / og lade den anden tage skylden. / **Men** / Mr. Bean er jo ikke ligefrem kendetegnet ved sin høje intelligens, / så / **i samme øjeblik** / som han er trådt ud af biblioteket, / eller gerningsstedet / *om man vil*, / vender han tilbage / **for** / at hente {sit {hæslige bogmærke}}, / som han har glemt / i den {ruinerede bog}. / **Dermed** / har hans trængsler været forgæves / og han er afsløret! /

u.i. di 1. grado	25
di cui: ripetizione	0
di cui: ripristino	9
u.i. di 2. grado	8
commenti del locutore	1
'battute' non-informative	12
righe P-S (medio)	8,5

DSA5
/ Biblioteket lukker / og bøgerne skal afleveres tilbage. / **Da** / den anden mand vender sig væk fra bordet / ombytter Mr. Bean bøgerne. / **Da** / bibliotikaren [sic!] skal kigge bøgerne igennem / slipper Mr. Bean ud, / **men** / kommer tilbage / efter {sit bogmærke}, / der ligger i den {ødelagde bog}, / **idet** / bibliotikaren [sic!] åbner bogen / og kigger {anklagende} på den anden mand. /

Densità informativa

u.i. di 1. grado	14
di cui: ripetizione	0
di cui: ripristino	3
u.i. di 2. grado	4
commenti del locutore	0
'battute' non-informative	0
righe P-S (breve)	4,5

DSA6

/ Selvfølgelig nærmer det sig lukketid, / bibliotekaren gør sig klar til at indsamle bøgerne. / Gode råd er dyre / og **mens** / {sidemanden} et kort øjeblik vender sig / **for** / at tage {sin jakke} på, / ser Mr. Bean sit snit / til at bytte {sin {ødelagte bog}} ud. /
Derpå / afleverer han den {pæne bog} / og skynder sig / at forlade biblioteket! /
   Da / den {*stakkels*} {sidemand}, {der {igennem hele seancen} har måttet døje med den {altid forstyrrende Mr. Bean},} skal aflevere bogen, / har han et problem, / der {dog} løses af selvsamme person, / der har fået ham bragt i den {ubehagelige situation}: / Mr. Bean kommer tilbage / **for** / at hente {sit bogmærke}, / der stadigvæk sidder i bogen...! /

u.i. di 1. grado	28
di cui: ripetizione	2
di cui: ripristino	7
u.i. di 2. grado	6
commenti del locutore	0
'battute' non-informative	12
righe P-S (medio)	8,5

DSA8

/ **da** / bibliotekaren kommer / og fortæller, / at tiden for {bogens udlån} snart er opbrugt, / og ser sit snit / til at bytte {sin egen bog} ud med {mandens}, / **da** / denne rejser sig / **for** / at gå. / De følges ad hen til skranken / **for** / at aflevere {deres bøger}, / bibliotekaren nikker {pænt} til {Mr. Beans {pæne bog}}, / **men** / bliver overrasket, / **da** / han ser, / hvordan {mandens bog} ser ud / - alle siderne falder / ned på gulvet. / Manden ser temmelig flov ud, / og Mr. Bean, {der ellers var gået / med «god» samvittighed,} kommer ind {af døren} igen / og tager {sit {glemte bogmærke}} ud af {«mandens» bog} / - afsløret / og *totalt til grin som sædvanligt!* / SLUT! /

u.i. di 1. grado	33
di cui: ripetizione	2
di cui: ripristino	9
u.i. di 2. grado	6
commenti del locutore	2
'battute' non-informative	20
righe P-S (medio)	8

DSA9

/ Bibliotekaren kommer / og giver tegn til, / at det er ved at være lukketid. / Den anden {læser} lukker {sin bog}, / og rejser sig op / **for** / at strække ryggen. / **Mens** / han vender ryggen til, / bytter Mr. Bean om på {deres bøger}, / og skynder sig / hen til bibliotekaren / med den {anden {læsers} bog} / **for** / at få den checket. / **Da** / den anden {læser} afleverer {Mr. Beans bog}, / falder nogle af siderne ud af dem. / Det ser sort ud for den anden {læser} / **indtil** / Mr. Bean {sniger} sig tilbage / og snupper det bogmærke / han havde lagt i bogen, / og **dermed** / afslører sig selv. /

u.i. di 1. grado	28
di cui: ripetizione	3
di cui: ripristino	8
u.i. di 2. grado	6
commenti del locutore	0
'battute' non-informative	0
righe P-S (medio)	7

DSA10

/ Han lukker bogen i / og **i det samme** / kommer bibliotekaren / og viser / på sit ur / at det er lukketid. / Den anden mand har rejst sig op / og står med ryggen mod Mr. Bean. / Denne anledning / lader Mr. Bean ikke gå tabt. / Han skynder sig / at bytte rundt på bøgerne / **så** / den anden mand får {Mr. Beans bog} / der er gået i stykker / og han selv tager {mandens bog}. / De går begge henimod bibliotekaren / der skal kigge bøgerne igennem / **inden** / de forlader biblioteket. / Mr. Bean går først / og af gode grunde er {hans bog} helt iorden / og han går {glad og tilfreds} ud af salen. / Den anden mands bog / **derimod** / går helt fra hinanden / **da** / bibliotekaren går den igennem / og **i det samme** / vender Mr. Bean tilbage / og tager fat i {sit eget bogmærke} / som jo sad i bogen / **hvorefter** / han opdager / at han har afsløret sig selv. /

u.i. di 1. grado	33
di cui: ripetizione	2
di cui: ripristino	8
u.i. di 2. grado	7
commenti del locutore	0
'battute' non-informative	22
righe P-S (medio)	10,5

SCHEMI COMPLESSIVI
(DMB, IMB, DSA, ISA)

	testi lunghi					testi medi			
testo	DMB 3	DMB 5	DMB 7	DMB 1	DMB 8	DMB 10	DMB 2	DMB 4	DMB 6
righe P-S	17	16	16	15	15	10,5	10	10	9,5
u.i. 1.	54	47	48	46	47	34	27	26	26
u.i. 2.	5	6	13	10	16	2	7	8	12
ripet.	6	7	3	4	9	3	2	1	2
ripris.	12	11	9	11	16	11	7	7	5
commen.	3	2	5	2	1	2	2	2	3
non-inf.	103	130	201	76	98	44	81	63	41

	testi lunghi					testi medi							
testo	IMB 5	IMB 12	IMB 10	IMB 9	IMB 2	IMB 13	IMB 4	IMB 11	IMB 8	IMB 3	IMB 1	IMB 7	IMB 6
righe P-S	20	17,5	17	15	13	12,5	10	9,5	9	9	8,5	8,5	5
u.i. 1.	54	48	39	34	40	32	28	26	21	34	24	32	15
u.i. 2.	10	4	7	13	10	7	12	12	4	5	7	9	2
ripet.	10	7	7	4	7	4	0	10	0	8	4	4	0
ripris.	17	10	12	12	14	12	5	12	5	14	8	10	5
commen.	5	5	1	1	1	1	0	0	4	0	1	0	2
non-inf.	178	195	178	164	38	95	33	62	13	51	50	32	44

	testi medi							testi brevi	
testo	DSA 10	DSA 1	DSA 4	DSA 6	DSA 8	DSA 9	DSA 2	DSA 3	DSA 5
righe P-S	10,5	9	8,5	8,5	8	7	6	6	4,5
u.i. 1.	33	36	25	28	33	28	23	23	14
u.i. 2.	7	4	8	6	6	6	7	4	4
ripet.	2	3	0	2	2	3	2	1	0
ripris.	8	10	9	7	9	8	9	8	3
commen.	0	1	1	0	2	0	1	0	0
non-inf.	22	25	12	12	20	0	11	8	0

	testi medi					testi brevi								
testo	ISA 4	ISA 8	ISA 14	ISA 10	ISA 1	ISA 12	ISA 5	ISA 3	ISA 11	ISA 9	ISA 7	ISA 6	ISA 13	ISA 2
righe P-S	8,5	8,5	8	7	6	6	5,5	4	4	3,5	3,5	3,5	2,5	1
u.i. 1.	28	24	31	19	20	19	18	16	15	11	13	15	11	5
u.i. 2.	5	8	4	5	4	4	3	3	4	3	1	3	2	2
ripet.	4	2	2	0	0	1	0	0	0	0	0	0	0	0
ripris.	10	7	8	6	6	6	6	7	5	3	5	7	5	1
commen.	0	1	0	2	1	3	0	0	1	1	2	0	0	0
non-inf.	12	26	4	0	4	24	6	6	4	0	0	0	0	0

Densità informativa